回眸与传承

——江苏高校档案里的故事

吴　玫 主编

东南大学出版社
SOUTHEAST UNIVERSITY PRESS

·南京·

图书在版编目(CIP)数据

回眸与传承：江苏高校档案里的故事 / 吴玫主编
. —南京：东南大学出版社，2022.10
　　ISBN　978-7-5641-8618-0

　　Ⅰ.①回… Ⅱ.①吴… Ⅲ.①高等学校—校史—史料
—江苏 Ⅳ.①G649.285.3

中国版本图书馆 CIP 数据核字(2022)第 190130 号

责任编辑:陈　淑　　责任校对:周　菊　　封面设计:毕　真　　责任印制:周荣虎

回眸与传承：江苏高校档案里的故事

主　　编	吴　玫
出版发行	东南大学出版社
社　　址	南京市四牌楼 2 号(邮编:210096　电话:025-83793330)
经　　销	全国各地新华书店
印　　刷	南京艺中印务有限公司
开　　本	700mm×1000mm　1/16
印　　张	28
字　　数	450 千字
版　　次	2022 年 10 月第 1 版
印　　次	2022 年 10 月第 1 次印刷
书　　号	ISBN　978-7-5641-8618-0
定　　价	128.00 元

本社图书若有印装质量问题,请直接与营销部联系,电话:025-83791830。

编委会成员

前　言

　　为全面贯彻落实习近平总书记关于做好新时代档案工作的重要指示精神,发掘利用好高校档案资源,切实担负起档案工作存史资政育人的使命,江苏省高校档案研究会编写出版了《回眸与传承——江苏高校档案里的故事》一书。这是江苏高校档案工作者深化档案编研的一项重要成果,也是聚焦立德树人,繁荣大学文化的有益探索。

　　党的十九大以来,江苏省高校档案研究会坚持以习近平新时代中国特色社会主义思想为指导,遵循"为党育人、为国育才"和"为党管档、为国存史、为民服务"的根本要求,提高政治站位,履行政治担当,坚持"政治建会"原则,贯彻"依法治会"方针,秉持"学术立会"理念,践行"服务兴会"宗旨,构建"开放办会"格局,助力江苏高校全方位推进档案资源体系、利用体系、保障体系和治理体系建设,为服务江苏高等教育事业高质量发展作出了积极贡献。

　　档案是极其珍贵的文化资源。高校档案工作者不仅承担着一般意义上的档案"收、存、管、用"等职责,而且担负着以文化人、以史育人的光荣使命。近年来,江苏省高校档案研究会号召广大会员牢固树立"三全育人"观念,自觉投身档案文化建设,切实履行档案人的文化担当,用档案中所蕴含的经验智慧、使命初心和精神传统,激发师生员工的奋进力量。各会员单位以庆祝新中国成立70周年、纪念建党100周年以及党内进行的专题学习教育为契机,开展了一系列主题鲜明的档案编研和档案展陈,档案工作的思想政治教育功能得到了彰显,一批高质量编研成果如雨后春笋般地涌现出来,而《回眸与传承——江苏高校档案里的故事》便是其中之一。

　　本书共收录"档案里的故事"作品113篇,绝大多数作品由江苏高校档案工作人员亲自编写。"故事"以高校馆藏档案(包括文物档案)和校史上的真实事件为依据,坚持真实性、思想性和艺术性相统一,注重弘扬社会主义核心价值观。全书分为"馆藏选粹""校史回眸""史海钩沉""红色记忆""校史人物""情系家国"等六个专题。其中,"馆藏选粹"主要介绍高校档案馆(室)的珍贵藏品,重点讲述藏品的"前世今生",揭示其历史和文化价值;"校史回眸"重点讲述江苏教育源远流长的历史文脉、筚路蓝缕的创业故事和改革发展的光辉历程,旨在激励教育工作者不忘初心、砥砺前行;"史海钩沉"着重讲述那些与校史紧密相关而又不为今人所熟悉或知晓的人物、事件,帮助人们更全面、客观地了解校史和重要历史事件;"红色记忆"重点讲述革命先烈为民族独立、人民解放而慷慨捐躯的英雄事迹,讲述在中国共产党的领导下,广大进步师生不畏强暴,追求光明,誓死反抗国民党反动统治的感人故事,激励人们赓续红色血脉,为实现中华民族伟大复兴而不懈奋斗;"校史人物"重点介绍为国家繁荣富强作出杰出贡献的师生校友,引导广大青年秉承先贤学人爱国奉献的光荣传统,在建设社会主义现代化强国的历史征程上谱写青春华章;"情系家国"重点讲述不同历史时期江苏高校在"献身科学和党的教育事业""情系学子,捐资助学""千里驰援,抗击新冠""扶贫支教,振兴乡村"等方面所涌现出的部分先进人物及其事迹。各专题内文章(除"情系家国"专题之外)大多以"故事"发生时间或人物出生年月先后排序。

本次"档案里的故事"征集与出版工作得到江苏省教育厅、省档案局(馆)的热情指导,研究会各片区和各会员单位积极响应、认真组稿,研究会主要负责人及编委会成员放弃休息时间,克服疫情带来的不利影响,精心策划,严格把关,按时完成了全书编辑和审校任务。研究会秘书处同志及时与出版社联系沟通,保证了出版工作的顺利进行。可以说,本书凝结了各级领导和省高校档案研究会全体会员的共同心血。

档案,记录历史,承载文明。江苏自古经济富庶,文化兴盛,人杰地灵,悠久的办学历史、厚重的文化积淀、丰硕的办学成果、壮丽的发展前景,不仅使江苏高校积累了丰富的档案资源,更为进一步传承中华文脉、弘扬民族精神、繁荣大学文化提供了有力支撑。《回眸与传承——江苏高校档案里的故事》一书,是新时代江苏高校档案工作者呈现给广大读者的一部编研力作,对于构筑江苏人文记忆具有重要参考价值。我们相信,在江苏率先实现高质量教育现代化和建设"强富美高"新江苏的伟大实践中,江苏高校档案工作者将会奉献出更多的档案文化精品。

编　者

2022 年 10 月 18 日

目　录

馆藏选粹

史海钩沉

红色记忆

校史人物

情系家国

馆藏选粹

镇馆之宝:《两江师范学堂毕业文凭》

树 珊 王 雷

时光流转,夏花满树,一年又一年,一批批毕业生携带着毕业证离开校园走上新的人生旅途。在南京大学校史博物馆内珍藏着不同历史时期的毕业证书,见证着南京大学120年悠久的历史。其中有两份毕业文凭弥足珍贵,分别是1906年和1910年由两江师范学堂监督(校长)李瑞清颁发给学生刘永翔的。2000年,南京大学建设校史博物馆期间,在世界范围内征集校史档案,校领导访问台湾时收到了刘永翔的后代捐赠的这两份毕业文凭,使

图1 1906年(光绪三十二年),刘永翔《两江师范学堂高等专修预科卒业证》

之重归母校,这是南京大学目前珍藏最早的毕业文凭,也是校史博物馆的镇馆之宝。人们不禁要问,为何同一人获得了两份毕业文凭?上面到底记载了哪些内容?今天让我们就一起穿越百年时空,透过泛黄的文凭,回望南京大学在三江、两江时期的办学过程。

1902年,三江师范学堂成立,随后效仿日本体制办学,前三年专办初级师范,分为一年最速成科、两年速成科、三年初级师范本科三种学制培养学生,第四年则开办高等师范本科,旨在培养中学堂教员。学堂的招生主要集中在三个阶段:其一为1904年秋冬,此时的招生对象为"举贡廪增生员",即有传统功名者;其二为1906年到1908年春,三江师范学堂更名为两江师范学堂后,专办优级本科,改以中学堂和初级师范毕业生为招生对象,但合格生源不足,只好放宽条件,频频招生,其中包括"预科"和"补习科";其三是1910年春到1911年春,此时已有较多的合格考生,两江师范学堂的发展也已步入正轨,招生规模扩大。

刘永翔在进入三江师范学堂学习后,经过一年最速成科教育获得了卒业证。卒业证,即毕业证,卒业是日语中对毕业的称法。该卒业证里写道,"刘永翔,本校所定高等专修预科学,学竟卒业历其程,应予之证",颁发时间是"光绪三十有二年十二月十七日",颁发人是"两江师范学堂日本总教授松本孝次郎、两江师范学堂教务长雷恒、两江师范学堂监督李瑞清"。可以看出,1906年底,三江师范学堂已更名为两江师范学堂,上钤有满、汉两种文字的学堂印章,文曰"两江师范学堂关防"。当时学堂设有日本总教授(总教习)一职,可窥其模仿日本教育体制,把聘请日本教习作为提高学堂办学层次和教学质量的重要举措。

在李瑞清掌管校印时,面临的任务是提高两江师范学堂的内涵和课程的专业化程度,把两江师范学堂办成专门培养中学堂师资的优级师范学堂。他的雄心得到了新聘日本总教习松本孝次郎的支持。松本曾任东京高等师范学校总教习、教授,1902年出版了专著《新编教育学》,是一个既有理论又具有丰富实践经验的学者。他认同李瑞清的变革理念,帮助他制订改制计划,欲将两江师范学堂发展成为"华中、华南地区规模最大、程度最高的一所师范学堂"。

1908年起两江师范学堂改革学制,停办初级师范本科,专办优级师范本科,并以分类科为主,强调专业化培养。在今天看来,一个学生获两张毕业证书是很奇怪的事情,其实它体现的是两江师范学堂的学制。刘永翔在最速成科完成后获得了卒业证;之后李瑞清提出原来学校旨在培养中小学堂教师,现应深化师资力量的培养,强调专业化培养,于是设立了四年制高等师范本科。而刘永翔正是在这样的背景下返校深造,又经过 4 年学习,获得了他的第二份毕业文凭。

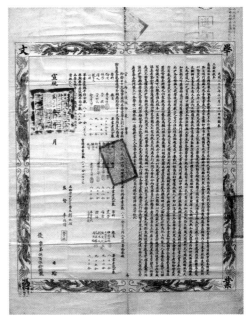

图 2　1910 年(宣统二年),
刘永翔《两江优级师范毕业文凭》

刘永翔的第二份毕业文凭颁发时间为 1910 年(宣统二年),同样钤有满、汉两种文字的"两江师范学堂关防"印章。与现在的大学毕业证有明显的区别,它采用宣纸制作,长约 1 米,宽约 0.6 米,四对八条纹龙组成方形内框,四个框角圈内分别印有"毕业文凭"四个字,通篇以正楷字书写。

文凭的正文分为左右两部分,右边部分内容是一篇慈禧太后的懿旨,顶端有"上谕"二字。懿旨是光绪三十三年(1907 年)十一月二十一日内阁奉上谕颁布,上用慈禧尊号全称:"慈禧端佑康颐昭豫庄诚寿恭钦献崇熙皇太后"。这段懿旨的大体内容为:国家兴贤育才,采取前代学制及东西各国成法创设各等学堂……懿旨中还要求,"此旨即着管学各衙门暨大小各学堂一体恭录,一通悬挂堂上,凡各学堂毕业生文凭均将此旨刊录于前,俾昭法守,钦此"。

左边部分记录了刘永翔毕业时的信息,内容详尽,正文显示为:"官立两江优级师范学堂,给发毕业文凭事照得,本学堂学生刘永翔业将优级师范第四类功课肄习完毕,计得毕业分数八十四分四厘四毫,列入最优等……"从中可见刘永翔毕业于师范学堂第四分类科,毕业分数 84.44,成绩非常优秀。所学学科、各科考试成绩、任课教师等一一列出。考试科目共 12 门,日本教员众多,几乎与中国教员数量相当。日本教员负责教授国内所缺少的"新学":"植物""动物""矿物及地质""教育及心理""生理及卫生""图画"等。中国教员负责教授"旧学"中的"伦理""经学""国文"。个人信息显示,刘永翔24岁,江苏江宁人,祖上三代的姓名分别为:"曾祖父刘发元、祖父刘长鑫、父亲刘庆林"。文凭颁发人是"监督李瑞清"。

从两份毕业文凭可以看出两江师范学堂非常注重教学,治学严谨,教员一部分聘请中国学者,一部分聘请日本教员,充分体现了学堂"中学为体、西学为用"的教学理念。三江师范学堂、两江师范学堂前后开办8年,到1910年时共有毕业生900余名,其中初级师范毕业生117人,大都到小学堂任教;两江师范学堂时期毕业生802人,包括程度较高的"分类科"和"选科"的毕业生248人,他们一般能取得中学堂和初级师范教员的资格,其视野、抱负、学养和能力,在学界和社会得到好评。名师出高徒,短短几年内两江师范学堂学生成绩为江南高等学堂之冠,先后培养了胡小石、陈中凡、吕凤子等精英学子。

两江师范学堂是20世纪初期中国新教育现代化的缩影,它既有浓厚的传统,也有逐渐蜕变的现代性。在这中西交会和蜕变的过程中,开明的学堂监督也转变得既重视科学技术的应用,也鼓励思想自由和学术独立。

岁月荏苒,整整一个世纪过去了,这两份清末的毕业文凭带着历史的印痕,留下了时代的烙印,记载了学校办学的历史进程,也蕴藏着许多故事:仿佛在展示江宁学子刘永翔数载焚膏继晷苦读后,终获文凭的欣喜;展示两江师范学堂英才荟萃,世人所仰的辉煌;展示校长李瑞清"嚼得菜根,做得大事"的谆谆教诲和殷切期望。

(供稿:南京大学档案馆)

从民间回归母校的
《两江师范学堂同学录》

张慧慧　尹　文

东南大学档案馆里珍藏着一本《两江师范学堂同学录》(简称《同学录》),其出版于清末宣统元年(1909年)春三月,线装,铅印,鱼尾纹竖排版,由南京城状元境江南印书馆代印,印书工艺精良,书籍品相良好。《同学录》册内有毕业生姓名、字号、年龄、籍贯、通信及住址等内容,分为"历史地理专修科、图画手工专修科、理化数学科"三科,标题页用彩色纸饰以不同花边图案。《同学录》记录了历史地理专修科毕业生钟腾瀚等43人、图画手工专修科毕业生卢志鸿等43人、理化数学科毕业生吴朝点等42人,共计128人的信息。监督(校长)李瑞清,教务长雷恒,日本总教习松本孝次郎,尾页用手写毛笔补书,图画教员亘理宽之助,手工教员一户清方。全录记为十页,二十一页面。首页下角有朱文篆书收藏印:"江都周氏斯达鉴藏。"

这本珍贵的《同学录》,是迄今为止学校历史上最早的一份学籍档案,其中孕育着东南大学"止于至善"的火种,代表了中国近代教育兴邦之路的启航。

教育强则国家强。1902年5月,时任两江总督的刘坤一上奏"筹备师范学堂折",9月病逝。1903年2月5日,继任两江总督的张之洞给光绪皇帝呈上了《创办三江师范学堂奏折》,奏折中写道:"查各国中小学堂教员,咸取材于师范学堂,是师范学堂为教育造端之地,关系尤为重要。两江总督兼辖江苏、安徽、江西三省。此三省各府州县应设中小学堂,为数浩繁,需要教员何可胜计……经督臣同司道详加筹度,惟有专力大举,先办一大师范学堂,

图1 1909年(宣统元年)印
《两江师范学堂同学录》

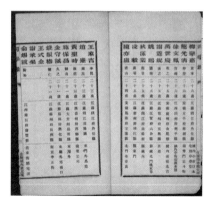

图2 《两江师范学堂同学录》内页

以为学务全局之纲领。……兹于江宁省城北极阁前,勘定地址,创建三江师范学堂一所,凡江苏、安徽、江西三省士人皆得入堂受学。"1903年9月,三江师范学堂挂牌开办,这是中国近代最早设立的师范学校之一。1904年冬招生开学,后改名"两江师范学堂"。学堂开设的学科有:理化数学部、博物农学部、历史地理科、手工图画科。学制分为:一年制最速成科、二年制速成科、三年制本科,此三种皆为培养小学教员而设;四年制高等师范本科,用以培养中学教员。1908年,又开办了优级本科。此外,还设有优级本科公共科、优级选课预科、初级本科。1912年初,两江优级师范学堂停办。学堂开办近十年,共培养学生2 000人左右。著名冶金学家周仁,国学大师胡小石、陈中凡,著名书画家和美术教育家吕凤子等,都是两江优级学堂毕业生中的佼佼者。

时过境迁,穿梭百年。《同学录》在世面上已失传,是如何发现又如何从民间回到母校东南大学档案馆的呢?这和扬州收藏爱好者周斯达先生及东南大学艺术学院尹文教授的贡献有关。这本《同学录》的收藏人为周斯达先生,他原名周士达(1909—1988),生于宣统元年(1909年)己酉,清代扬州府江都县(今扬州市)人。早年他与两江师范学堂图画手工科首届毕业生吕凤子先生素有交往,后毕业于上海美术专科学校,并留校任教,自号"线条诗人"。抗战期间在重庆、桂林、成都等地举办抗战画展。《周斯达画展》抗战题材作品有国画《铜像》《战士》《敌寇》《民族精神》,西画作品《杀敌》《毁灭者》《战画》《受伤不退的英雄》。田汉以草书题写"为自由与光明而战,题周斯达先生画战士";梁漱溟题周斯达画竹"其志干云";欧阳予倩题其画竹"气节凌霄";任中敏题其画竹

"清风高节";吕凤子先生为周斯达自画像题词。周斯达先生是一位收藏家,其收藏的汉青铜器、瓦当拓片入选江苏省文物普查成果展览。《同学录》付梓年代与周斯达先生同庚,均诞生于 1909 年,周老先生生前非常珍爱此册,并且在《同学录》上留有少量手书眉注,如姜丹书条注"美术手工老师"就是周斯达在上海美术专科学校求学时的美术手工老师。另一位牵线人尹文先生是东南大学艺术学院教授、东南大学水彩画研究所所长,1956 年生,籍贯上海,1974 年毕业于江苏省扬州中学,1984 年毕业于南京艺术学院工艺美术系装潢美术设计专业。曾于 1973 年"文革"期间登门拜访周斯达先生,学习美术,观赏其美术作品。尹文教授与周斯达之子周伟新亦是好友。据周伟新先生说,其父周斯达生前对子女交代:"《同学录》非常珍贵,要妥善保存。"

2012 年,尹文教授在扬州四季园周伟新家中发现了周斯达先生生前珍藏的《同学录》,当即以个人信誉商借形式带回学校档案馆扫描存档,后完璧归赵。时任档案馆馆长苏卫平手捧这份原件,久久不能释手,希望此件能够回到它的母校。2014 年,时任档案馆馆长钱杰生了解此事后,和尹文教授商量如何能让《同学录》回归母校。尹文教授当即与周伟新先生进行联系、沟通,周伟新先生愿意和东南大学档案馆领导商议此事。

2015 年 1 月 5 日,在尹文教授的陪同下,时任档案馆馆长钱杰生、办公室主任张慧慧一行三人,专程到扬州周伟新先生家中,在和周伟新先生愉快交流后,周先生当即同意将收藏的清宣统元年(1909 年)《同学录》捐赠给东南大学档案馆,钱杰生馆长向周伟新夫妇颁发了捐赠证书。至此,这份流传一百余年的《同学录》终于回归母校。

三江师范学堂从 1902 年创办,至 1911 年辛亥革命爆发,办学时间仅仅十年。由于当时毕业生人数有限,《同学录》印刷数量不会很多,流传于世的就更少。这本宣统版《同学录》原件,资料翔实,反映了真实的历史信息,弥补了我国近代教育学籍档案原件的缺失,是非常稀缺的学籍档案资料;它历经多次战争动乱、流离失所、虫蛀水浸等各种考验,能得到收藏者的精心呵护,保存至今,更显弥足珍贵。《同学录》见证了东南大学学科和生源从单薄发展到壮大的过程,是东南大学百余年来发展历史最好的档案佐证。

(供稿:东南大学档案馆、艺术学院)

焦作路矿学堂的"第一号毕业文凭"

谷世佳

　　校龄已逾百年的中国矿业大学因煤而始,因才而成。1909 年成立的焦作路矿学堂开启了这座学校的育人使命和教育生涯。穿过历史长河中的茫茫战火和无尽硝烟,焦作路矿学堂成为今日莘莘学子回顾过去的重要见证。

　　凡之所起,皆有序章。焦作路矿学堂就是中国矿业大学最古老的起源,深沉地记录着这所学校最遥远的过去。

图 1　焦作路矿学堂校门

焦作路矿学堂,一所最初由英国福公司投资创办建立的我国最早的近代矿业高等学府,成立于清朝晚期,坐落于河南。恰逢时艰,焦作路矿学堂成立前的中国已经被贴上了各个国家都想随意侵辱的半殖民地半封建标签,内忧外患、政治腐败、经济凋零,整个社会都仿佛在着急地赶往下一站。就是在这样的环境下,焦作路矿学堂得以建立,其建立在中国屈辱的放开外国在华采矿特权的基础上,建立在不得不由西方矿业公司出经费就地建学的基础上。

覆屋之下、漏舟之中、薪火之上,焦作路矿学堂摒弃杂念,顽力生长,汲取西方先进营养,探求实业救国之道。与传统的以学习"四书五经"为主、专门为科举制度和封建统治机构培养人才的旧式书院、官学、私塾完全不同,焦作路矿学堂采取新式教育为国人打开矿业领域的新视角。在废除科举制度四年后成立的焦作路矿学堂,在教学内容、教学方法和管理方式等方面主要采用从西方引进的先进资本主义的科学知识、科学方法与管理体制,在当时可以称得上是西学东渐的一个窗口和桥梁。对它的创办及其相关历史的研究对于推进中外关系史、中国教育史、中国高等教育史、中国工业史尤其是矿业发展史等方面都有着填补空白的价值和意义。

但是,焦作路矿学堂的成立就像是清末那个时代的缩影,一路波折,历经坎坷。

起初,中英两国在签订《河南矿务章程》时约定,英国福公司在中国开矿之始即要创办矿务铁路学堂,招收中国学生。正当福公司紧锣密鼓地勘探矿井和勘测铁路线时,河南、山西爆发义和团运动,福公司人员暂时撤离正在勘探的地区。在义和团运动被镇压下去后,福公司人员又卷土重来,继续侵占我国矿产资源,却对当时承诺的建立矿业学堂闭口不谈,毫无动静。1905年,山西各界人士掀起收回矿权运动,政府在向福公司交了275万两银子后收回福公司在山西的采矿权,建校事情依然不了了之。

时间就这样流逝到了1907年,福公司经过近几年来在华矿产勘测的开凿与投资,成为当时西方列强在中国投资额最大的矿区,盈利水平可想而知,但他们依旧将创办路矿学堂的问题束之高阁,充耳不闻。这样的态度让河南地方士绅及广大民众极为不满。于是,河南交涉局根据《河南矿务章程》第十三条关于"开设矿务、铁路学堂"的规定,委派交涉局路矿股文案、候补知县严良炳来到福公司哲美森厂,会同河南交涉局驻厂照料员邓伯龙,与福公司交涉开办路矿学堂事宜。起初福公司矿厂总矿师堪锐克（D. Sorllers）借口"公司投资甚巨，收效甚迟，对于开办矿务铁路学堂未便承认"，继而又推诿，提出"公司事有专责，必须总董白莱喜来到矿场方可开议"，傲慢至斯，致使这次会议无果而终。

在这之后，福公司哲美森厂大量倾销煤炭，对本地民族资本煤业的生存发展及地方绅商的切身利益构成了严重威胁，由此引发了河南各界人士要求收回福公司矿权及抵制福公司在豫北售煤的呼声，与此同时，挽回权利、敦促福公司履行合同创办路矿学堂的呼声也再度高涨，矛盾尖锐。

1908 年，河南巡抚吴重熹委派河南交涉洋务局议员、候补知府杨敬宸，修武县知县严良炳，候补知府方镜与福公司总董白莱喜、总矿师堪锐克再次谈判售煤方案和成立路矿学堂事宜。面对中方提出的合理要求，福公司总董白莱喜、总矿师堪锐克充分表现出了大英帝国的目中无人，声称：福公司只与签订原章程的豫丰公司接洽，不与河南地方官员谈判。在这种情况下，吴重熹只好加派豫丰公司帮董、修武县候补知府前往天津参加谈判。经过反复交涉，河南省代表与福公司代表于 1909 年 2 月 25 日在焦作哲美森厂签订了《河南交涉洋务局与福公司见煤后办事专条》（简称《办事专条》），其中一条规定：矿路学堂，议定本年春季开办，除饭食由学生自备外，所有堂中宿息、舍宇、游戏场以及教习员司、夫役、薪工、书籍、文具、具器、标本、灯火、煤水，统归福公司筹给。

至此，焦作路矿学堂终于在制度意义上迎来了新生。1909 年 3 月 1 日，《办事专条》签订几天以后，路矿学堂在河南焦作得以创办，校址选在焦作煤矿附近的西焦作村，占地 50 亩。从此学生可穿梭在草木繁盛间，探究矿山的奥秘。

开头艰难，结局凄惨。如此艰难争取来的学堂最终"为期至暂，文卷无存"。有史料为证："民国元年，初班毕业。时矿权问题发生交涉，福公司因之停办此校。"意思是，1912 年，福公司因在河南增开铁矿受挫和扩大焦作矿区未遑，随即以减轻负担为借口中断提供路矿学堂的经费，停办路矿学堂。一座近代高等矿业学堂最终还是沉入历史的镜面之中了。从 1909 年到 1912 年，将近四年时间，这所学校只有心力护送它的第一批学生，也是最后一批学生，然后只能眼睁睁看着波谲云诡的时代，安安静静地等待着历史填补给它的下一段空白,何其荒凉悲哀。

　　给这段历史留下一丝慰藉的是中国矿业大学藏留的一份至宝——焦作路矿学堂的第一号毕业证,也是中国矿业大学历史上第一张毕业证书,由张世忠之子张印先生于 2013 年捐赠给中国矿业大学。该证书为长 46 厘米、宽 42 厘米的长方形,正中上方印有两幅交叉的中华民国首面法定国旗——五色共和旗,代表汉、满、蒙、回、藏五族共和,同时也代表仁、义、礼、智、信五德。最右侧有骑缝章,显示该证书应有底联存档。国旗下面是防伪纹样围成的证心,"毕业文凭"四字横嵌在纹样上部,证心为繁体竖排印刷,内容显示当时的学制为三年;其后清晰分列科目,计分严格,细为分、厘、毫,按三年总平均分数分为头等、二等毕业文凭,并列有曾祖、祖、父三代人姓名。科目成绩下方为英国福公司总矿师堪锐克及英籍教师李恒礼先生的英文签名,时间显示为"中华民国元年十二月",并盖有"办理河南交涉局之关防"印章。证书显示张世忠以平均分八十二分的成绩拔得头筹,获得编号为第一号的毕业证书。

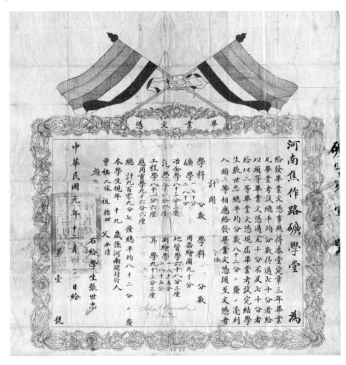

图 2　焦作路矿学堂的"第一号毕业文凭"

张世忠先生是我国矿业领域的先驱。1910年春天,16岁的他瞒着父亲考入河南焦作路矿学堂,在校遵规守纪,严谨求学,作为较早尝试西式教育与西方教师授课的学生,在正与自己的国家针锋相对的洋人的学堂里学习知识,何其困难,但他迎难而上,从不放弃。1912年12月,张世忠以优异的成绩毕业,是学校第一届、成绩头等的毕业生。从路矿学堂毕业后,他怀着矿业报国的宏愿,多年专注于矿业开发,毕生把祖国的矿业事业当作自己的使命。1935年,他将自己的名字由"世忠"改为"广石"——改名以明志:"广石"者,"矿"也!张广石先生发下誓愿:要把开发祖国的矿产和宝藏作为自己的毕生事业和崇高使命。

希望之火,可以燎原,先生之志,动人心弦。学校继承并发扬先生的精神,大力推进校园文化建设,以先生的名字命名,向学生推广学习和继承"一片赤诚爱祖国,殚精竭虑为矿业,无私奉献为人才,潜精研思搞科研"的张广石精神,敦促矿大学子铭记:在美好的当今,在不远的未来也要不忘初心,做好中华儿女,为祖国建设出心出力。

岁月淘洗了远古的尘埃,时光温暖了春日的花开。焦作路矿学堂和它的学生们留给了今日的中国矿业大学一段铭记于心的色彩,留给了今日的中国矿业大学学子一份永不泯灭的感慨。深埋在战火动乱里的心灯,将在未来里的每一天流光溢彩。

(供稿:中国矿业大学档案馆)

一份让紫金山"变绿"的珍贵档案

王　雷

　　南京被称为"人文绿都",在中国的大城市中,古都金陵的绿化水平无疑是排在前列的,特别是东郊的紫金山作为国家级森林公园,拥有森林面积三万余亩,占南京城市森林面积的 15.6%,还拥有大量的古树名木,是南京著名的风景名胜区。但你能想到吗？如果穿越到 20 世纪初,站在如今已被称为"绿肺"的紫金山上,你能看到的竟是一幅"濯濯童山"的景象:山坡上几乎没有多少树木,土壤和岩石直接裸露在地表之上。经过 19 世纪中叶以来的数次战乱,以及多次森林大火,紫金山几乎成为荒山。

　　让紫金山重新变绿,得益于民国初年成立的中国义农会。英国人裴义理,1910 年到金陵大学担任数学教授。当时长江流域经常发生水灾,很多灾民逃到了南京,衣食无着。面对着哀鸿遍野的景象,裴义理心有不忍,并很快想到办法。他求见了当时的民国政府农商总长、前清状元张謇,提出"招选贫民,开垦荒地,酌给费用,以工代赈,并教以改良农事与园艺之方"的设想,倡议用"以工代赈"的方法救济灾民,同时绿化已成为荒山的紫金山。裴义理和张謇组织起"义农会",这个组织的宗旨很明确:"取华洋义赈会捐款,雇佣难民,在紫金山造林,以工代赈,帮助流民",故又称"华洋义赈会"。裴义理积极向灾民传授植树造林的方法。他还谒见孙中山先生,以获得官方支持。孙中山很赞同,并领衔签名支持成立义农会。

　　在南京大学校史馆内就收藏着一份"襄助义农会签名单",这份档案清晰如昨,为我们重现了曾经的历史。上面写着"金陵大学堂算学教习裴义理君创办义农会,专为中国贫民种植荒地,自谋生计,办法甚善,至公无私,赞成诸君均愿竭力襄助,速观厥成,兹特书名于后"。亲笔签名(其中 22 人盖了私章,以示郑重)的有:"孙文、黄兴、陈贻范、张謇、黎元洪、袁世凯、蔡元培、吴景濂、刘冠雄、王宠惠、冯元鼎、唐元湛、柏文蔚、韩国钧、应德闳、唐绍仪、程德全、温宗尧、伍廷芳、熊希龄、宋教仁、陈振先、赵秉均、施肇基、段祺瑞、徐绍桢、吴介璋、景贤、郁屏翰、朱瑞",一共 30 人,下面还配有英文翻译。

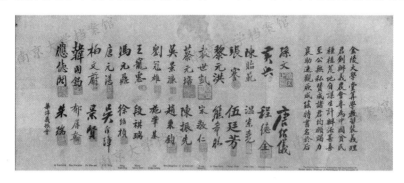

图 1 1912 年,襄助义农会签名单

签名人中的孙文、张謇、袁世凯、蔡元培、段祺瑞,在近代史上大家都耳熟能详,此处不再赘述。

其余的也都是民国初年的风云人物。像黄兴,中华民国的创建者之一,南京临时政府成立时任陆军总长;陈贻范,中国近代外交家,曾任清朝驻英国公使馆二等参赞;黎元洪,中华民国第一任副总统、第二任大总统;吴景濂,著名政治家,国民党的创始人之一,四次出任国会议长;刘冠雄,南京临时政府海军部顾问,北洋政府时期被授予海军上将军衔;王宠惠,著名法学家、政治家、外交家,曾任中华民国外交部长、代总理、国务总理,是在海牙国际法庭任职的中国第一人,参与起草过《联合国宪章》;冯元鼎,民国初年任北京政府交通部次长,后任汉粤川铁路督办;唐元湛,清朝第二批官费留美幼童,民国第一任电报总局局长,是中国电报事业的奠基人之一;柏文蔚,辛亥革命四杰之一,武昌起义爆发后,策动第九镇统制徐绍桢率部起义,占领南京,任第一军军长兼北伐联军总指挥,被南京临时政府授予陆军左将军加大将军衔;韩国钧,历任中华民国江苏省民政长,安徽巡按使、江苏巡按使、省长、督军等职;应德闳,中华民国江苏省首任民政长,在任期间,他改革税收方式、组建兴办江苏银行;唐绍仪,清末民初政治家、外交家,清朝时曾出任全权大臣与英国谈判西藏主权,民国时出任第一任内阁总理,北洋大学(现天津大学)、山东大学校长;程德全,1911年11月被推为苏军都督,成为第一位参加革命的清朝封疆大吏,南京临时政府成立后,任内务部总长;温宗尧,任南京临时政府外交代表,后任驻沪通商交涉使;伍廷芳,清末民初杰出的政治家、外交家、法学家,任南京临时政府司法总长;熊希龄,民国著名政治家、教育家、实业家和慈善家,曾任北洋政府第四任国务总理;宋教仁,中国近代革命先驱者之一,任南京临时政府法制院院长,起草了宪法草案《中华民国临时政府组织法》;陈振先,清末民初政治家、农业经济学家,曾任北洋政府农林总长;赵秉钧,清末民初著名政治人物,在袁世凯担任中华民国大总统期间,任第三任国务总理;施肇基,外交官,曾任交通总长、财政总长;徐绍桢,被孙中山誉为"中华民国开国元勋",武昌起义爆发后,被推举为江浙联军总司令,后任南京卫戍总督;吴介璋,陆军上将,辛亥革命爆发后,被任命为第一任江西都督,负责赣省光复后的军政事;郁屏翰,实业家,曾任中华植被改良社社长;朱瑞,清末民初将领,光复会成员,民国初期浙军的创建者和领导人之一,浙江都督。

民国政府在财政非常困难的情况下,拨出专款给"义农会"作为开办经费,同时还拨出紫金山官荒土地4 000亩,由他们安排贫苦灾民垦荒、造林、修路、开辟苗圃等,并派专家传授林木种植技术,使参加以工代赈的灾民人数越来越多,种植的林木质量越来越高。紫金山逐渐改变了荒凉面貌,披上一片绿毯,树木茂盛,生机盎然。此后,"义农会"还将造林的范围扩展到青龙山、汤山等地。

图2 民国初年的紫金山(左)和目前的紫金山(右)

新中国成立后,国家很重视绿化荒山,植树造林。1956 年,毛泽东主席发出了"绿化祖国""实行大地园林化"的号召。十八大后,国家高度重视生态文明建设,习近平总书记强调"造林绿化是功在当代、利在千秋的事业,要一年接着一年干,一代接着一代干"。今天的紫金山生态环境非常好,在植物方面,拥有木本植物、草本植物、藤本植物等;在动物方面,共有昆虫 1 200 种、鸟类 140 余种,还有多种野生兽类、爬行动物等。如今,当我们漫步在东郊遮天蔽日的绿荫之下,醉心于满目的青山叠翠、密林葱茏时,应该知道这里面有百年前"义农会"先驱们的功绩。

（供稿：南京大学档案馆）

一幅绣像 百年梦想

万久富 宋嘉会

1912 年,孙中山先生领导的辛亥革命推翻了统治中国几千年的君主专制制度,传播了民主共和理念,极大地推动了中华民族的思想解放。1922 年,在辛亥革命十周年之际,私立南通纺织专门学校(1927 年更名为南通纺织大学)的两名学生罗云、高敬基前往杭州,在刚刚成立不久的杭州都锦生丝织厂实习,都锦生织锦是杭州传统的丝织工艺品,都锦生丝织厂也拥有当时最先进的织锦技术,吸引了无数纺织专业的学子来此实习。1922 年 10 月 10 日是辛亥革命十周年纪念日,罗云、高敬基与同学参加完纪念活动后,满腔的爱国热情喷薄

图 1 孙中山绣像(罗云、高敬基制)

欲出,两人决定用所学的知识制作一幅绣像,来表达对孙中山先生的敬仰,同时纪念辛亥革命十周年。于是二人白天在丝织厂实习,晚上在宿舍的煤油灯下绣像,用了当时时兴的织锦技术,花了几个月的时间,终于完成了一幅纪念意义极强、水平较高的绣像——孙中山绣像。

然而在那个风雨飘摇、战火纷飞的年代,这幅绣像并没有得到妥善收藏,而是失去了踪影。岁月如梭,时光来到 1992 年——辛亥革命八十周年,

这幅绣像流落到了南通的一个古玩市场,历经波折,被南通文化名人季修甫先生购得。季老先生是南通中学的退休教师,对地方历史文化有深入的研究,被誉为"老南通活词典"。季老热爱家乡,即便退休了仍喜欢在南通的大街小巷四处游逛,偶然在古玩市场发现了这幅绣像,季老先生一看到这幅绣像,就明白了这幅绣像对于南通纺织工学院(前身为南通纺织专科学校)的意义,于是花高价购入,并亲自装裱,在南通纺织工学院建校八十周年校庆时,捐赠给了学校,这是献给学校最好的生日礼物。^① 时至今日,这幅孙中山绣像仍妥善保存于南通大学校史馆中。正是因为季老先生特有的家乡情怀和人文眼光,这幅绣像才有机会结束颠沛流离的境遇,在数十年后重回母校。这幅绣像历经百年风雨,不仅记载了辛亥革命成功的喜悦,还见证了中国新织锦工艺的发展;这幅绣像诠释了南通大学学子的爱国情怀,见证了南通大学的百年足迹;这幅绣像更印证了张謇倡导的"学必期于用,用必适于地""专门教育,以实践为主要"的教育理念。

1912年,我国近代著名实业家、政治家、教育家张謇先生创办了私立南通纺织专门学校。建校之初,张謇就非常重视培养实用型专业人才,学校很早就开始兴建纺织实习工厂,不仅锻炼学生的动手实践能力,还让学生早早参与地方建设。这都是张謇"学必期于用,用必适于地"的教育理念的完美体现,而这句话,也深深地扎根于每个学生的心里,正是因为这句话,才能让百年之前的罗云、高敬基两名学生,绣出这样一幅孙中山绣像,也让这幅饱经风霜的绣像,在百年之后的今天,依旧闪烁着耀眼的光芒。

时光流逝,岁月峥嵘。百十年南通大学秉承先校长张謇先生的教育理念,正在创造新的辉煌。

(供稿:南通大学档案馆、校史馆)

---

① 《季修甫先生孙中山绣像识语》:余爱乡土,于家乡文物,幸有发现,不惜购存。此帧为年前市肆高值所得,亲为裱装,细观一过,觉非惟南通纺织工学院院史难得实物资料,且为二十世纪初叶中国纺织史上出现织锦新工艺,杭州都锦生之早期产品,或为南通纺专赴杭实习所得,亦未可知。而以尚在苦斗之孙中山先生肖像为图,以示崇敬,亦见一九二二年顷南通纺织专门学校师生之政治倾向,得此三事,尤足珍宝。今南通纺织工学院创校八十周年大庆,余乐而赠之,并识数语,亦愿妥为展藏,毋使损毁也。一九九二年九月 六九老人季修甫

力透纸背吐心声　一笔一画寄深情
——新年贺词中的拉贝记忆

潘　璇

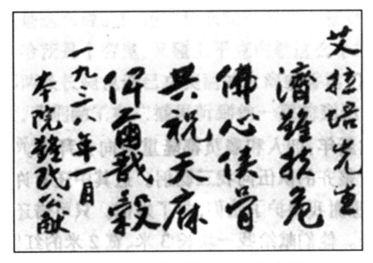

图1　南京安全区的难民献给约翰·拉贝的新年贺词

"济难扶危,佛心侠骨,共祝天麻,俾尔戬谷。"这短短16字,正是1938年南京安全区的难民献给约翰·拉贝(以下简称"拉贝")的新年贺词。拉贝,1882年11月23日出生于德国汉堡市,在南京大屠杀期间,其作为德国西门子公司驻南京代表,成立南京国际安全区,并被推选为安全区主席。身为亲历者,拉贝亲眼目睹日军暴行,写下了著名的《拉贝日记》,成为南京大屠杀的铁证。拉贝回德国后,遭受诸多不公待遇,于1950年1月因中风在柏林与世长辞。

南京大学拉贝纪念馆馆藏的这份实物档案承载了南京安全区难民对拉贝先生的万千感恩之情。

不同于往日春节里的张灯结彩和热闹喧腾，炮火下的南京城在寒风中奄奄一息，只剩下残垣断壁，这座六朝古都早已寻不到一丝丝"秦淮风情繁华景，繁花似锦金陵城"的盛景，侵略者的屠刀刺穿了她的身体，30万中国军民在这里惨遭杀戮，全城约三分之一的建筑物和财产已化为灰烬。在这样的人间地狱里，拉贝在日军的刺刀下用羸弱的双臂保护着惶恐不安的难民们，此刻的安全区仿佛漂浮在火海中的一叶小舟。

1938年除夕，拉贝接到了消息，日军将于2月4日强行解散所有难民收容所。拉贝在心中苦笑道，让难民们回到断壁残垣的城区中，他们该如何在废墟中安身立命呢！这些天看到的人间惨剧一幕幕浮现在拉贝脑海中。这些可怜的人，对抗着掌握生杀大权的日本人，又该如何倾尽全力阻挡这场灾难的发生？拉贝看着这些朝夕相处的难民们，灾难在他们脸上刻下了沟壑般的痕迹，他们黯淡的眼神却透出了对生存的乞求，拉贝下定决心，必须阻止日军解散难民收容所。

明天就是春节了，拉贝与其秘书韩湘林向西门子难民收容所的难民们分发了价值一元的节日费。他们向安全区委员会申请五元特别补助，用来给院子里的600多名难民购买一些年夜饭的调味品。听到消息之后，难民们欢呼雀跃。可是，拉贝却心痛不已，眼圈阵阵酸痛：这些可爱的人们，一点馈赠已经让他们感激不尽了。

大年初一的早晨，打开房门的拉贝看到了意外的一幕：他的雇员、佣人和难民们从楼道到院子排着队，静静地等待他的出现，所有人整整齐齐地向他三鞠躬，隆重地向他拜年。孩子们、姑娘们热情地将拉贝团团围住，一边唱歌祝福拉贝，一边衷心地感谢他保护了大家。此时此刻，难民们的每一张脸庞都洋溢着久违的笑容。在战火年代，生命得以庇佑，实属幸事。在一片欢声笑语中，难民们集体献给拉贝先生一块长3米、宽2米的红绸布，表达他们的感激之情。看着他们沧桑的脸上腼腆的微笑，清澈的眼睛仍有些惊惶未定，拉贝缓缓走向他们，这群善良的人们，还准备了"感谢信"。于是，他吩咐佣人，将其装置于客厅墙上。一会儿，拜年的客人们纷纷围观这份"感谢信"。信上写着:"您是几十万中国人的活菩萨。"其中,一位男士用英文翻译给拉贝,拉贝惊讶地微微张口,连忙挥手作罢。拉贝端详起这位男士,似乎有所印象,他是位古文专家,原本是一名高级官员。拉贝恭敬地请他将书写内容不加修饰地完整翻译一遍。男士笑道,字字准确,没有恭维,又翻译一遍:"你有一副菩萨心肠,你有侠义的品质,你拯救了千万不幸的人,助人于危难之中,愿上帝赐福于你,愿幸福常伴你,愿神保佑你。您收容所的难民们。"拉贝注视着那16字新年贺词,默默地拭去眼角的泪,心中无限感慨。如果时局不是那么严峻,面对这动人的贺词他真要笑出声来。可是……这里的人们本该欢天喜地过春节,现在却深陷于人间炼狱,睁开眼却不知道能不能度过明天,这样的日子究竟还要熬多久?他能保护难民们多久?……他没有丝毫的兴奋,因为2月4日一天天逼近了。就在此时,拉贝得到消息,这三天一共发生了88起日军士兵暴行事件。他理了理情绪,暗自下定决心:外面那么危险,怎么能劝人们回家?留在这里,一直保护难民们,直到安全为止。

之后,拉贝与罗森博士多次与日军上海参赞日高碰商关于2月4日解散难民收容所一事。2月4日当日,拉贝与南京国际安全区委员会所有成员用身躯坚守岗位,竭尽全力阻止任何冲突。在他们强硬的态度下,日军忌惮,没有进犯安全区。就这样,这块硝烟中的生命绿洲得以保留……

拉贝虽然离我们而去,但是他在惨绝人寰的南京大屠杀历史中表现出的人道主义精神将永远被人们铭记。2006年,拉贝故居被建设为拉贝纪念馆;2009年,拉贝被评选为"中国缘·十大国际友人"。时至今日,近30万中外来宾参观纪念馆,并纷纷留言,表达他们对恩人的感激之情。

"拉贝在正确的时间、正确的地点,做了一件正确的事情,与此同时,他也拥有着正确的心态。在做正确的事情时,或许会遇到各种困难,也会触及部分人的利益,难免会给生活带来一定的影响。可能在一段时间后,该行为才会得到认可,事后才会得到褒奖。"德国人董拓在线上留言中写道。

在历史的长河中,顷刻之间的选择会完全改变个体的人生和命运,可个体的风骨和坚守,则丰富了历史不可或缺的情节。遥想1938年的那个夜晚,他一定辗转反侧。不是没有犹豫过,也非不想全身而退,但面对一直友好善待他的民族,是心底的力量指引着他前行。不为名利,不求声誉,只为真心。在面对独善其身与救助难民的抉择时,他还是选择站在正确的一方。

身处后疫情时代,局部冲突又加剧了国际形势的复杂性。通过重温新年贺词中的拉贝记忆,学习他对人类有大爱,对和平有追求的高尚品质,更有重要的现实意义。

站在庭院外,我久久仰视着拉贝先生的雕像,恍惚间,拉贝先生在缓缓地诉说着……翻阅着手中的留言簿,字里行间分明浸润着拉贝精神:它是清醒深刻的思想,是爱与善良的选择,是铮铮铁骨的信念,是山海皆可平的执着,是无问西东的勇气,是新时代的你与我……

图2 南京大学拉贝纪念馆外景图

(供稿:南京大学)

《生物制品手册》

——抗战时期"中国预防医学研究所"的珍贵实验笔记①

金　迪　李茜倩　张　妍

　　清晨的第一缕阳光,轻轻拂过校史馆实物展柜,那里摆放着一批半个多世纪前的史料,古朴的封面、发黄的内页,缓缓被照亮,历史与现实在此刻交汇。

　　一本被摊开的笔记,字迹规整、娟秀,一如南医八十多年来一贯严谨的学风。笔记封面与众不同,没名字没落款,在资源极度匮乏的 20 世纪 30 年代,一张能够当作封面的硬牛皮纸实属难得,所以封二还印有"江苏省立医政学院(南京医科大学前身)纪念周讲演集"字样,人们只能通过展柜里的简介了解它的内容——生物制品研制记录。笔记按生物制品种类划分,以概论、各论和附录编排,易于阅读、查询与参考;实验方法穿插图表,图文并茂,帮助理解;关键词配有外文,便于与国外文献对照。更为难能可贵的是,在印刷条件受限的情况下,笔记 100 余页全靠手写手绘,编排整齐有序,又为节约纸张,文字细小,蝇头小楷尤有不及。无论中外文书法还是绘图都非常考究,兼具科学之真与艺术之美。

---

① 本文主要参考资料为:南京医科大学 1977 级校友夏东翔先生 2019 年所写文章《恩师生物制品实验手册拜读心得》《美的先生——简忆恩师汪美先教授与倪斌教授》,倪斌子女提供的《遗作捐赠说明》,黄祖瑚采访等。

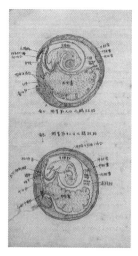

图 1　《生物制品手册》笔记部分内容　　　图 2　倪斌教授手书"追忆"

1992 年的一天,国立江苏医学院(南京医科大学前身)校友倪斌从个人收藏的满箱旧实验笔记中无意翻到这本 50 年前的手抄本,一页一页翻看,回忆渐上心头。这是一段他与爱人徐冰清用青春和生命探索科研道路的共同经历,也是他与苏医在战火中并肩前行的难忘岁月,峥嵘往事历久弥新,他即兴在扉页留下了"追忆"手书,后人也因此得以窥见这本珍贵手册背后的故事。

1938 年,原址镇江北固山下的国立江苏医学院因抗日战争爆发被迫西迁,经湘桂、川渝,选址重庆北碚为校址。重庆地处西南,交通不便,当时为军政要枢,日军不断轰炸封锁,医疗物资运输无门,加之难民大量涌入,多种传染病迅速流行亟待控制,药物和疫苗的自主研制刻不容缓。

为安抚民心,稳定后方,发展我国预防医学事业,胡定安、洪式间、邵象伊、褚葆真等教授集议,发起成立中国预防医学研究所,又得翁文灏、朱家骅、陈果夫、金善宝、潘公展、茅以升、罗家伦、竺可桢等专家和要人相助,研究所于 1941 年 5 月 17 日正式成立。包括微生物学部、卫生学部、传染病学部及后来的寄生虫学部,涵盖细菌学、寄生虫学、疫苗血清学、基础卫生学、公共卫生学、流行病学及防疫学等学系。当时国内原本就落后的医学研究受战火影响,更加举步维艰,而国立江苏医学院却于战火中辗转后方,竭尽全力保存了良好的科研人才储备:中国寄生虫学奠基人洪式间,公共卫生与预防医学奠基人邵象伊,著名解剖学家王仲侨,儿科学开创者颜守民,著名药理学专家徐佐夏,当时被载入美国科学名人录、后为浙大药学系和医学院重要创始人的孙宗彭,国际著名生理学家、后任(台湾)阳明大学校长的方怀时……人才济济,于斯为盛。

图3   抗战时期国立江苏医学院在重庆北碚的教学楼

以快速诊断与疫苗研制作为驱动传染病防治的双引擎,是苏医微生物病原学专业一贯的坚持。自20世纪40年代以来,以汪美先、金锦仁、赵慰先、倪斌等诸位教授为代表的先辈们已将其作为倡导与实践的重点。中国预防医学研究所成立后,他们积极实施寄生虫田野调查和现场诊治,开展中国人血型统计和研究,探求雄黄、马齿苋等传统药物治病机理,研发中成新药。微生物系副教授汪美先主持微生物学部的工作,领衔赵慰先、金锦仁等一批专家教授因陋就简开展生物制品研制工作,悉心研制生产霍乱、伤寒、牛痘、狂犬病等疫苗。

是时,倪斌主理实验室技术工作,从事生产各种菌苗的具体操作并负责研究室的管理,历时三年,一本记录生物制品研制和生产的技术资料——《生物制品手册》(接受捐赠后,档案馆、校史馆经咨询诸位专家,为笔记命名)就此诞生。这本实验手册所记录的内容几乎涵盖了当时生物制品的全部类别,包括预防或治疗用细菌苗、病毒苗、类毒素、抗血清和诊断用菌液、毒素、血清;且记载步骤详实,以疫苗调制为例,就详述了菌株选择、纯培养、浮游液的制备、加热防腐、培养实验、合并、菌量测定、稀释和装封九大步骤;对每种疫苗,又进行效价测定,说明贮存与使用方法,最后还有使用效果和可能出现的反应,细致详尽程度令人惊叹。

当时研究所涉及的病原体,有的感染后病死率极高,如狂犬病毒,有的具有高传染性与强致病性,如结核杆菌、鼠疫杆菌和天花病毒。对这些高危病原体从事相关生物制品的研制及实验,尤其是动物实验,需要有严格的生物安全保障。以制备人化牛痘苗为例,从天花患者身上采集痘疱组织或痘疱内容物,在家兔身上遗传至二三代后再移植到牛身上,使人痘化为牛痘,其间的过程充满艰辛与风险。这类实验现在多数要在生物安全三级实验室(可参照天花病毒:如果现在仍然需要研制天花病毒,实验室安全级别为四级)进行,可是在那个动荡的年代,疫苗研制已是不易,更谈不上安全防护。倪斌、徐冰清等实验技术人员当时根本无法获得必需的实验室条件,简陋的生物安全防护设备、谨慎的安全实践操作和工作人员自身的免疫力是他们全部的保障。他们甘愿用自己的生命作为通往传染病防治和人民健康的阶梯,以行动诠释了苏医人"苟利国家生死以,岂因祸福避趋之"的爱国信仰。

2019年的一天,倪斌之子,学校1978级校友倪以成(比利时鲁汶大学终身教授),在清理父母故居时发现了这本近80年前的手抄本。为确定该遗作的科学价值,他将扫描件传给1977级学长夏东翔(医学微生物学与免疫学博士,美国宾夕法尼亚州卫生实验室局局长)。夏博士仔细研读后,认为该文献具有极高的科学价值且兼具历史和现实意义,称其为"罕见之专业精品",并专门撰写了《恩师生物制品实验手册拜读心得》。2019年,在学校八十五周年校庆之际,倪以成决定将此手抄本捐赠给南京医科大学档案馆、校史馆,夏博士也极力促成此次捐赠,并将《美的先生——简忆恩师汪美先教授与倪斌教授》一文赠予档案馆、校史馆以作说明。

《生物制品手册》是南京医科大学馆藏的唯一一部国立江苏医学院时期"中国预防医学研究所"的实验笔记。正如我校1977级校友黄祖瑚(内科感染病学教授,原江苏省卫计委副主任)拜读手册后的感慨:"当看到那本工作笔记内容的照片时,我感到非常震撼和感动,同时也感到很振奋……这份79年前记录下的珍贵历史资料,将会激励广大南医学子,学习前辈们的榜样,以人民幸福和民族复兴为己任,刻苦学习,增长才干,努力奋斗,报效祖国!"该手册不但体现了学校服务抗战,培养医学人才,开展战时医疗服务,为中华民族抗日战争和中国新民主主义革命的胜利作出的贡献,更是充实我国抗日战争时期传染病防治历史的珍贵史料。

(供稿:南京医科大学档案馆)

"活化石"水杉的发现之旅

黄　红

在南京林业大学(简称"南林")的博物馆、档案馆里有一套非常珍贵的树木标本——水杉模式标本,堪称镇馆之宝。这套标本见证了"活化石"水杉在我国奇迹般的发现过程。

水杉是杉科水杉属唯一的现存种。其实水杉早在7亿年前的早白垩纪就诞生了,1亿多年前的中生代白垩纪和新生代是水杉家族最繁盛的时期,子孙遍布北半球,甚至包括现在冰雪覆盖的北极。但是到了新生代第四纪,地球上发生了冰川,这是地质年代中最严重的大规模灭绝事件,和恐龙一样,水杉也没有幸免于难,在此后上亿年的岁月里,它只在化石上留下生命的痕迹。

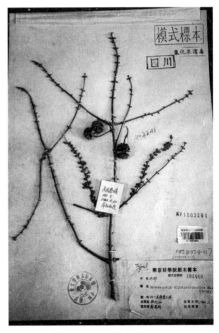

图1　水杉模式标本
(薛纪如 1946 年采集)

1941年,日本科学家发现了水杉化石,建立了它的古植物新属。在我国未向世界公布发现活水杉之前,许多古生物学者都认为水杉早已在地球上灭绝了,要想了解古老而稀有的水杉,只能到化石中寻找它们沉睡的踪影。

1941年冬天,国立中央大学森林系(南京林业大学前身)教授干铎在去往重庆的路上,途经四川省万县谋道乡(现湖北省利川市)磨刀溪,发现路旁有几株参天古树,似杉非杉,似松非松,当地村民一直认为这是水杉,并奉为"神树"。可凭干铎教授的经验,此树并非完全像水杉,要想弄清它的种名、属名,必须有完整的枝叶和果实的标本。遗憾的是,当时正值落叶季节,干铎教授只拾取了一些落在地上的枝叶带回去。他将此事告诉了万县农校教务主任杨龙兴,并委托他代为采集标本。以后他多次向同行、同事们提及此事,为水杉的发现奠定了基础。

1943年夏天,原中央林业实验所的王战先生,在赴神农架林区考察的路上,恰巧在万县病了。休养期间,他从朋友那儿得知万县的磨刀溪有株"怪树"。于是王战就去磨刀溪察看那株被当地群众称为"水杉"的大树,并采集到一枝比较完整的枝叶标本,又从小庙的瓦沟里拾了若干个球果。王战认为这种树可能是一种未被记载的新种,他将标本带回实验所,在查找了一些资料后,初步将此树定名为"水松"。

事隔2年,也就是1945年,国立中央大学森林系技术员吴中伦到中央林业实验所鉴定标本。王战取出"水松"标本与吴中伦讨论,两人难以定夺。于是,王请吴将标本转交给同在中央大学森林系的松柏科专家郑万钧鉴定,郑万钧当即断定这绝非水松,应为新属。

郑万钧于1946年又派自己的学生薛纪如赴磨刀溪采集到了古树枝叶幼果标本,并撰写了《中国唯一的巨树》一文,刊登在1947年11月出版的第16卷第11期《科学世界》上。之后,郑万钧的另一位学生华敬灿采集到了少量的标本。郑万钧通宵达旦地对采集到的标本做了全面细致的研究,并查阅了很多书刊文献。经过研究分析,郑万钧认为它的枝叶外形虽像水松,但叶对生,球果鳞片盾形、对生,既不是水松,也不是北美红杉,在现存的杉松类中应该是一个新属。

当时限于文献资料缺乏,还是难以对标本做出准确的鉴定。于是,郑万钧将这一新的裸子植物标本两个花枝和一个叶枝寄给了北平静生生物调查所所长胡先骕教授,请他查阅文献,帮助鉴定。经胡先骕先生多方查阅资料,发现此标本和日本学者三木茂1941年所发表的新属形态相同。由此初步确定,这个新种应属于化石属的一种,是真正的"活化石"水杉。经二人反复研究,并与美国加州大学钱耐教授沟通后,证实了它就是亿万年前在地球大陆生存过的水杉。

1948年5月,胡先骕和郑万钧在静生生物调查所《汇报(新编)》上联合发表了《水杉新科及生存之水杉新种》一文,向世界宣告在一个叫磨刀溪的中国山村发现了野生水杉,明确了水杉在植物进化系统中的重要地位,这一认定得到了国内外植物学、树木学和古生物学界的高度评价。胡先骕观察到水杉线形叶在枝上交叉对生,呈假二列状排列,纠正了以前误认为的水杉叶为对生、羽状排列的描述。这篇论文发表后震惊学界,在大山深处默默无闻地生存了数亿年的远古植物——水杉,引起了世界植物学界的关注。水杉的发现被誉为20世纪植物界最伟大的发现。

之后不久,科学家在湖北利川小河境内又发现了大面积水杉群落,小河成为中国乃至全球水杉保存数量最多的地方,也因此闻名世界。美国《旧金山纪事报》曾如此刊载此事:"科学上的惊人发现——1亿年前称雄世界而后消失了2 500万年的东方红杉,在中国内地一个偏僻的小村仍然活着!"新闻中所说的"东方红杉"便是指那些被称为植物界"活化石"的水杉树。

当年9月,胡先骕在《纽约植物园期刊》上发表《"活化石"水杉是如何在中国发现的》(英文)。该文后来被世界上不同语种的刊物全文转载或翻译多次,更有数不清的部分转载和引证。活水杉的发现震惊世界,有报纸将其誉为"世界植物界的一'棵'明星",还有人将水杉比作植物界的"恐龙"。无论如何,中国的植物学家将这古老的孑遗树种挖掘出来,并赋予新生,使它重现天日被世人所认知,是现代中国科学史上极为重要的盛事。水杉的发现和研究,对于植物学、古植物学、演化生物学、古气象学、古地理学和地质学等研究都具有十分重要的意义。这是植物学界一件重大的贡献,为祖国赢得了荣誉,永载史册。

新中国成立后,林业部将天然水杉列为国家一级保护树种。1973年,利川县人民政府在水杉原生古树分布较集中的小河村设立了利川县水杉母树管理站,专门从事境内五千余棵古水杉的保护研究工作。

我国发现和定名水杉,历时8年,经历了一段漫长而曲折的过程。今天的我们很难想象,在那个战乱频发的动荡年代,在科学技术不发达、交通工具和传播技术不完善的条件下,一群不能被称为"团队"的科研工作者用了8年时间潜心于"做一件事",最终让水杉这一古老的孑遗植物再次"死而复生"。

自被发现之后,水杉就被当作"友好使者"在世界各国广泛种植栽培。到目前,已有近 80 个国家和地区种植了水杉。水杉树高大秀颀、直达云霄,远远望去,林荫间仿佛依稀可见老一辈科学家挺拔正直、严谨厚德的影子,而水杉精神的可贵,更在于执着探索、求真务实、协作奋斗、勇于挑战的科学态度。

水杉学者、水杉路、水杉大讲堂、水杉话剧社、水杉英才学校……水杉积极的象征意义和水杉的发现过程所体现出的科学精神,为南林人所崇敬。今天,水杉作为南京林业大学特有的精神文化符号被写入了校史,更被一代又一代的南林人传承与发扬。

图 2　水杉标本母树

(供稿:南京林业大学博物馆、档案馆)

中国第一家赤脚医生博物馆中的藏品

李文文

　　"赤脚医生"是 20 世纪 60 年代开始出现的名词,是农村社员对"半农半医"卫生员,即没有纳入国家编制的非正式医生的亲切称呼。他们的特点是:亦农亦医,农忙时务农,农闲时行医,或是白天务农,晚上送医送药,没有固定薪金。赤脚医生的出现,解决或缓解了我国广大农村地区缺医少药的问题,在广大农村地区普及爱国卫生知识、除"四害"、根除血吸虫病等方面作出了巨大贡献。

　　为了纪念赤脚医生的贡献,徐州医科大学走遍全国,历经艰辛,广泛征集文物史料,于 2020 年建立了中国第一家赤脚医生博物馆。赤脚医生博物馆以赤脚医生发展史为轴,从赤脚医生、合作医疗、农村三级医疗预防保健网三个层面,真实再现了赤脚医生的鲜活人物形象,细致梳理了合作医疗制度的产生和发展,系统回顾了中国农村医疗卫生事业的发展变迁,也是中国基层医疗卫生事业博物馆。目前,收有藏品近两千件,涵盖赤脚医生工作生活的全部过程,具体包括方针政策、合作医疗、卫生防疫、救护治病、制药采药、培训教育、劳动用具等。

一份 1958 年的《人民日报》

　　在赤脚医生博物馆里展陈着一张泛黄的《人民日报》,这张旧报纸向我们讲述了一段难忘的征程。

　　20 世纪 50 年代初,在毛主席和周总理的亲自指导下,全国卫生工作会议初步确立了卫生工作四大方针。在四大方针的指导下,国家实施了卫生工作第一个伟大壮举:消灭血吸虫病。1956年,毛主席发出"一定要消灭血吸虫病"的号召。1958年6月30日,《人民日报》发表文章《第一面红旗——记江西余江县根本消灭血吸虫病的经过》。文章记述了江西省余江县根除血吸虫病的整个过程,这也是向各种错误思想作斗争并取得了胜利的过程。消灭血吸虫病的计划实施之初,很多人持悲观论调,但是余江人民有力地驳斥了这些人的悲观论调,他们不但把过去不敢想不敢做的事情干起来了,而且也干好了。广大医

图1　1958年6月30日《人民日报》

务工作者在治疗工作中以革命精神打破常规,大胆采用新法治疗,根除了当地的血吸虫病。

血吸虫病的根除不仅提高了农民的身体素质,也改善了村民的家庭生活,在这篇文章中就讲述了村民邓汝梅女士的故事。因为患有血吸虫病,邓汝梅女士劳动能力低,并且久久不得生育,因而大大影响了家庭关系;好在疾病得到了治疗,一家人的身体恢复了健康,邓汝梅女士病愈后生下了健康的宝宝,一家人其乐融融。邓汝梅女士的家庭变化也是当时余江县血吸虫病流行区千百个家庭变化的缩影。

当毛主席看到《人民日报》的报道后,得知饱受血吸虫病折磨的余江县人民终于得到解脱,思绪万千,夜不能寐,欣然写下了《送瘟神》这首不朽的诗篇。"春风杨柳万千条,六亿神州尽舜尧",形象再现了广大农村基层医疗卫生人员在医务专家的带领下深入疾区,发挥冲天干劲,战胜血吸虫病的伟大壮举。这一伟大壮举也是新中国医学史上取得的第一个重大成果。

一双草鞋的故事

在赤脚医生博物馆的展橱中,有一双草鞋,它来自湖北省的大山深处,"合作医疗之父"覃祥官生前曾穿着它走乡串户、翻山越岭为老百姓解除病痛。

覃祥官,1933年农历九月二十六日出生在长阳县榔坪镇杜家村。他是中国合作医疗创始人之一,被誉为"中国农村合作医疗之父",第四届省人大代表。覃祥官家境贫寒,仅读了3年私塾。1964年,他所在的乐园公社党委送他到中医进修班学习,学成归来后,在担任公社卫生所医生时,他切身感受到农民无钱治病的痛苦,目睹了好多人"小病拖大,大病拖垮"。面对这些疾病,作为医生的覃祥官却束手无策,这一幕幕场景深深刺痛了他的心。深夜出诊回家后,他躺在床上辗转反侧,心潮难平:"过去,我们组织起来办信用社,农民摆脱了高利贷的剥削;组织起来办供销合作社,摆脱了奸商的剥削……我们为什么不能组织起来,实行合作医疗,依靠集体的力量来和疾病作斗争呢?"他的这种想法,很快得到乐园公社党委的高度重视,并且赢得杜家村大队党支部的支持。随后他通过深入各生产队调查摸底,拟出了《关于乐园公社杜家村大队试行农民合作看病的草案》。

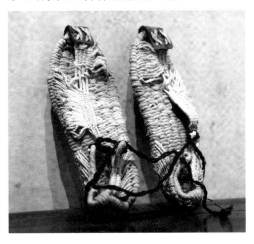

图2 覃祥官生前使用的草鞋

1966年,他辞去卫生所医生的职务,到杜家村大队卫生室担任赤脚医生,他穿着草鞋,背着背篓,深入田间日复一日地重复上山种药采药,下乡为村民看病的生活。为了建立合作医疗制度,覃祥官带领农民以"三土"(土医、土药、土药房)、"四自"(自种、自采、自制、自用)的方式,在村卫生室和村民小组都开辟药园,种植大量常见中草药。大队内村组干部们筹集合作医疗基金,解决了缺医少药和资金缺失的问题,利用手中有限的资源建设起了乐园公社。覃祥官借鉴毕维忠创建联合医疗保健站的经验,在国家卫生部的指导下,终于为中国农村基层医疗卫生事业开辟出了一条新的道路。8月,中国历史上第一个农村合作医疗试点"乐园公社杜家村卫生室"挂牌。农民每人每年只需交1元合作医疗费,村里再从集体公益金中人均提取5角钱作为合作医疗基金,除个别老痼疾病要常年吃药的以外,群众每次看病只交5分钱的挂号费,吃药就不要钱了。合作医疗的方式从"合医合防不合药"转变为"合医合防又合药",为农民得到最基本的医疗服务和公共卫生服务提供了制度保障。随后这一制度得到了大力推广,为全国范围内的百姓提供了便利。截至20世纪70年代末,合作医疗发展达到高峰,全国95%的生产大队实行了合作医疗。

赤脚医生和合作医疗是中国基层医疗卫生事业发展历史中的重要一页,为中国乃至世界卫生事业都作出了巨大贡献。徐州医科大学建设赤脚医生博物馆传承了国史文化,搭建了世界基层卫生事业交流发展平台,构建了医学生培养和医务工作者思想政治教育的阵地。作为江苏省新中国医学史教育基地,徐州医科大学赤脚医生博物馆将进一步挖掘赤脚医生精神内涵,填补赤脚医生精神研究空白,传承中国的医学精神和赤脚医生精神,推动基层医疗卫生事业发展,推动医学人文事业发展。

(供稿:徐州医科大学档案馆)

一份"特等功臣"的立功奖状

周　露

在南京航空航天大学校史馆历史展厅的实物展柜里,摆放着一张很有年代感的奖状。奖状底色为淡红色,上方为带有国旗彩带的毛主席像,下方为毛笔书写的奖状内容,外框松木装裱,通身泛黄,整体庄重大方。这是一份立功奖状,签署时间是 1954 年 7 月 21 日,颁发单位是当年的"国营三二〇厂",受奖人是新中国第一架飞机的结构强度总设计师——张阿舟,奖状编号为第 001 号。这份意义非凡的奖状一直珍藏在南京航空航天大学档案馆

图 1　国营三二〇厂立功奖状

内,2018年10月校史馆建成开馆后,一直在校史馆展出,让更多的人了解这段意义非凡的历史故事。

这份奖状的背后记载的是一段波澜壮阔的历史。新中国成立之初,抗美援朝烽火炽烈,百废待兴的新中国并没有制空权,屡遭美军飞机的狂轰滥炸。迫于空军训练急需,中国从苏联先后分批引进雅克-18教练机总计276架,用于中国空军航校飞行训练。鉴于中国对空军教练机需求量的日益增大,党中央毅然做出重大决策:建立自己的航空工业,制造自己的飞机。

1951年4月17日,中央军委、政务院颁布《关于航空工业建设的决定》,标志着我国航空工业的诞生。中共中央要求国有航空工业,力争在3到5年内,从修理起步,逐步过渡到争取能够仿制苏联教练机和歼击机。从国外归来的专家、学者和国内工程师、技术人员纷纷集中,听候调遣。兴建航空工业的中央企业选在南昌飞机厂,对内番号"三二〇"厂,对外称"洪都机械厂"。1953年底,经过3年的努力,南昌飞机厂已在设计、工艺、工装、机加、装配、总装等方面具备了自制飞机的条件。1954年2月,雅克-18飞机图纸、技术资料到厂;3月31日,航空工业局向南昌飞机厂下达了提前1年试制初教-5的命令,并于当年交付10架。时间紧、任务重、技术要求高,又面临诸多困难,在苏联专家的帮助下,大家连夜编制试制计划。5月12日,首架初教-5全机静力试验取得了圆满成功,全机强度符合设计要求。7月3日,新中国建立后第一架自己制造的飞机——初教-5,在南昌飞机厂成功地飞上了蓝天。

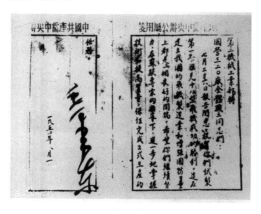

图2 毛泽东亲笔嘉勉信

图3 张阿舟教授

初教-5从资料来厂,到试飞成功,仅用了133天,这与国家的支持、苏联的援助、三二〇厂全体职工的付出是分不开的。毛泽东主席亲笔写来嘉勉信:"第二机械工业部转国营三二〇厂全体职工同志们:七月二十六日报告闻悉,祝贺你们试制第一架雅克十八型飞机成功的胜利。这在建立我国的飞机制造业和增强国防力量上都是一个良好的开端,希望你们继续努力,在苏联专家的指导下,进一步地掌握技术和提高质量,保证完成正式生产的任务。"

初教-5的研制过程中,张阿舟同志作出了重要贡献,三二〇厂为其颁发了第1号"特等功臣"立功奖状。

张阿舟1920年出生在江苏省丹阳县一个书香门第。从他懂事起,国家一直内忧外患,贫穷落后,人民处于水深火热之中,他从小就树立了"科学救国、振兴中华"的理想。1937年,他以优异的成绩考入中央大学航空工程系,大学毕业后,留校任航空工程系助教,后参加庚子赔款考试,考入英国布里斯托大学研究生,选择的仍然是航空工程专业。1949年12月,正值新中国成立不久,刚刚通过博士答辩的张阿舟,内心十分激动,亟盼回国参加新中国建设。次年1月回国途中他接到获英国布里斯托大学哲学博士学位的喜讯。

新中国成立初期,百废待举。1951年,张阿舟被分配到南昌飞机制造厂工作,任主任工程师、设计科长。厂里接到试制新中国第一架自制飞机——初教-5的任务,凭借深厚的航空工程知识,张阿舟全身心地投入该飞机的设计、强度计算及其试验任务。

1955年5月,张阿舟调入南京航空工业专科学校(南京航空航天大学前身)工作,在飞机结构强度理论和试验研究、振动理论与应用等研究方面均有重大突破和创新,从一名富有实际经验的工程师,转变成一名大学教授。当时恰逢南京航空专科学校改为南京航空学院(本科),师资力量缺乏,诸多课程没有任课教师,张阿舟教授挺身而出,承担多门课程的教学任务。他的学生赵淳生院士回忆说:"张老师是哪门课没人上,他就上哪门课。"张阿舟教授为南航的教学和学科建设作出了重要贡献。

20世纪60年代初,张阿舟开始招收研究生,指导青年教师对振动理论和工程应用开展系统研究。1981年,张阿舟成为改革开放后的全国第一批博士学位研究生指导教师,开始招收固体力学博士研究生,为我国培养了一大批飞机结构强度和振动研究领域的优秀人才,他们当中许多人已成为国家科技骨干和学科带头人,其中包括赵淳生、胡海岩、向锦武三名院士。

南京航空航天大学在航空领域为国家作出了许多贡献,飞机设计专业非常强大,这与张阿舟教授多年的努力是分不开的,他为学校打下了坚实的基础。在1988年国家教委下达的高等学校重点学科的通知中,南航飞机设计学科成为国家在该领域设置的唯——一个重点学科。

光阴荏苒,看着这张泛黄的立功奖状,仿佛看到了1954年在三二〇厂,全体职工热火朝天、干劲十足的景象;听到了"为制造祖国第一架品质优良的飞机而奋斗"的口号。从那以后,我们唱起了中国人自己的航空工业乐章。我们再次回眸这段历史,仍会心潮澎湃。

(供稿:南京航空航天大学档案馆)

《墨竹图》:诠释"最美奋斗者"使命情怀的珍贵画卷

何振才　李梦瑶

2019 年,为隆重庆祝中华人民共和国成立 70 周年,国家评选了"最美奋斗者"300 名。人民兵工系统的"祝榆生""吴运铎"的名字赫然在列。祝榆生就是深受南京理工大学师生爱戴的老院长,也是我国 99 式主战坦克的"传奇独臂总师"。在南京理工大学的校史馆中,珍藏着一幅中国"保尔·柯察金"——吴运铎亲手绘制并赠予祝榆生的《墨竹图》,这幅画不仅见证了两位兵工战线老兵的深厚友谊,而且生动地诠释了两位"最美奋斗者"的使命情怀。

翻开两位老兵的生平简历,我们惊奇地发现,他们都有着相似的人生经历,都曾为新中国成立和中国兵工事业的发展作出了杰出贡献。

图 1　《墨竹图》

图 2　吴运铎　　　　　　　图 3　祝榆生

祝榆生，1918 年 11 月生于重庆巴县。在抗日战争和解放战争期间，祝榆生刻苦钻研军事技术，创造和改进了 20 余种武器和战斗器材，在战斗中发挥了重要作用。1946 年祝榆生被调到华东军政大学，任军教处副处长，负责军事教育，培训基层干部。1948 年的一天，华东军政大学开始第三期军事训练，要进行他设计改造的平射炮的实弹射击试验，祝榆生讲解射击要领后，进行试射时出现了事故，导致右臂被炸断。两次手术后，右臂被全部切除，经过三个多月的治疗，受尽伤痛折磨的祝榆生才出院。新中国成立后，他先后在中国人民解放军总高级步兵学校、军事工程学院（哈军工）从事兵工教育工作，后任南京理工大学的前身——炮兵工程学院、华东工程学院的副院长，主要负责学校的军事教学和科研工作。在他的带领下，学校获得 1978 年全国科学大会奖 16 项，位居全国高校前列。1978 年，他被调往北京兵器科学研究院工作。2014 年 10 月，祝榆生老院长在北京逝世。南京理工大学在为老院长筹办生平纪念展时，祝榆生家属将《墨竹图》捐赠给学校，于是画中饱含着两位老兵深厚情谊的故事才为众人所知。

1979 年春天，吴运铎老人来到位于北京车道沟 10 号院的祝榆生家中，两位老人一起畅谈祖国大好形势和急切盼望振兴兵工科研的使命情怀。当时，十一届三中全会刚刚胜利闭幕，改革开放的春风已经吹遍大江南北，各行各业焕发出勃勃生机,"忽如一夜春风来,千树万树梨花开",那是一个到处充满希望的春天。临别时,吴运铎将《墨竹图》赠给祝榆生,这是专为祝榆生绘制的,并在画上题字:"抗冰斗霜坚晚节,不随落叶舞寒风。"勉励祝榆生把握机会,争取在兵器研制领域再立新功。墨竹具有不怕困难、不怕打倒的精神,它孤独、正直、朴素,甘于寂寞却不畏严寒,是一个真正的强者。该画同时体现了吴运铎与祝榆生为新中国兵工事业奉献终生的牺牲精神,以及他们的深情厚谊、相互鼓舞的革命乐观主义精神。两人都是身残志坚、笑对人生的强者,他们生命不息、战斗不止、顽强拼搏、刻苦钻研的精神,深深地鼓舞着一代代兵工行业的后来者,也激励着无数的中华儿女。此后,祝榆生老院长一直将此画珍藏在身边。

众所周知,中国是一个疆域辽阔的大国。与中国陆地接壤的国家多达14个,边疆领土安全面临许多问题。20 世纪 80 年代,陆军急需装备新型主战坦克,在这样的背景下,中国兵器行业没有忘记祝榆生这员"老骥伏枥、志在千里"的兵工老将。1984 年,第三代主战坦克研制项目正式立项,时任国防科工委副主任的邹家华,力邀已经离休的祝榆生担任项目总设计师。在"强军报国"的伟大使命召唤下,66 岁的祝老心无旁骛地投入科研和实验中,如同画中挺拔劲节的墨竹,心无杂念,甘于孤寂。研制的过程充满艰辛,这位老人用超越常人的毅力与时间赛跑。祝老要经常夹着沉重的资料包奔波于各个试验场地,由于没有右臂,行走时难以控制平衡,他常常摔跤。1990年,72 岁的祝榆生在赶往技术协调会的路途中摔断了三根肋骨,他强忍剧痛坚持到会议结束。这些磨砺都没有打垮他,墨竹坚忍不拔的毅力与顽强的生命力,一直盘桓在他心间,无时无刻不在鼓舞着他,强化着他的历史使命感。正是在祝老这种使命情怀的激励下,他与团队成员一起不断克服重重困难,才完成第三代主战坦克的研制任务。

数年风雨磨一剑,兵工老将绽锋芒。1999 年 10 月 1 日,在国庆 50 周年阅兵式的现场,首次公开露面的 ZTZ-99 式三代主战坦克组成的方阵从天安门广场前隆隆驶过,身为 99 式三代主战坦克总设计师的祝榆生开始为人们所瞩目。当历史的时针定格于 2001 年,第三代主战坦克项目获得了国家科技进步一等奖,此时,距离另一位"兵工老将"吴运铎老人去世已经过去整整 10 年,距离吴运铎老人 1979 年的那个殷切嘱托已经过去

22 年。

祝榆生和吴运铎两位老者,是全国兵工系统入选"最美奋斗者"的代表人选,他们用自己奋斗的人生,为新中国兵工事业的发展奠定了坚实基础,同时也为我们奏响了时代主旋律的最强音。今天,我们再次走进南京理工大学校史馆,伫立在展柜前,静心凝视这幅珍贵的画卷,我们不仅是在怀念这两位将自己毕生的心血与激情倾注给中国兵工事业的老人,更是在探寻他们身上所折射出来的投诸这个时代的,也是隐藏于每个人内心深处的"初心、使命"。当我们身处日益复杂的时代环境中,不断追问"初心、使命"的本义与内涵究竟为何时,我们也许会有更加确切的答案。

(供稿:南京理工大学档案馆)

"微"观岁月

——一台医用电子显微镜的故事

戈妍妍　汤双平

在徐州医科大学档案馆一楼大厅的一角摆放着一台老旧的电子显微镜,充满年代感的机身总是吸引着过往师生的眼球。大家都把它视作一个有装饰作用的"雕塑",殊不知这台不会说话的仪器承载了徐州医科大学科研工作的初心往事。

走近它,其介绍语如是写道:"日立 H-600A 透视电子显微镜(分辨率

图1　日立 H-600A 透视电子显微镜

TEM 模式达 0.2 nm,SEM 模式达 3 nm)购置于 1985 年,是当时我校价格最高、体积最大的科学研究设备,为学校的科研工作发挥了重要作用,直到 2015 年停止使用。"

电子显微镜最早是由德国人发明的。1932 年,德国物理学家鲁斯卡和德国电气工程师克诺尔发明了世界上第一台电子显微镜,打开了人类认识微观世界的一扇新大门,也将人们对于组织、细胞、蛋白、核酸大分子的认识向光镜 0.2 微米分辨率大大推进了一步。而后,电子显微镜逐渐成为生物学研究手段中不可或缺的重要设备,医学超微结构学也相伴诞生。

中国在改革开放之后加快了科学研究的步伐。邓小平同志提出"科学

技术是第一生产力",并明确将"科教兴国"作为国家发展的重大战略,大幅度增加科研经费,但当时我国在先进技术研究上的投入较之发达国家仍相去甚远。20世纪80年代初,徐州医科大学(原徐州医学院)尚没有一台能够完成超微结构观察的电子显微镜,医学科研工作受到掣肘。时任院长的许志大教授,是一位从日本留学归国不久的组织胚胎学专家,他深刻认识到,在医学组织学和病理学研究中,电子显微镜是保障学科前沿研究的基础设备,于是下决心要添置一台,但巨额的费用成为"拦路虎"。

据徐州医科大学公共实验研究中心(原电镜室)的一位退休老教授回忆,由于当时市场对于电子显微镜的需求量增大,主要依赖于进口,价格昂贵。位于南京的江南光学仪器厂计划自主研发制造,并从日本进口了一台日立 H-600A 透视电子显微镜作为样机开发研究,之后这台样机有转售意向。当时日立 H-600A 透射电子显微镜采购价在 20 万美元左右,折合人民币约 60 万元,而这台样机售价为 45 万元。在原江苏省高教局的支持下,我校许志大院长从江南光学仪器厂购置了这台"大设备",其"落户"于徐州医科大学。

1985 年夏,这台"大设备"在江南光学仪器厂技术人员的帮助下安装完成,许多老师兴奋不已地来到现场,一睹它的"芳容",就像看大明星一样,当时在校内引起不小的轰动。学校还为这台"大设备"调配了两名教师、一名维修技师、两名技术人员,并成立了电子显微镜实验室,直属于学校科研处,足够显现它的重要性。

设备正常运转后,主要用于生物医学领域组织结构及生物新材料内部超微结构的观察和研究,从而将学校的形态学研究提升至"超微"水平。1992 年,我校教师张励才教授使用该设备成功地观察到在 12 对脑神经所处的脑干内,存在接触脑脊液神经元群,并在国际上首次将其命名为"接触脑脊液神经核"(简称"触液核")。由此荣获江苏省科技进步一等奖,并进一步确立了我校麻醉学专业科研工作的领先性。国际知名脑科学权威专家对此项工作的原创性给予了满分评价,"该研究提供了大量的组织学证据,易于复制,发现了迄今未知的独特神经元"。

这台设备是学校的"大宝贝",不仅为学校科研、临床检验、研究生培养等工作发挥了重大作用,也为我们附属医院的医生,甚至为不少校友提供了科研上的便利。公共实验研究中心的老师们反馈,在 H-600A 透视电子显微镜购买后的相当长一段时间内,在上海读博的不少徐州医科大学毕业生,都选择将博士论文中的实验部分放到母校来做,一方面反映出广大校友对母校的情怀、认可,对这台"大设备"的情有独钟;另一方面,也提高了电镜的使用效率,促进了学校电镜操作技术水平的提升,逐步缩小了徐州地区医学科研工作量与上海地区的差距。

悠悠岁月,这台"大设备"在徐州医科大学的电镜室里默默奉献了十几年,直到它不再是学校最先进的、最大的、最贵的科研设备,电镜室也不再是客人们来校必须参观的部门;直到负责维修的工程师成了耄耋老人,不再方便上上下下的维修工作;直到再也买不到它的维修配件;直到徐州医科大学添置了新的透视电子显微镜、电子扫描显微镜和其他高端科研设备,电镜室也被新的名字替代……

2015 年,这台劳苦功高的 H-600A 透射电子显微镜已经完成了它的历史使命,正式退役。接替它的是国际一流的 FEI Tecnai Spirit G2 Twin 透射电子显微镜和 FEI Teneo Volume Scope 扫描电子显微镜,继续为徐州医科大学的科研能力的提升作出贡献。较之 H-600A 透射电子显微镜这位"老前辈",他们不仅可以更出色地完成常规的扫描观察,还可以实现样品的连续切片及三维重构,完成高品质、高保真的生物超薄样品制备。

虽然 H-600A 透射电子显微镜的科研实用价值被更先进的设备取代了,但它并不伤心落寞,因为我们给它安置了新家——徐州医科大学档案馆一楼大厅,由此它重新焕发了新的活力和历史价值。这台充满魅力的"大设备",沐浴了改革开放的春风,赶上了新时代的浪潮,见证了徐州医科大学的科研事业不断进步腾飞的艰苦岁月,记录了莘莘学子刻苦求学的经历,以及那些终身难忘的成功的记忆,相信人们再次触碰它的时候,一定是有温度的、柔情的。它过去带给人们的是要看清微观世界,如今它向我们诉说着学校 30 年来的辉煌过往和赫赫功绩,鼓舞人们继续前行,共创美好未来!

(供稿:徐州医科大学档案馆)

魂牵两岸　情归故里

——扬州籍台湾画家姚兆明遗作归乡记

王　婷　杨雨芝

翻开扬州大学档案馆馆藏书画名录,已故扬州籍台湾著名女画家姚兆明的 37 幅作品(含其恩师溥心畬所绘画稿)赫然在册。那么,这批珍贵画作是如何成为扬大馆藏的呢?背后又有着怎样曲折的故事呢?

离奇命案　震惊画坛

20 世纪 80 年代中叶,海峡两岸紧张关系开始出现松动,台湾岛内民众要求赴大陆探亲的呼声日高,就在此时,岛内发生了一起震惊海内外的谋杀案。

1986 年 7 月 25 日,台湾已故国画大师溥心畬的儿媳、台湾文化大学美术系教授姚兆明在台北寓所被谋杀。一时间,台湾各大媒体均以头条刊登消息,大陆新华社、《人民日报》《瞭望周刊》等主流媒体也纷纷报道,呼吁警方尽快查明真相、缉拿凶手。

此案最终未被侦破,成为一桩"悬案"。但警方认为,此案中凶手对寓所及其周边情况很熟悉,既非仇杀,也非财杀,更非情

图 1　姚兆明

杀,或许是为了溥家所藏的珍贵字画和文物。

闻听姚兆明在台惨遭杀害的噩耗,大陆的家人泪如泉涌,泣不成声。姚兆明的妹妹姚平和弟弟姚兆德对新华社记者说,姚兆明是他们的大姐,与他们分别已经有三十多年了,他们对远离家乡的大姐一直十分挂念,年近八旬的老母也盼望着有生之年能与在台湾的女儿会上一面,但由于时事变迁,海峡阻隔,一直未能详知姚兆明的音讯。而今两岸人心思统一,亲人盼团圆,在这充满希望之时,大姐却在台惨遭谋害,实在令人痛心。在接受《瞭望周刊》记者采访时,弟弟姚兆德说:"像兆明大姐这样一位艺术生命日趋成熟的女画家,正值创作盛年却惨遭杀害,于国、于家、于美术界和教育界都是令人十分痛惜的一大损失。作为她的家人,这一飞来横祸实在使我们大为惊愕,大惑不解。"

"卅载阻隔,尚想执手汣澜,此生或有相逢日;千里啴哀,尤念伤心漂泊,它年宁无哭墓时。"看到姚兆明的家人守着家中的灵堂,却无法赴台吊唁,人们无不为之动容。

画坛才女　溥派传人

姚兆明,1934 年生于扬州江都邵伯镇的一个书香门第,3 岁随父学画,上小学时即显露出绘画天赋,在扬州震旦中学女子部就读时一直是高材生。因为绘得一手清丽雅致的山水画和仕女图,常常有人上门求画。1948 年底,姚兆明随友去台湾,并入台湾省立师范学院读书。在此期间,她的作品经教授举荐,得到国画大师溥心畬的赏识。溥心畬(1896—1963),原名爱新觉罗·溥儒,为清恭亲王奕䜣之孙,著名画家、收藏家。画工山水,兼擅人物、花卉及书法,被公推为"北宗山水第一人",与张大千有"南张北溥"之誉。1949 年,溥心畬辗转来到台湾,经黄君璧的引荐,在台湾省立师范学院艺术系教授绘画。

1950 年,16 岁的姚兆明成为溥心畬的入室弟子。她性情娴静,举止端庄,为人谦和,勤勉刻苦,深得恩师嘉许和喜爱。随师学画十年,精勤不辍,绘画技艺日臻长进,被公认为"溥派传人"。1955 年,溥心畬携姚兆明前往日本,将其介绍给张大千和黄君璧。1960 年,经溥心畬举荐,姚兆明赴意大利国立罗马艺术学院学习。在罗马留学期间,她多次举办个人画展,并在国际绘画大展和竞赛中荣获金牌。在名人荟萃、大咖云集的世界艺术之都,她以第一名的成绩毕业于罗马艺术学院,获画学硕士学位和艺术史博士学位,并获得意大利国家艺术奖、意大利国立博物馆女画家首奖和罗马市"荣誉市民"称号。

1963年溥心畬在台湾病逝。一年后,姚兆明婉拒意大利皇家美术学院终身教授一职,回到台湾与恩师之子溥孝华结为伉俪,婚后他们执教于台湾文化大学艺术系,后也曾旅居美国,终因割舍不断对中华传统文化的依恋而回台湾,并在家中设立"明华艺苑"传授和弘扬国画艺术。

1979年起,溥孝华因患脑梗而失去语言功能,长期住在台湾荣民总医院。为了攒钱给丈夫治病,姚兆明除了任台湾文化大学专任教授之外,还任台湾师范大学、辅仁大学兼职教授。她每天上午授课,下午去医院探望病中的丈夫,从不间断。尽管生活艰难,她依然一丝不苟地善待每一位学生,即使在她的家中跟她学画,也要举行拜师大典,要打格子写书法,要背"四书五经",等一切都通过以后,才可以教学生绘画。这种严格的"少林功夫"式的教学,赢得了很多学生及家长的敬佩和赞赏。

家人义捐　泽惠后学

1990年,姚兆明的丈夫溥孝华在台北辞世。因夫妇俩膝下无子,1992年3月,当初藏于密室的溥心畬大师的542件作品为台北故宫博物院和历史博物馆所收藏,姚兆明本人生前的作品也大部分为台湾历史博物馆和台湾文化大学华冈博物馆所收藏。

图2　姚兆明书画作品捐赠暨艺术教育奖励基金设立仪式

1994 年,姚兆明的家人历经周折来到台湾,虽没有能带回姚兆明的骨灰,却带回了她早年的 37 幅遗作。这批作品虽为早期之作,但构图、造型讲究,溥心畬称其"秀逸高雅、颇有法度""运意慎思""兼有诗意",尤为弥足珍贵的是,绝大部分作品均有溥心畬大师亲题之诗句作为题跋和钤印。

姚兆明一生酷爱绘画艺术,她视画如命,也因画而终。从某种意义上讲,家人带回的不仅仅是姚兆明的作品,更是她一生钟爱中华艺术文化的赤子之魄。1996 年 12 月 10 日,在姚兆明遇害十周年之际,为了表达姚兆明对祖国艺术教育事业的一往情深,以及对姚兆明教授的永久纪念,姚兆明母亲、88 岁的姚福太将从台湾取回的姚兆明书画遗作悉数捐赠给扬州大学艺术学院(时为扬州大学师范学院艺术系),并捐资十万元人民币设立"姚兆明艺术教育基金"。1996 年 12 月 20 日,姚兆明书画捐赠及艺术教育奖励基金设立仪式在扬州大学瘦西湖校区举行,同时举办了为期一周的"姚兆明书画捐赠作品展"。为更好地保存和利用这些作品,学校决定将其全部归入扬州大学档案馆。

2016 年,姚兆明逝世三十周年之际,"姚兆明书画展""姚兆明艺术研究成果展""姚兆明艺术研讨会"等系列活动在扬州市举行。2019 年 4 月 18 日,扬州大学档案馆举办了为期近一个月的"兰台春晓——姚兆明书画作品展",除书画作品外,还展出了她在意大利求学的证书、奖章、照片等。展览期间,每天接待大量的校内师生和社会各界人士,他们中不乏清华大学艺术学院资深教授等。

(供稿:扬州大学档案馆)

蓝天战袍:李中华的歼-10试飞服

周 露

　　南京航空航天大学(简称"南航")校史馆人才展厅的实物展柜里,存放有一套完整的空军飞行员试飞服,虽然已过去了十多年,这套服装仍崭新如初,飞行头盔闪闪发光,看着它,你能感受到一位军人穿上它的飒爽英姿。这套试飞服是我校校友、首批"八一勋章"获得者李中华大校于2007年3月7日捐赠给母校的,一直珍藏在南京航空航天大学档案。2018年10月校史馆开馆后,移交校史馆展出。

图1　李中华向母校捐赠飞行服

　　李中华,1983年7月毕业于南京航空学院航空发动机系,毕业后招飞入伍。李中华曾任空军指挥学院训练部副部长、空军特级飞行员。入伍三十余年,先后驾驶和试飞过歼击机、歼击轰炸机和运输机等3个机种27个机型,安全飞行3 000多小时。先后正确处置空中险情15起,空中重大险情5起。先后参加并完成了十余项重大科研试飞任务,在新机鉴定试飞和新技术验证试飞中填补了两项国内空白,创造了一个又一个试飞奇迹。2017年7月28日,中央军委主席习近平签署命令:授予李中华同志"八一勋章"。2019年9月25日,李中华被授予"最美奋斗者"荣誉称号。

2007年3月7日,李中华回访母校时带来了1套歼-10试飞服和1架歼-10模型,这套试飞服是歼-10试飞成功的见证,一直被他视为珍宝。这套试飞服的背后,有着一段惊心动魄的感人故事。

国际航空界流传着这样一句话:发明一架飞机算不了什么,制造一架飞机也没什么了不起,而试验它才无比艰难。由此可见,试飞在飞机研制过程中的重要地位。

2005年5月20日,李中华和梁剑锋驾驶K-8V三轴变稳飞机进行"纵向诱发振荡"体验飞行,在当时这是一架国宝级装备,全国仅此一架,被誉为"空中试验室"。返航着陆至500米时,报警灯乍亮,飞机猛然偏转,瞬间就倒扣过来,倒扣的飞机以时速270千米的速度摇摆下坠。

7秒,蹬舵、压杆,飞机毫无反应。

6秒,关闭计算机电源再重启,飞机毫无反应。

4秒,按下操纵杆上的紧急按钮,飞机还是毫无反应。

平日里熟悉如战友般的飞机这会丝毫不理会李中华的一次次努力,飞速直接坠向地面。

李中华清楚,在自己选择了挽救飞机的那一刻,弃机逃生的可能性已经没有了——倒扣飞机的高度已不够他们跳伞求生。

3秒,灵感在生死须臾的那一刻从天而降,他意识到可能是飞机的变稳系统出现了故障。

2秒,李中华下意识地把右手边的变稳、显控和计算机三个电门全部关闭。

1秒,飞机骤然停止了晃动,距地面200多米,"休克"的飞机恢复了生机。

李中华奋力地把倒扣的飞机翻了过来。飞机保住了,宝贵的试验数据保住了。像每一次与死神擦肩而过一样,李中华迅速调整心情,旋即又驾机飞上蓝天。

整个过程不到7秒钟……

7秒钟,你可以做什么?

7秒钟可以在百米蓝天创造一个不可思议的奇迹,李中华创造了这个奇迹……

"要不是李中华的惊天一搏，摔掉的将不仅是两名优秀的试飞员，我军航空武器研制也将滞后8年到10年。"提起当时的情景，中国试飞研究院院长刘选民至今心有余悸。这个7秒为中国挽救了一架价值数亿元的战斗机以及宝贵的飞行数据。

2006年3月25日，胡锦涛同志接见李中华时称赞他："你的事迹很突出，也很感人。你不愧是思想、技术双过硬的新型高素质试飞员，不愧是我军飞行员的优秀代表……"

李中华进行歼-10战斗机首次试飞任务，创下国内试飞历史上的"六项第一"，同时成为歼-10战斗机研发"十大功臣"之一。其实，李中华只是众多中国试飞员的一个缩影，从空军成立到现在，有2 000多位飞行员献出了生命。其中，试飞部队从20世纪60年代至今已有29位试飞员献出了生命。他们用生命换来的是各类飞机型号的进步，是我国航空工业的发展，是我国国防事业的强大。

李中华后来多次回访母校，他说："如果我是一架飞机，母校就是跑道。我非常感谢母校的培养和关爱，祝母校更加辉煌，祝我的校友们都能够实现自己的人生理想。我一定牢记母校教诲，为母校增光。"

这套试飞服静静地陈列在校史馆的展柜中，向一代代南航人讲述着试飞员们强军报国、铸梦蓝天的试飞精神。这种试飞精神是战斗精神与奉献精神的高度统一，也是民族精神与时代精神的集中反映，更是实现中国梦强军梦的重要精神力量。他激励着我们南航人在祖国的航空航天事业上不断奋进，再创辉煌！

（供稿：南京航空航天大学档案馆）

730 近防炮造型紫砂壶

李梦瑶

2018 年 9 月,南京理工大学(简称"南理工")65 周年校庆期间,一位校友专程由紫砂之乡宜兴奔赴南京,给母校捐赠了一件 730 近防炮造型的紫砂壶,这件造型别致、充满艺术创意的珍贵礼物,被南理工档案馆永久珍藏。

紫砂壶制作者——南理工校友钱盈盈

钱盈盈,女,1984 年出生于江苏宜兴紫砂世家,高级工艺美术师、市工艺美术大师。其外婆华冠群为清代紫砂名匠华凤翔传人,母亲钱秋虹为省级工艺美术大师。

图 1 钱盈盈校友制作并捐赠的紫砂壶

钱盈盈出生于紫砂工艺世家,钟灵毓秀、波光云彩、杏花春雨的江南小城,赋予了她艺术的灵性与创作的妙悟。她从小就接触紫砂工艺制作并获得家传精妙,其紫砂制作技艺娴熟,作品造型美观大方,且融入了时代元素和人文元素,富有很强的艺术感染力,作品多次获奖并被国内外多家博物馆收藏。她的代表作有《榫卯》《阿拉丁神灯壶》《岁寒三友壶》等。2014年,英国维多利亚和阿尔伯特博物馆(V&A)永久收藏其作品《阿拉丁神灯壶》《绿泥荷花壶》,这是该馆自建馆以来首次永久收藏中国工艺师制作的紫砂壶作品。

730近防炮研发团队——以南理工1965级校友为主

730近防炮广泛列装于我国各型军舰,此炮设计获国家科技进步奖,该炮满足了我国海军水面作战舰艇近程防空和反导的需求,成为军舰防护和打击利器。该壶以730为原型,由钱盈盈校友制作焙烧而成,以纪念南理工学子强国强军为国争光所作出的贡献。

南理工前身是1953年创建的解放军军事工程学院(简称"哈军工"),1960年由军事工程学院炮兵工程系与武昌高级军械技术学校合并组建解放军炮兵工程学院,历经不同发展时期,1993年更名为"南京理工大学"。兵器专业一直为学校优势学科,众多毕业生投身国防军工事业。730近防炮科研团队的主要成员皆为我校1965级毕业生,他们经过艰苦攻坚而研制出来了该款性能优良、火力强劲的舰炮。

图2 我国舰载730近防炮

创意及价值

该壶作为校友捐赠的珍贵实物,永久保存于南理工档案馆。该紫砂壶不仅具有历史及文化价值,亦具有美学欣赏价值,是档案馆为数不多的被列入馆藏珍品名录的艺术品。其创意特点和深远寓意,主要表现在以下几个方面:

第一,从制作工艺角度,该壶制作工艺精湛,且造型独特(以730近防炮为原型),作为一件手工制作的紫砂工艺作品,具有不可复制性,具备极高的艺术价值。钱盈盈校友作为制作者,具备出身紫砂世家的先天优势,勤于构思、勇于创新,将纯熟的手工制作技巧与巧妙构思结合起来。作为南理工学子,她亲自设计、焙制此壶,以表达对母校的良好祝福,并纪念校友为强国强军、巩固国防作出的卓越贡献。在制作过程中,能够熟稔运用紫砂制作技艺,注入了爱校、荣校之情,创作激情和艺术灵感完美融合,赋予该壶超越物质层面的精神内涵,这是其他单纯具有工艺技巧而无赤诚之心的紫砂制作者无法达到的艺术境界。

第二,从武器研发者与紫砂壶制作者的联系来看,两者是不同历史时期的毕业生,都继承了"南理工特质"和"南理工精神"。730近防炮研制以1965级校友为主,而紫砂壶制作者钱盈盈为2002级学子。两代学子的拳拳报国情怀以紫砂壶为介质,跨越37年的时空在此相遇,留下了一件不可复制的艺术珍品。

第三,从艺术感染力的角度来看,该壶的艺术张力与军工刚性文化张力的巧妙结合,形成了刚柔相济的艺术气息,如一幅山隐水迢的江南水墨画,柔和之处可窥壮丽,雄浑之处亦杂绰约。宜兴盛产紫砂壶,位于江南佳丽之地的宜兴,承袭了江南自古以来的气质和神韵,是"斜晖脉脉水悠悠"的阴柔和美,是"芳草怀烟迷水曲"的凄迷婉丽,亦是"船上管弦江面渌"的清新和畅。产于宜兴的紫砂壶,壶器本身气韵灵动,温润典雅,含蓄悠远,恰似江南旖旎景致;而作为该紫砂壶设计元素的炮火主阳刚,具军工特色,是国防器物,厚重稳实,正如北国宏伟风光。这同中国古典文化中对艺术之美的两大划分:"优美"与"壮美",或阴柔之美与阳刚之美不谋而合。王国维在《红楼梦评论》第一章写道:"而美之为物有二种:一曰优美,二曰壮美。"恰如阴阳、乾坤这些极具差异感与对立性的语汇意义所表述出来的特性,"优美"与"壮美"对应着婉约柔和之美与崇高雄健之美。不同甚至截然相反的特质融于该作品中,并没降低其任何一种特质的彰显,反而深化了两种文化张力的彰显与表达,柔中愈柔,刚中愈刚。作品能够将两种艺术美的特质兼收并蓄,并发挥到极致,具备极强的视觉冲击力和艺术感染力,确是值得永久收藏的紫砂艺术珍品。

第四,从紫砂壶工艺品的视角,创作者能够巧妙地融合物质文化与非物质文化的双重特征。所谓物质文化的方面,亦即有形的方面,目可赏、鼻可嗅、手可触及把玩。一言以蔽之,是以紫砂为材质的有形艺术品、饮茶器皿,或曰实用之器具,泡茶品茗,实为文人雅士必备;所谓非物质文化的方面,亦即无形的方面,虽不可直接观赏,却能从该艺术成品中细细体悟:既指蕴含在紫砂壶中的、代代相传的独特制壶工艺传承文化,亦指将紫砂壶与火炮结合在一起而形成独特构思、多重文化特性,或曰精神之蕴涵。

档案馆收藏艺术藏品的意义

收藏钱盈盈的作品入档案馆,并作为学校馆藏珍品予以保管和展示,是南理工档案馆首次将紫砂壶艺术品纳入实物档案管理的创举。作为中国传统文化的有机组成部分,这方小小的紫砂器物,集悠远历史、妙韵情思、实用特质于一身,承载着深厚的文化内涵与美学意蕴,令人观赏之余遐思神往。高校档案馆收藏紫砂壶珍品,既拓展了收藏领域范围,又加强了与校友的情感联结纽带,更增添了馆内的文化气息与艺术气息。

(供稿:南京理工大学档案馆)

校史回眸

三江师范学堂为何名曰"三江"？

姜晓云

对"三江"的最初认知,来自小时候看到的一副春联——"生意兴隆通四海,财源茂盛达三江"。由于家乡一无江、二无海,唯有河,因而觉得这副春联特别有气魄。等上了中学跟老师学文言文,才知道古代的"三"还意味着"多",有"三生万物"之谓。

"三江"一词,最早出自《尚书·禹贡》:"淮海惟扬州。……三江既入,震泽底定。……沿于江、海,达于淮、泗。"禹分九州,其中扬州地处"淮海",地理范围相当于今天的长三角。其最主要的地理特征,就是有多条大江("三江"),里面还有个太湖("震泽")。从这儿向中央王朝进"贡",交通路线是沿着长江到大海,然后进入淮河、泗水,达到中原地区。《周礼·夏官·职方氏》也有相近记载:"职方氏掌天下之图……东南曰扬州,其山镇曰会稽,其泽薮曰具区,其川三江,其浸五湖,其利金锡竹箭,其民二男五女,其畜宜鸟、兽,其谷宜稻。"从地图上来看,扬州位于领土的东南部。其中心城市,是位于山地的会稽(今浙江绍兴),最主要的地理特征,就是有太湖("具区")和三江、五湖。此地适宜种植稻谷,是个"鱼米之乡"。

此后,"三江五湖"成为我国东南地区的一种代称,乃至成为一个重要的文化符号。西汉史学家司马迁在《史记·河渠书》中记录大禹治水时说,"于吴,则通渠三江、五湖"。唐代文学家王勃在《滕王阁序》写道:"襟三江而带五湖,控蛮荆而引瓯越。"当然,历史地理学家们对于三江是哪三条江、五湖是哪五个湖,也是众说纷纭,此处不再赘述。总之,"三江"不是固定的某三条江的名称,一般指的是我国长江中下游地区。

1901 年,清廷迫于内外形势,下令各省改书院为学堂。翌年又颁布了《钦定学堂章程》,将学校教育分为初等、中等和高等三等七级,形成了较为完备和系统的教育制度。1902 年 5 月 8 日,两江总督刘坤一邀请张謇、缪荃孙、罗振玉等江苏学者、名流商议兴办学堂事宜,刘坤一在当日给张之洞的信中通报了此次商讨的经过,力主兴学"应从师范学堂入手"。5 月 30 日,刘坤一上奏《筹办学堂情形折》,呈请在原设水师学堂、陆路学堂及格致书院外,另建小、中、高等三所学堂,并云"现已另设师范学堂"。刘坤一病逝后,张之洞署理两江总督,于 1903 年 2 月 5 日上奏《创办三江师范学堂折》,提出"查各国中小学堂教员,咸取材于师范学堂,是师范学堂为教育造端之地,关系尤为重要。······惟有专力大举,先办一大师范学堂,以为学务全局之纲领,则目前之力甚约,而日后之发生甚广"。

关于三江师范学堂取名"三江",有两种观点。一种观点认为,南京当时为两江总督驻节之地,两江总督所辖江南省(清代江苏、安徽实质上实现分省,但在官方文书上,江南省才是正式的政区名)和江西省均处长江中下游,也即古代所指"扬州"地区,一个重要的地理特征

图 1　三江师范学堂匾额

就是"三江"。"三江"还寓"东南"之意,取名三江师范学堂,既不失古风,也与两江总督管辖之地有所照应,又与张之洞"中学为体、西学为用"的思想一脉相承。另一种观点认为,"三江"即指"江苏""安徽""江西"三省,《三江师范学堂章程》第一章第一节就"正名"曰:"本学堂名三江师范学堂,为江苏、安徽、江西三省之公学。"

三江师范学堂招生入学之后,学生由于学堂之名、学堂用人和经费分摊等问题发生省界纠纷。张謇等人提议应对三江师范学堂"正名",在两江总督驻节之地开办的师范学堂,应更名为"两江优级师范学堂",它不言而喻为三省公学,无须以"三江"为名。经过一段时间的争议,两江总督周馥亦认为学堂名为"三江"含义不明,遂易"三江师范学堂"为"两江优级师范学堂"。

图 2　两江优级师范学堂全景图

三江师范学堂作为一个"大师范学堂",设有速成科和高等师范本科,因而成为中国第一所独立设置的高等师范院校。两江优级师范学堂监督(即校长)李瑞清在《两江师范学堂同学录序》中写道:"南皮张相国于江南建两江师范学校。中国师范学校之立,以两江为最早。"三江师范学堂是"中国师范学堂之嚆矢","堪与京师大学堂比美"(日本东亚同文会报告语)。

三江师范学堂后历经两江优级师范学堂、南京高等师范学校、国立东南大学、国立第四中山大学、江苏大学、国立中央大学、国立南京大学、南京大学等办学阶段。1952 年,全国院系调整,原南京大学调整出工学院、师范学院、农学院等院系分别组建了南京工学院(今东南大学)、南京师范学院(今南京师范大学)、南京农学院(今南京农业大学)、南京林学院(今南京林业大学)等学校,文理科与金陵大学有关院系合并为新南京大学。其中,南京大学得其"名",东南大学得其"址",南京师范大学得其"师"。

2002 年,南京大学、东南大学、南京师范大学、河海大学、南京工业大学、南京农业大学、南京林业大学、江苏大学、江南大学等九所江苏高校联合举行百年庆典,中共中央总书记、国家主席江泽民亲自发来贺信,江苏省人民政府每校赠送一鼎,真是盛况空前。记得当年 9 月 10 日南京师范大学百年校庆前夕,有位领导致电校长,问的第一个问题就是"三江师范学堂为什么叫三江",现在想想,还真是"一言难尽、说来话长"啊!

(供稿:南京师范大学档案馆)

南京高等师范学校首创公办大学男女同校

姜晓云

　　1920年，8位女生和男生一样通过入学考试，进入南京高等师范学校学习。"东南学府，为国之光。男女同校，惟此首创。外御强敌，内抑豺狼。天下有道，黉舍乃昌。"这是我国著名科学家竺可桢先生为纪念此事而题写的赞语。"男女同校，惟此首创"，南京高等师范学校由此揭开了中国高等教育史新的一页。

　　在此之前，我国的高等学校，除极个别的私立大学或教会大学，都仅招男生而不招女生，学术界称之为"女禁"。1919年9月25日，胡适写了一篇《大学开女禁的问题》，提出"我虽是主张大学开女禁的，但我现在不能热心提倡这事。我的希望是要先有许多能直接入大学的女子，现在空谈大学开女禁，是没有用的"。1919年12月7日，在南京高等师范学校第十次校务会议上，陶行知先生提议的《规定女子旁听办法案》（"南高师宜首破禁区，融通办理，以遂女子向学之志愿"）得以通过。1920年1月，北京大学校长蔡元培公开发表谈话，表示"北京大学1920年招生时，倘有程度相合之女学生，尽可报考。如程度及格，亦可录取"。同年4月7日，南京高等师范学校校务会议又通过了"兼收女生"的提案，决定自1920年暑期起正式招收女学生，并讨论决定组成招收女生委员会，负责草拟下学年兼收女生办法。

　　消息传出，朝野哗然。就连思想比较开明的张謇和老校长江谦都不赞成招女生，说男女同学在一个地方学习会出大乱子。为了分散攻击者的注意力，南京高等师范学校校长郭秉文和北京大学校长蔡元培一起商定，南北两校同时招收女生。可是到了 1920 年的夏天，北京大学因故没有实现招收女生的计划，只是在 2、3 月招收了 9 名旁听生，南京高等师范学校决定按计划实施，对社会公开招收女生。学校在入学考试、课程设置及评分标准等方面都严格规定男女一致，不降低录取标准。布告发布后，前来报名的受过中等教育的女子一共有 100 多人。经过严格考试，李今英、陈梅保、黄淑班、曹美恩、吴淑贞、韩明夷、倪亮、张佩英等 8 名女生被正式录取，其中教育科 2 人，英文科 6 人，此外还招收了 50 余位旁听生。南京高等师范学校招收女生后，在社会上、教育界引起了巨大反响，冲破了封建礼教在大学的禁区，开创了男女同校的先河。

图 1　南京高等师范学校首批招收的 8 位女生

开放"女禁"的活动，之所以起于南京高等师范学校和北京大学，与这两所学校的主政者不无关系。北京大学是当时新文化运动的中心，由蒋梦麟与胡适主持；南京高等师范学校则是东南新思潮的传播中心，由郭秉文、陶行知主持，他们都是接受了国外新思想的社会精英。巧的是，郭秉文、陶行知、蒋梦麟、胡适均毕业于美国哥伦比亚大学，而且均师从教育家杜威。1919 年五四运动前夕，胡适与陶行知等人邀请杜威来华访问，第一站便是到南京高等师范学校演讲教育问题，其中就谈到美国男女同校对于高等教育的推动意义，引起强烈反响。

为了监管和保护好这 8 位女生，南京高等师范学校专门设立了女生指导员，8 位女生在校行动均要受指导员的监督管理。女生宿舍还配备了"女舍监",确保"所有女生须于下午7点半之前返校","夜后女生不能游行","女生可在宿舍里的公共会客室会见来访的人,但每晚不能超过7点半钟"。当时学校有规定,"会客时不得关闭门窗",但还是常有女生在会客时把门窗关闭得严严实实,女舍监竟喊来工友把门窗统统卸了下来。作为"男生不得进入女生宿舍"的配套措施,学校还规定:"女生不论何事,不能入男生宿舍,或宿舍四周。"当然,十八般禁令都不能阻断青春的交往。男同学为了把女生拉出"闺房",纷纷拉拢女生进社团任职,不时利用俱乐部事务、班级活动、野炊郊游等借口接近女生。而女生们收到鲜花、礼物时,都是将"奥秘"摆到桌面上,并不遮遮掩掩。

图2 南京高等师范学校首批招收的女生获得国立东南大学文凭

南京高等师范学校首开男女同校先河后,校园风气有了很大的转变:从前对于衣服不甚留意的人,现在已经洁净得多;言语方面亦很注意,男女间不便说的话,已减了许多,同学见面和谈论时,都是笑容可掬,互相为礼。男女因为同堂的缘故,许多人为不识书而羞愧,因而发奋读书,有些想得到女生的喜欢,因而劝学读书的也不少。总之,男女同学比从前活跃得多。男女同校后,据各班的表示,各样会社,都已进了新生命,从前闭户读书的人,也出来服务了,会社之中,犹以交际会为最多。曾任国务总理的熊希龄对其大加赞赏:"男女同校,令粗犷之男生,渐次文质彬彬;令文弱之女生,渐呈阳刚之气,颇有意义。"美国克兰公使夫人来华游历,亲眼目睹男女同学的学习和生活之后,也"极为特许",为此特意捐赠了四千银元,资助女大学生求学。1923 年 7 月 3 日,南京高等师范学校并入国立东南大学,这些女生本科毕业后获得的是国立东南大学的文凭。

南京高等师范学校首批招收的这 8 位女生,毕业后大多从事教育事业。李今英和南京高等师范学校英文系主任梅光迪结婚,新中国成立后去美国任教;陈梅保后回香港母校任职;黄淑班与同学王克仁结婚,抗战中随丈夫回贵阳任教,王克仁后任贵阳师范学院院长;曹美恩留美;吴淑贞与同班同学、胡适之侄胡照祖结婚,胡照祖后任北京社会局局长;韩明夷毕业后任苏州女师副校长,后来陈鹤琴聘她在上海任工部局女中校长,新中国成立前去香港,因飞机失事遇难;倪亮到香港任教,与同学吴俊升结婚,吴俊升后来成为一位著名的教育学家;张佩英在上海市清心女中和南洋模范中学任教四十年。

（供稿:南京师范大学档案馆）

张謇与东南大学

徐　源

2020 年 11 月 12 日下午,正在江苏考
察调研的习近平总书记来到南通博物苑,
参观张謇生平展陈,了解张謇兴办实业救
国、发展教育、从事社会公益事业情况。习
近平指出,张謇在兴办实业的同时,积极兴
办教育和社会公益事业,造福乡梓,帮助群
众,影响深远,是中国民营企业家的先贤和
楷模。

图 1　张謇(1853—1926)

张謇,我国近代著名的实业家、政治家、教育家,出生于江苏通州(今南
通)海门常乐镇。1894 年,张謇高中状元,被任命翰林院修撰。后因亲眼目
睹列强入侵及清政府的软弱行为,他意识到了实业和教育对于国家的重要
性,毅然弃官,走上了实业、教育救国之路。张謇创办了我国最早的民族纺
织工业公司,兴办了我国第一所师范学校,创建了我国第一个公共博物
馆……这些功绩都广为世人所熟知。

作为近代教育的先驱,张謇与东南大学也有着颇为深厚的渊源。从以
培育师资为先的三江、两江师范学堂至南京高等师范学校,再到学科渐臻完
备的综合型大学国立东南大学,虽然他没有直接参与校务管理,但在学校前
期发展的各历史时期,他献言于前、荐人于中、创建于后,对学校的建立与发
展产生了深远影响。

建言献策　从"三江"到"两江"

19世纪末,内忧外患的中国进入了社会转型时期,随着科举制度的废除,中国教育何去何从,成为忧时爱国仁人志士共同关注的焦点。1901年,清政府颁布兴学诏书,各地兴办学堂,但当时师资之紧缺,成为办学的最大问题。

针对现状,张謇和许多关心教育、主张兴学之士一样认识到师范教育的重要性,他明确地把"师范"置于各类教育之首,提出"师范为教育之母"的论断,并力图通过影响刘坤一和张之洞两位朝堂重臣来将其教育改革和创新的理念付诸实践。

早在1895年,张謇代湖广总督张之洞拟定《代鄂督条陈立国自强疏》时,就倡导"宜广开学堂"。后在拜会张之洞时又提出"立学校须从小学始,尤须先从师范始"。

1901年初,张謇上书两江总督刘坤一,建议"请先立师范学校"。次年5月,刘坤一邀请张謇等学者名流商议兴办学堂事宜,接受了张謇的建言并达成共识:兴学育才的主要困难是师资匮乏和资金短缺,而开办高等师范学堂,不仅可以为各级学校培育师资,而且"更可比办高等学堂经费减省一半"。刘坤一随即与张之洞商讨开办高等师范学堂,后上奏《筹办学堂情形折》,提出兴学"应从师范学堂入手"的主张,呈请在督署江宁(今南京)办师范学堂。10月,刘坤一病逝,张之洞接任两江总督继续筹办学堂。11月,张謇再次应邀赴宁拜会张之洞商讨学堂事宜。

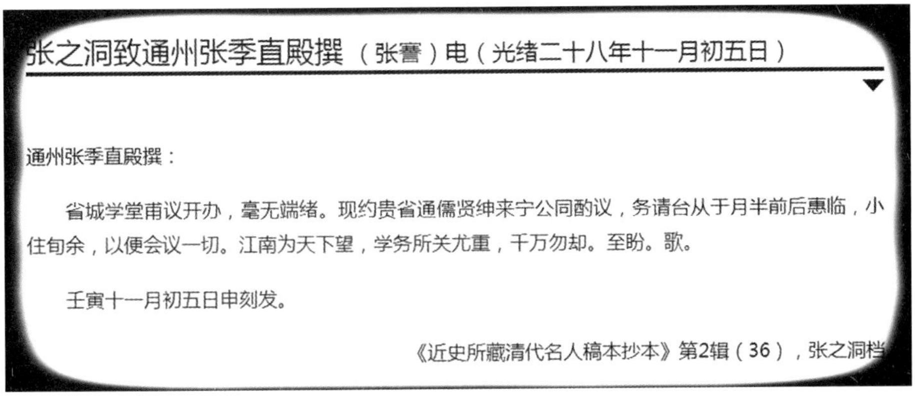

> **张之洞致通州张季直殿撰（张謇）电（光绪二十八年十一月初五日）**
>
> 通州张季直殿撰:
>
> 省城学堂甫议开办,毫无端绪。现约贵省通儒贤绅来宁公同酌议,务请台从于月半前后惠临,小住旬余,以便会议一切。江南为天下望,学务所关尤重,千万勿却。至盼。歌。
>
> 壬寅十一月初五日申刻发。
>
> 《近史所藏清代名人稿本抄本》第2辑（36）,张之洞档

图2　张之洞函电邀请张謇商议

1903年春,张之洞规划于江宁(今南京)北极阁前勘定地址创建三江师范学堂,凡江苏、安徽、江西三省士人皆可入此学堂受学。随后,张之洞以《创办三江师范学堂折》上奏清廷,提出以哺育文明的师范学堂取代旧式江宁府学。为筹办三江师范学堂,张之洞集两江三省之财力,与张謇、缪荃孙、罗振玉等多方筹划。1903年9月,三江师范学堂正式开办。

三江师范学堂正式开课后,为改进学堂教员的教学方法,张謇还"开设教育会",组织"三江师范学堂及中小学各堂教员"赴会,"讲求一切教育新法",以求提高教学质量。

1904年后,学堂内常因学生省界和经费问题而发生矛盾和纠纷,张謇等人提议应对三江师范学堂"正名",并致函时任两江总督的周馥称"查教育普及之理,本无畛域之可分……是省界之说,实科举内容之一部分,非文明学校之通例也"。经过一段时间的争议,周馥亦认为学堂名为"三江"似乎意义含糊不明,1905年易"三江"为"两江",改名为两江师范学堂,李瑞清任学堂监督。

三江(两江)师范学堂是清末实施新教育后规模最大的一所师范学堂,也是中国近代最早设立的师范学校之一。学堂寄托了中华民族寻求新知、富国强兵、挽救危亡的强烈愿望,也实现了旧式书院教育体制向新式学校教育体制的过渡。虽然办学短短十年,却培养了一大批优秀人才,推动了中国近代教育的发展。

举贤任能　推荐江谦执掌南高师

1912年4月,教育部颁布了各项教育法令。一时间,江苏省各县市皆兴起办学之风,但当时师资亦十分紧缺。1914年,江苏多所省立师范学校联合上书教育部和省公署,建议早日在南京筹建高等师范学校,以培养中等学校师资。江苏省巡按使韩国钧批复:"查南京高等师范学校,去年叠奉部文,准就两江师范学校校舍改设。"韩国钧与江苏教育会的许多重要成员都是好友,与会长张謇更是莫逆之交,在张謇的极力推荐下,他延请江谦出任南京高等师范学校(简称"南高师")校长。1915年9月,南高师在两江师范学堂旧址上正式开学。

江谦系张謇任文正书院院长时的得意门生,少年颖悟,受到张謇的赏识,与其建立了深厚的师生情谊,两人成为忘年交。1902,张謇在南通创办通州师范学校(今南通师范高等专科学校),邀请江谦任教,并委以重任,担任校长之职。而江谦对张謇,不仅仰慕其才,更是钦佩其实业、教育救国之志,他曾由衷地表达对张謇的崇敬:以先生之冒风雨,犯寒暑,而不敢自居其苦,以先生之捐身家,徇社会,而不敢不忘其穷。

由于受张謇"实业救国"思想的影响,江谦认为国家的富强,有赖于科学、实业。于是在担任南高师校长时期,他倡导"知行合一",以"诚"为训,矫正空谈时弊,弘扬务实精神。同时,他提倡和重视"实科"教育,积极筹措增设了农业、工业、商业三个专修科,为人才培养广开途径,此举开了全国教育之先河。掌校期间,江谦提出的训育、智育、体育"三育并举",也与张謇的"国家思想、实业知识、武备精神"的教育方针有异曲同工之处。江谦认为训育的目的是要养成国民的模范人格,与张謇所主张的教育应"为诸生养成人格,他日为良教师,成我一国国民之资格"的理想追求同样是一脉相承的。

由于江谦及后任校长郭秉文的出色领导,南高师在规模上渐次扩大,朝着高水平办学方向发展。至1920年,全校已设有文理科、国文专修科、体育专修科、工艺专修科、商业专修科、农业专修科、英文专修科、教育专修科,发展为一所初具现代科学体系的多学科高等学府,享誉国内。

倡导呼吁　发起创建国立东南大学

五四运动以后,教育界呈现出一片活跃的新气象。全国教育联合会屡次在会议上呼吁"改高师为大学"。20世纪20年代,办好高等教育被提上日程,著名学者们开始倡设大学。时任南高师校长的郭秉文亦认为应将高等师范学校并入综合大学中。在他看来:若欲办好高师,必须有上乘之师资;欲获上乘之师资,必须寓师范于大学。

1920年4月,校务会议上通过了《拟请改本校为东南大学案》,并组织"筹议请改本校为东南大学委员会"。随后,张謇、蔡元培、王正廷、蒋梦麟、穆藕初、沈恩孚、黄炎培、袁希涛、江谦等应郭秉文邀请,同为东南大学发起创建人。与此同时,张謇等十人宣言:《国立东南大学缘起》《东南大学组织大纲之议定》等文章在海内外各知名报刊上发表,为国立东南大学成立宣传造势。

张謇等人将国立东南大学定位至高:国立东南大学应"极深研几,萃世界之学术思想,铸造而树中国之徽识"。在学术上,应"焕发国光,吐纳万有之地,且将贡输于各国,植吾国于世界大学之林";在国际上,应"树之风声,则彼之来者,可审识吾之人物,吾之往者,亦多可与之抗衡";在"民治"方面,应"以学者之责任,树民治之精神,以求利在民治者"。

同年 12 月 7 日,经教育部核准,确定校名为"国立东南大学"。12 月底筹备处大会表决通过张謇、蔡元培等 13 名校董人选。1921 年 6 月 6 日,国立东南大学正式宣告成立。

作为中国近代最早建立的几所国立大学之一,国立东南大学设立校董会的举措在国内可谓创举。张謇作为国立东南大学的发起人,为学校的创设奔走呼吁,贡献卓著,后又以校董的身份继续"留在"国立东南大学,在精神上、舆论上、经济上、对外关系上、事业发展计划等方面,都给予

图3 《国立东南大学一览》部分校董名单

了学校极大的支持和帮助。同时,由张謇参与起草的《东南大学组织大纲》对大学的办学形式、内容、程序等方面作出了较为具体和完善的规定,这在大学章程和大学治理上对我国近代高等教育的发展产生了深远影响。

在掌校者的引领和校董们的支持下,国立东南大学校誉日隆,它寓师范于大学,囿文理与农工商等实科于一体,实行民主治校,倡导学术自由,强调"四个平衡",培养了大批社会发展急需的各式人才,同时也有力地促进了近代高等教育的发展进程。

时至今日,张謇所主张的"以实业辅助教育,以教育改良实业""首重道德,次则学术"等观点以及他对大学使命和职能的解读,对于我们办好中国特色的世界一流大学,仍具有历史的借鉴价值和重要的现实意义。而作为新时期的东大人,更应该追寻先辈的足迹,传承张謇的教育强国情怀,心怀天下,牢记初心使命,勇做领军人才,主动承担时代责任,努力实现更大的作为。

(供稿:东南大学校史研究室)

崎岖尽头是希望

——抗战时期南通学院根据地办学始末

万久富　陈亚利

南通学院简况

图1　私立南通学院校门

张謇于清光绪三十二年（1906）创办民立通州师范学校附属农科学校，民国元年（1912）分设私立南通医学专门学校与南通纺织染传习所，各自独立办学。1928年，在张謇之子张孝若的主持下，三校合并成立私立南通大学，1930年11月8日正式在南京国民政府教育部注册登记，改名私立南通学院，设农科、纺织科、医科，张孝若任院长。

1937年七七事变后，全面抗战爆发，1938年3月17日南通沦陷，南通学院被迫停课闭校。8月，南通学院医科奉教育部令，与江苏省立医政学院在大后方合并组建国立江苏医学院。农、纺二科则迁往上海公共租界江西路451号，9月正式复课。1939年9月，郑瑜出任南通学院代理院长。1941年底，日军进占上海租界，日伪当局强令租界各校限期登记注册，南通学院与租界内其他大学一样,面临新的生存困境。适逢中国共产党筹建新四军江淮大学,南通学院农、纺二科适应了根据地建设的需要,校内党组织成员及积极分子萌生了迁往淮南抗日根据地办学的设想。

先期接触

1942年5月,江苏省委派遣上海市文化工作委员会书记梅益,化名杨先生,作为新四军代表,经牵线搭桥,与郑瑜面谈。同时,梅益等与南通学院党支部取得联系,通过地下党员广泛动员积极分子,做农、纺科教授们的思想工作,鼓励他们去抗日民主根据地教学。

6月,南通学院党支部成立"迁校筹备委员会"。梅益代表新四军邀请郑瑜前往根据地参观。7月下旬,郑瑜与学生代表王俟、程新棋、陈义鑫分两路北上。郑瑜等师生到达根据地后,新四军副军长兼二师师长张云逸亲自接见他们。在根据地期间,双方洽谈和睦,达成共识:一是学校经费与开支,由新四军及淮南行署负担;二是保证教学自由,不干涉校政;三是校址确定在安徽省天长县铜城镇城隍、都天等寺庙。此三项承诺足见中国共产党吸纳知识分子、保护青年学生和革命火种的决心与诚意。

艰险迁校

郑瑜和学生代表返沪后,分别向师生表达迁校意愿。教师方面,由郑瑜出面,聘请于肇铭为纺科主任,通过他动员纺科其他老师;聘请于矿为农科主任,通过他动员农科其他老师。学生方面,在南通学院党支部领导下,由迁校筹备委员会负责动员。

经过广泛动员,共有62名师生响应号召,迁往根据地办学,其中教师13名,学生49人。9月,迁校正式开始。上海地下交通站与南通学院学生联系,并派交通员护送,时任党支部书记的舒忻等5名进步学生也担任交通员工作。迁校路线有两条:一是到镇江经仪征,向北步行数十里;二是沿津浦铁路到浦口以北的管店、嘉山、明光等小站下车,向东步行三十里。

据参与迁校的程秋芳回忆,组织上为她准备了"回乡证",化名陈佩芬,和同班同学一起,由学生程新棋带领。地下党驻镇江交通站同志派船来接到仪征,原计划由仪征的同志接应,不料,仪征交通站发生了意外,无人接应。警觉的程新棋当即决定原船返回镇江。在长江边准备渡江时又遭到一名穿黑制服的"和平军"的阻挡盘查,把同学们的行李翻得乱七八糟,盘问同学们干什么,去哪里,还盘问彼此关系,同学们坚持否认回乡是读书。眼见被拦了两个小时,同学们内心焦急如焚。程新棋灵机一动,对这个伪军警说:"俗话说,在家靠父母,出门靠朋友,我和你交个朋友吧!今天你让我们过去,不久我们就回上海了,我家电话是×××,老兄若有机会到上海,一定给我电话,我来接你!"程新棋这番略带江湖气的话打动了这个军警,竟然放同学们走了。

另一组由学生黄秀凤带领,走津浦铁路一线,在明光车站被伪警扣留,遭到多次威逼利诱,强迫他们承认自己是新四军或共产党员。同学们坚称只是去乡下,由于缺少证据,加上多方营救,终于脱险返沪。后来黄秀凤坚定信念,义无反顾再去根据地,受到同学们的钦佩。

经过一个多月的艰苦跋涉,依靠组织上的严密部署,凭借同学们的英勇机智和追求民族解放的坚定信念,郑瑜等师生通过重重关卡,顺利抵达铜城镇,受到张云逸、罗炳辉、汪道涵等新四军领导人的热忱接见。

开课办学

迁往根据地的南通学院于 1942 年 11 月 1 日正式开学上课。共分为 7 个班,农、纺科一年级在一起上基础课,其余分各科各年级共 6 个班上课,进行正规教学,上专业知识课。同时,成立学生会、消费合作社、生活委员会等学生组织。除了上专业课外,还传阅过整风文件,参加过群众大会,去抗大八分校参观。师生之间团结友爱,教学努力,心情舒畅。教师热心为根据地生产做有益的工作,进行了推广农田冬小麦条播试验;拟将毛巾厂木机改进为铁木织机,后因反"扫荡"和撤校被迫停止。

开学后,南通学院师生情绪相当稳定,生活也有规律。为了御寒,党组织发给每人一套黑洋布棉袄、棉裤。为加强革命工作,从新四军江淮大学新来的党员王涵钟、尹敏及王崇道连同从南通学院进入根据地的舒忻等 5 名党员组成新的党支部,贯彻和执行党的主张,保持党在青年知识分子中的战斗力、影响力。

11 月底,日伪军集结边区,对淮南根据地进行大"扫荡",实行"三光"政策。新四军为保证师生们的安全,将全校师生分散隐蔽在天长、高邮二县交界区,以及高邮湖水网地带的群众家里。中共津浦路东地委副书记、组织部部长桂蓬代表华中局领导、区党委前来慰问师生,使远离家人、艰难向学的师生在动乱中格外感受到党的温暖和关心。

1943 年元旦前夕,全体师生又集中到洪泽湖以南、高邮湖旁紧靠黎城镇的植家湾,在一座相当宽敞的大地主二层楼瓦房住宅中,新四军军部和淮南行政公署为了让大家欢度元旦,送来了大量猪、羊、鸡、鸭等食品。同学们亲自当厨师烹调,表演了精彩的节目,还自编自演了打败德国法西斯的活报剧。

撤回上海

1943 年初,考虑到抗日战争形势复杂,日伪军对根据地"扫荡"频繁,出于保障师生安全与党的斗争需要,新四军军部宣传部部长钱俊瑞和梅益代表新四军和华中局前来慰问,并向全校师生作了形势紧迫动员回沪的报告。除了 5 名学生党员身份暴露,留在根据地另行分配工作外,其余师生依据条件,或先行返沪,或继续隐蔽群众家中,接受组织安排,陆续由商人护送抵沪,当时有许多同学,因等待"居民证"和通行证,在边区农民家等候长达两个月左右。

3 月,南通学院大批师生安全返沪之际,梅益代表党组织和王俟谈了话,告诉她,组织上给学校一笔经费,用于支持南通学院在上海复课,已由郑瑜带走,这是组织给南通学院全体有志于学的师生的希望。后王俟数次造访郑瑜,和进步教师一起催促郑瑜加速复学复课。几经动员,郑瑜运用党所拨给的经费在上海慈淑大楼等处借了教室,增聘一些农、纺科教师,继续上课,帮助同学们完成学业,还拍了毕业纪念照,发放毕业证明书,可视为南通学院在淮南抗日根据地办学的延续。

(供稿:南通大学档案馆、校史馆)

歌乐山记忆

——重庆歌乐山新校舍奠基纪念石碑迁宁记

杨　雪　吴丽萍

　　建于 1936 年的国立药学专科学校(简称"国立药专"),是中国历史上第一所由国家创办的高等药学学府。1937 年,抗日战争全面爆发,南京告急,学校被迫迁往汉口,1938 年复迁重庆。1940 年,在重庆歌乐山兴建新校舍,占地面积约 40 亩。

图 1　歌乐山时期校园全景

　　因经费有限,新校舍采取分批建造的方案。第一期建教室、实验室、学生宿舍、大礼堂、餐厅、浴室及防空洞等。1940 年 2 月动工,同年 8 月竣工。新建成的歌乐山校区,"图案设计,非常美妙,计有教室、实验室、大礼堂。男生宿舍、男生宿舍办公室、教职员宿舍各一座,图书馆、卫生室、疗养室各一座,各项小型建筑多座。在实验室和教室之间,是一片平广的大操场,各色运动建筑,如篮球架、排球架、网球架、沙坑、跑道、单杠完全以最美妙的姿态布散各处,每幢建筑之间,有平整的石板路互相联通,这些石板路,宛如动脉一般,每天有数百个药学血球,在这些动脉管内,络绎来往"①。

"如果站在男生宿舍前面的高坪上,向东瞭望,可以看见茂密雄奇的歌乐山,像山虎一样蹲着,表现出不可一世的威风,南面,在雨山夹谷的远处,是澎湃东流的嘉陵江。蜿蜒如带的成渝公路横亘在北面,阶梯似的水田、古木参天的森林,错列在两边。春秋佳日,百卉怒放,真是一个富有诗意的环境。"②

抗战胜利后,1946年7月,国立药专师生分批迁回南京丁家桥原址。

虽然重庆校区只使用了6年,但是对于西迁中的国立药专来说,它是那个烽火连天的年代里最温暖的港湾,哺育了数百位优秀的药专毕业生。他们中的很多人后来成为中国药学泰斗级人物,如药物化学家彭司勋院士、药物化学家沈家祥院士、东方中华草药之王徐国钧院士、药学巨著《中草药成分化学》的编著者林启寿、本草文献学家尚志钧、药剂学家奚念朱、天然药物化学家赵守训等。

1940年(民国二十九年)3月15日,重庆新校舍举行奠基仪式,并立一块石碑作为纪念。20世纪90年代初,时任中国药科大学教务处成人教育科重庆函授点负责人的王强老师在探访重庆抗战校区时发现了该座石碑。王老师感到,这座石碑是国立药专在重庆办学时期的重要历史见证,对于学校的意义深远而重大,并萌生出把石碑带回南京的想法。

然而,世事变迁,迁走石碑谈何容易!国立药专返宁后,此地后成为重庆歌乐山中学的校址,此碑也早已

图2　歌乐山校区奠基纪念石碑复制件

①　惠观洋.本校概况:成长中的药专[J].药讯期刊,1942(1):86-90.
②　同①。

成为中学校史的重要组成部分。听说想要迁走石碑,歌乐山中学的师生们很是不舍。为此,王强老师不辞辛劳,前后多次走访重庆当地部门,争取支持和帮助,最后终于同歌乐山中学达成协商:按照石碑原样复制一个一模一样的留在当地,原件迁回南京。为防止复制件在安置时有差池,王强老师做了两个复制件。当其中一个复制件顺利填进原址后,王强老师将原件和另一个复制件各自用粗草绳包裹双层,平安运回了南京,并安置在丁家桥校区的校史展览馆。

为保存我民族药学教育之国脉,国立药专的师生们同仇敌忾,共赴国难,迁移至西南大后方,继续坚持办学,使学校弦歌不辍。

在迁徙过程中,学校师生员工饱受颠沛流离之苦。学校综合档案室现存石碑是国立药专西迁的历史见证,也是爱国报国这一"西迁精神"的重要标志。70年来,无数药大人始终秉承"精业济群"的校训精神,以"培育药界精英、研发普惠良药、贡献幸福生活"为使命,积极参与全球健康治理。我们相信,在实现中华民族伟大复兴的壮丽征程上,这块印刻时代记忆、承载奋斗梦想的纪念碑,必将会激励药大人不断朝着建设世界一流研究型大学的目标砥砺前行。

(供稿:中国药科大学综合档案室)

筚路蓝缕立基业

——南京中医药大学的创校故事

王兴娅　张菱菱

南京中医药大学是全国建校最早的高等中医药院校之一,被誉为我国"高等中医教育的摇篮"。学校前身是创建于 1954 年的江苏省中医进修学校。

图 1　原江苏省中医进修学校校门

1955 年 3 月 13 日,江苏省中医进修学校开学典礼隆重举行,这是一个值得纪念的日子。为了记录这一重要历史时刻,3 月 16 日,蔡知新组织了几位同学在学校门口"摆拍"了一张照片,如今成为南京中医药大学最早期的校门影像。之所以说是"摆拍",是因为学生吃住、上课都是在校内,不需要进出校门,是专门找学生佯装手拿书本走出校园拍摄的。看着眼前的场景,蔡知新感慨万分,筹建学校的艰辛历历在目……

近代以来,中医可谓多灾多难。北洋政府的"教育系统漏列中医案"、民国政府的"中医废止案"等严重阻碍了中医的发展。新中国成立之初,由于对中医学缺乏科学认知,中医事业发展依然缓慢。1954年2月,在第三届全国卫生行政会议上中央卫生部作出"加强中医工作,充分发挥中医力量"的决定,并要求"各省(市)在近期召开中医代表会议,听取各方意见,改进中医工作"。同年7月,江苏省召开全省中医代表座谈会,会议提议筹办省中医进修学校,同时成立中医学术研究筹备委员会。

首任校长承淡安

承淡安(1899—1957),原名启桐、秋悟,江苏江阴人,著名针灸学家、中医教育家,中国科学院学部委员(院士)。

1930年承淡安创办针灸学研究社,参与研习者数千人,遍及国内及朝鲜、日本、越南、新加坡等国;1933年研究社附设针灸讲习所;1935年又成立了针灸专科学校。对中医的艰难,承淡安有着切身感受。新中国成立后,看到政府对中医十分重视,他深受鼓舞,毅然决定停止苦心经营20余年的针灸学研究社,从苏州奔赴南京,投身到江苏中医进修学校的筹建中。

图2　承淡安任江苏省中医
进修学校校长任命书

现代意义上的中医高等教育是开创性的,没有现成的经验和模式可以借鉴。承淡安首先指出要改变方针,确定中心目标,以研究中医学术为主要方向,以办研究院、医学院、实验医院为主要任务等。承淡安提出中医高等教育要以"中医学术"为目标,临床事实为基础,医教研一体化为建设思路。根据现有的基础条件和筹备的难易程度,承淡安提出先集中力量建设中医门诊。1954年10月4日,江苏省中医门诊部(江苏省中医院前身)正式开诊,承淡安经常在百忙中抽空深入诊室,对医生、护士亲自加以指导。

1954年10月15日,江苏省人民政府正式批准成立江苏省中医进修学校,并任命承淡安为校长。

江苏省中医进修学校的主要任务,是培养中医师资、发扬中医学,筹建的目标是在来年开春招收学员。面对任务和挑战,承淡安一方面感到前所未有的压力,另一方面积极迎接挑战。11月1日,承淡安组织了首次教学会议,对教学方针,包括招生对象、学制学年、教学讲义、授课方式、基础课程和临床实习等都进行了详细的规划:"学员学历以开业者为限,用考试方法吸收二三十名,时间一年。上期为基础医学,下期为中医学与临床实习。中医学以诊断、药物、医史、方剂为独立科,内、外、妇、幼、针灸、正骨为应用科……"确立了"专题报告+讨论"的教学方法,"听课记录+听课心得"充实教材等模式。11月5日,召开了第二次医教会议,会议讨论时在具体的教学重点、教材内容偏中偏西等方面存在较大争议,为了统一意见,承淡安私下与多位同事、专家进行沟通交流,听取各方意见、排解顾虑疑惑。承淡安指出,要发扬中医,使中医科学化,应该从深入学习、研究中医传统理论开始,发扬中医固有学识,提高中医治病疗效,通过临床实践确定每病的效方,再用科学方法去研究其真理,得出科学结论,才算完成中医科学化。承淡安这一立足传统、继承发展的理念成为江苏省中医进修学校办学的重要指导思想。

1954年12月21日,对于承淡安来说是终身难忘的日子,全国政协第二届全国委员会第一次会议在北京举行,承淡安作为医药卫生界代表参加会议。会上,毛主席与承淡安亲切握手、交谈,并称赞他为"大大有名的针灸专家"。他在日记中写道:"我深深感到党和政府对我这个才短学浅之人而如此重视……我要无一切顾虑努力为学术去工作,报答政府之以最大光荣给我就是了。"

创业初期"三人组"

1954年7月,18岁的蔡知新满怀期待地拿着介绍信来到邀贵井14号报到。前来迎接他的是冯展,看到有新人报到,冯展很是兴奋,激动地握住他的手说:"你就是蔡知新吧,你好你好,我是冯展,我比你早来三天,我是从华东血吸虫病防治所调来的。"左边院子里,由崑笑意盈盈地走来,冯展迫不及待地向蔡知新介绍:"这是我们的副校长由崑,他是从第五军医大学调来的,他就住在这个院子里。"由崑握住蔡知新的手:"欢迎欢迎,我们的队伍齐了。"

次日,由崑召集二人开会,讨论、布置筹建相关事宜,建设的目标就是来年开春能招收学员,让新来的学员能上课、能生活,让各地来的中医师们能够顺利进修。时间很紧迫,任务很艰巨。原江苏省卫生干部进修学校撤销时并没有留下什么设备、物资,仅有两个班的课桌以及三四十张双人床,此外就是空房间。首先是解决教室和住宿问题,准备桌、凳、床等学习生活必需用品。确定了大概数量,蔡知新和冯展便自行到延龄巷的南京木器厂去挑选、定做,并叮嘱必须按时交付,保证开学。接下来的任务便是筹建生化实验室、解剖室和图书室。这"三室"完全是一张白纸、一无所有。要想建好首先要了解建设这三个室必须购置物品的品名、型号、性能、使用方法等,由崑带领蔡知新和冯展,多次前往位于南京山西路丁家桥的第五军医大学参观、考察,详细了解每一种设备的名称、使用要领,蔡知新擅长绘画、木刻,参观时便把需要购置设备的样式、尺寸等现场画下来、标记好,然后再到市场上对照着购置,设备大致准备齐全后由崑还把第五军医大学的老师邀请来一一检查,做到万无一失。图书室的建设最为繁杂,三人多次开会商讨,确定了购置大纲和清单,蔡知新和冯展开始不计其数地往返新华书店选书、购书,书籍买回来后,还要分门别类登记、编号、上架。为了方便学生借阅,蔡知新还设计制作了手写后盖章的借书证。至此图书室就诞生了,"三大室"也基本建设齐全。

开学准备工作大体完成之时,才发现还没有正式的校牌,由于时间紧迫,蔡知新和冯展再次来到木器厂,精心挑选了木板,切割、打磨、上漆后,二人搬运回学校。蔡知新自己买来油漆写下"江苏省中医进修学校"的校牌,写好后亲手挂上。1954年恰逢百年不遇的水灾,大雨如注,邀贵井进出学校的路段都被淹了,深达膝盖的积水,给筹建工作带来极大的阻碍,但为了保证正常开学,建设工作一直如期推进,从盛夏到寒冬,由崑、蔡知新、冯展忙碌的身影一直穿梭于邀贵井。

群贤荟萃育英才

为了保证1955年春正式开校,1954年底学校从原苏州的康复医院陆续调来一些人员。例如,调徐维忠任学校文书,许士美任政治辅导员,封士清任支部书记,戚功远任会计,还从常州调来赵增嫒任业务辅导员,加上蔡知新和冯展,共有三名业务辅导员。其中,赵增嫒负责生化实验室,蔡知新和冯展负责解剖室。

针对师资队伍建设工作,校长承淡安强调,教师除了学术能力,还应该具备临床经验,只有学、才、德兼具之人,方可胜任。在承淡安的感召下,时逸人、周筱斋、樊天徒、宋爱人、孙晏如、吴考槃等一批贤德之才汇聚江苏省中医进修学校。

1955年3月13日,江苏省中医进修学校成立大会在南京市朱雀路邀贵井14号隆重举行。第一期共招收中医进修学员60人,随后又招收第二期中医进修学员58人,同时还开办了针灸师资班和针灸专修班等,由此拉开了我国现代中医高等教育的帷幕。

图3 1955年3月13日,江苏省中医进修学校成立暨开学典礼

忆往昔峥嵘岁月稠,这段艰苦创业的岁月已经过去,但那些筚路蓝缕的创业故事永远留在南中医人心中,成为一众创业先贤功不可没的丰碑。他们"衣带渐宽终不悔"的创业精神将被永远赓续传承下去。

(供稿:南京中医药大学档案馆)

用板车"拉"来的大学

——南京工业大学艰辛创业的故事

刘俊英　史锡年

　　每一张泛黄的老照片都是岁月的见证,每一个动人的镜头都穿越时空诉说着历史。在南京工业大学校史陈列馆,几张珍藏的黑白老照片,把我们带回到了 60 多年前——没有实验室,他们拉着板车搬运实验课桌、实验仪器;没有操场,他们抬砖头抬水泥,自己建操场;没有图书馆,他们就在铁皮屋顶做书库……这几张老照片诉说的是南京化工学院(南京工业大学前身之一)全体师生亲手建院的情景,他们用板车"拉"出了课堂,"拉"开了南京化工学院的序篇。

　　1958 年 8 月,为了适应祖国经济建设与文化教育事业发展的需要,江苏省人民委员会决定以南京工学院化工系为基础,新建南京化工学院,校址设在丁家桥原南京农学院旧址。建院初期,一穷二白,百废待兴,学院没有独立的教学场地,教学实验设施极度匮乏,大部分专业没有实验室,没有金工实习工厂。按照省委要求,从批准建院到搬迁,只有短短半年时间,要在半年中把一个化工系建成一个独立的化工学院,面临的校舍、师资、教学设施等严重不足的困难可想而知。当时以党委副书记兼副院长李克和、副院长王国宾为首的学院领导班子,决心依靠全院师生员工攻坚克难共同建校。刚建校时,南京农学院迁后遗留下的只有少量教学用房和宿舍,为了保证正常教学,南京工学院调拨了一部分基础教学设施,包括学生课桌、教师办公桌、学生床、图书资料以及食堂用具等,先解决最基本的上课、吃饭、生活问题。

　　当时建院经费十分有限,为了把"每一个铜板"都用到最需要的地方去,学院决定采取白手起家、勤俭办学的方针，以时任党委副书记兼副院长的李克和为首的学院领导班子，积极开展组织和动员，号召全院师生以百倍的信心、冲天的干劲投入搬家建院的工作中。全院师生员工为保证新校园能按时开学，发扬"有条件要上，没有条件创造条件也要上"的精神，上下团结，互帮互助，齐心协力。由于缺乏现代化的运输工具，为了

图1 "盐五"同学搬迁的队伍从南京工学院出发，拉着板车迁往丁家桥新址

能尽快将南京工学院调拨的基础设施搬过来，没有运输的卡车就决定采用板车！他们不管白天、黑夜，刮风下雨，不畏严寒，用蚂蚁啃骨头的办法，硬是用板车一车一车地将图书、办公桌、课桌、学生床、实验仪器、设备、食堂用具等基础设施全部从南京工学院四牌楼校区搬运到丁家桥校区。

全院师生积极参加校区建设。学校无实验室、无图书馆、无操场运动场，"晴天扬灰路，雨天泥泞路"是那时学校环境的真实写照。为保证基本办学条件，节省办学经费，大家亲自热火朝天地动手修操场、参加基建劳动；他们齐心协力地抬砖头搬水泥；他们满腔热忱地打扫卫生，改造环境，植树绿化，美化校园。新校区没有图书馆，图书资料也不足，大家便用临时修建的铁皮屋顶木平房做书库，将大楼辟出一些教室、过道做阅览室⋯⋯在全体师生员工的共同努力下，校区基础设施建设终于完成，没有因为搬迁、校区建设而影响教学。

幸福都是奋斗出来的，从建院初期的几间房开始，通过几代人的筚路蓝缕、艰苦奋斗、自强不息、开拓进取，现在学校已经从建校初期的单一化工系发展成为跨工、理、管、经、文、法、医、艺8个学科门类多层次的高校，办学条件不断改善，办学规模不断扩大，办学质量不断提高，成为首批入选国家"高等学校创新能力提升计划（2011计划）"的14所高校之一，江苏高水平大学建设"全国百强省属高校"、江苏省重点建设高校。历史虽是昨天的故事，但它是一个时代的缩影，是一个时代人物风貌和精神的光辉写照。翻阅着这些泛黄的老照片，第一代南化人用板车"拉"来大学的精神必将激励一代又一代南工人更加奋发图强，勇攀高峰，争创国内一流国际知名创业型大学。

（供稿：南京工业大学档案馆）

从"一台机床"的老照片到
"智能工厂"的新图景

——无锡职业技术学院并跑产业发展60余年

郭华梅　韩　冰

翻开泛黄的书页,在无锡职业技术学院(简称"无锡职院")档案馆珍藏着一张20世纪70年代的老照片——无锡农业机械制造学校(无锡职院前身)一帮师生与一台龙门刨床的合影。

这是一台大型的金属切削机床,主要用于加工农机设备,是由师生自主设计制作的实验实训设备。无锡职院于

图1　自主研制的龙门刨床

1959年建校,当时,农业发展是国家的重中之重,学校的创立主要为全国农业发展培养技术技能型人才。时任机械专业专任教师的老校长赵克松,曾在自己当时的笔记里写道,"历史靠自己写的,路靠自己走的"。正是秉着"没有路,我们也要走出一条路来"的钻研精神,一帮师生克服物资紧缺、技术不足等重重困难,经过一次次设计方案调整、一点点攻克关键技术,不断修正,最后终于制作成功这台刨床。这台机床助力当时学校开设的农业机

械制造专业教学,为学生提供了难得的技术技能实践机会,也解决了大型农机具加工的难题,为国家骨干企业培养大批农机人才提供了支持。

循着这台机床的足迹,无锡职院的教师在技术研发的道路上孜孜不倦、奋力前行。80 年代中期,学校派遣教师赴国内高校深造,学习当时先进的理论和技术,并借助世行贷款支持,为学校购得一台当时最先进的数控机床。老师们通过对这台精密机床反复观摩、拆解与重装,不断探究、深挖机床设计制造原理,优化机械零部件组装工艺流程,钻研数控机床核心处理系统的开发运作模式,将理论与实践充分融合,带领学生在"做中学,从错处究",极大地提高了学生的理论知识水平,使学生掌握了先进的制造工艺技术,锻炼了动手实践能力和解决实际问题的能力。他们成功将学校已有的普通机床进行"旧改新",改造成先进的数控四轴联动机床。以此为契机,学校在苏南乡镇企业迅速将相关技术进行推广,成为推动苏南乡镇制造业数字化转型的先行者,许多教师也成为苏锡常地区中小制造企业的技术顾问。2002 年,学校教师团队开始自主进行产教结合型设备的研究和制作,经过长达 6 年的研究与试验,不断改进策略和工艺,于 2008 年成功研制出产教结合柔性生产线(FMS 三期),一举填补国内产业空白,并实现自动导引等核心技术反哺教学,助力学生快速成长。

2012 年,学校率先建成基于物联网技术的智能工厂,深度模拟智能制造企业场景。它不仅是生产线、实习车间、教学课堂,还是技术培训基地、科普基地,更是研发工作室。通过智能平台的搭建,一体多翼,将多种精密工控设备和机床有机融为一体,既面向学生,又面向教师和企业,集研发、生产、教学于一体,实现企业、学校、社会、人才和技术的有效融合,走出一条创新发展之路。近几年,学校依托智能工厂,以点带面,在全校范围内大刀阔斧改革教学方法,教师团队主持制定多项智能制造国家、行业标准,年均完成企业技术研发项目 120 余项,带领学生完成常熟开关厂工信部智能制造应用模式重大专项、"蛟龙号"螺旋桨智能车间改造等诸多项目,并以这些项目为基础建成"教学项目库"(338 个项目),为国家职业教育专业教学资源库提供大量优质资源。

从"一台机床"到"智能工厂",学生的综合能力在这些项目研究和实践中也得到极大锻炼和提高。无锡职院的学生连续十年参加 CCTV 机器人大赛,不惧与"985""211"高校选手同台竞技,于2007年获得全国季军。与此同时,学校培养的一批批能干、肯干、会干的技术技能人才也成为行业首选,技能技术优越的毕业生成为国内典型制造业的争抢对象。涌现出全国技术能手钟兴宇,全国技能大赛金牌选手李梁、刘超、俞健等一大批优秀毕业生。毕业生在智能制造龙头企业高端岗位就业率达65%以上,形成了一种职教发展的良性循环模式。

图2 自主建设的智能工厂

六十余年的办学历程,让无锡职院人深刻明白:无论时光如何更替,在职教发展的道路上,"惟实""惟新"不破。在国家大力提倡发展职业教育的今天,在无锡市"十四五"发展规划明确支持无锡职业技术学院争创职业教育本科高校、延续和传承职教精神的今天,穿越历史的辉光,回望学校职业教育的发展之路,凝视这些老照片,竟感觉它们充满一股朴素和神奇的力量。正是一代代无锡职院人不断实践、不断探索的精神,指引着学校在助力学生成人成才、助力企业转型升级、助力国家智能制造的职教发展之路上奋斗不息,大步向前。

(供稿:无锡职业技术学院档案馆)

春回校园　行路铿锵

——江苏教育学院复办纪实

纪逸群

1978 年是不平凡的一年，在"文革"中被迫停办的江苏教育学院在南京复办。从此，在江苏普教战线上从事中等教育的教师和干部们，又有了一个接受继续教育的场所。

学校复办之路举步维艰，既要解决"文革"撤校造成的各种后遗症，还面临着办学方向、管理体制等各种问题。在这种情况下，学校边复建、边办学，以办学促复建，在培养师资干部上做了大量工作，为江苏普教事业的发展、改革和提高作出了重大贡献。

图 1　恢复江苏教育学院的批复

因时负望启复办

1977 年 11 月，江苏省教育局党组根据江苏省委决定，研究复办江苏教育学院的工作。1978 年 5 月，江苏教育学院筹备处正式挂牌成立，在省教材编写组的基础上着手恢复和重建工作。1978 年 6 月 13 日，中共江苏省委书记办公会议同意江苏省教育局《关于请求复办江苏教育学院的报告》，同意恢复江苏教育学院。1978 年 6 月 29 日，江苏省革委会苏革复〔1978〕27 号文件批复，同意恢复江苏教育学院。

踔厉奋楫促复办

1978 年 10 月,复办后的江苏教育学院正式招生,招收参加全国统考的高中毕业生,开设外语、物理、化学三个专业,学制两年,于 1979 年 2 月初正式开学。

复办之后的江苏教育学院,根据江苏各中学师资和教育行政干部的状况设置了多种层次、多种形式、多种规格的办学方式。既办本科班,也办专科班;既办两年制以上的长期班,也办半年制甚至一个月的短训班。学生既有在职教师、干部,也有青年学生。学生经过培训后有的给予本科毕业,有的给予专科毕业。从普教和社会实际需要出发,用机动、灵活的办学方式,在教学内容、教学方法上予以区别,受到了各中小学及学生的欢迎。在注重专业课程的同时,学院开展了师德教育、专业思想教育、马列主义教育,组织课外文娱活动,实施全方位教育,培养这些多年从事教育工作的学员成为德智体全面发展的师者。

在开展办学工作的同时,学院还完成了江苏省中小学教材的编写工作,编写了初中数学第五册,高中《农业基础知识》;修订了小学语文 7—11 册;完成了教育部委托编写的高中数学一、二册,高中物理全一册,高中化学第二册,小学算术九、十两册教学参考书的编写任务。全体教院人为"提高中学教学质量"这一目标不懈努力,砥砺同行。

由于学院在"文革"中停办,原本位于北京西路 77 号的房屋、土地相继交给新华日报社、江苏省革命文艺学院、南京艺术学院使用。复办之初的院部设在了省幼儿师范学校内,课堂分别在北京西路 15 号和北京西路 77 号两个地点。退还教育学院校舍工作的进展缓慢,1978 年底,学院招生时只退还 1 000 平方米左右的用房,不到原用房的 5%,造成了学生宿舍拥挤、无活动用房等困境。1980 年暑假,江苏教育学院迁回北京西路 77 号原址。1980 年 11 月 29 日,省政府第 25 号通报决定:北京西路 77 号由江苏教育学院统一规划和管理;北京西路 77 号内南京艺术学院正在使用的房舍,应分期分批退出来;江苏省教育厅、江苏教育学院与南京市有关部门要配合做好工作,把 77 号大院内的其他单位迁出,恢复江苏教育学院大操场场地。

1982年3月,时任江苏教育学院副院长的毛系瀛同志在中共江苏省第七次代表大会上发言,他说在复办教育学院的过程中,由于校舍、师资、设备不到位等问题得不到解决,教育学院已到了无法办下去的地步,呼吁省委、省政府予以关心和支持。同年10月28日,省教育厅、省高教局发出通知,专项安排江苏教育学院建设宿舍投资105万元,以解决南师、南艺教职工搬出北京西路77号的用房问题。复办之初,尽管江苏教育学院的教职员工奋力工作,但仍举步维艰。

多方举措谋发展

1982年,国务院颁发《关于加强教育学院建设若干问题的暂行规定》明确了教育学院的性质、地位和作用,使江苏教育学院的办学方向更加清晰。

1986年11月,国家教委复查组复查江苏教育学院,认为江苏教育学院的物质条件比较好,师资队伍质量比较高,办学取得了一系列成绩。

1989年1月,江苏教育学院召开复办以来首次、建院以来第六次党员代表大会,总结了复办十年来的办学成绩和经验,发出了"办一流教育学院"的号召,确定学院新的办学任务是:由以学历教育为主逐步转向以岗位培训、大学后继续教育为主,由单一面向基础教育转向同时面向中等职业技术教育,坚持师训、干训并举,面向中学全体教师和干部,实行全员培训。在这样的思想指导下,江苏教育学院步入新的发展阶段。

学院先后启动了在职教师职后培训、骨干教师培训、校长岗位培训,把提高教育行政干部、中学教师的政治、业务素质及政治辨析能力、教育能力、教学能力、科研教研能力等作为师训、干训的工作目标,步入正轨。根据继续教育的特点,构建了具有江苏特色的干训、师训体系,继续教育框架初步形成。

1993年9月1日,江苏省副省长张怀西来学院视察时指出:"江苏教育学院为我省教育事业尤其是普教事业作出了突出贡献,办学目的明确,教育质量较高,采取多层次、多形式的办学路子,适合江苏的实际,特别是在十分困难的条件下千方百计谋求发展,精神可嘉。"

逐梦扬帆谱新篇

此后,江苏教育学院走上了快速发展的道路。2002年1月,江苏省人民政府决定组建江苏教育科学研究院,保留教育学院的牌子,办学实体的性质不变,以人才培养为中心,教学科研为引领,教育研究为依托,学校的事业发展迈向了新台阶。2013年5月,经教育部批准,江苏教育学院转设为普通本科学校并更名为"江苏第二师范学院"。从此,学校驶入快车道,开始了跨越式发展。

从1952年到2022年,学校几经校址变迁,校名更易,虽逢艰难却从未停步,历经波折仍奋发向前,在江苏教育强省进程中谱写出一曲属于江苏第二师范人的绚丽篇章。

江苏省人民政府文件

苏政发〔2013〕64号

省政府关于建立
江苏第二师范学院的通知

各市、县(市、区)人民政府,省各委办厅局,省各直属单位:
为优化高等教育市局结构,完善教师教育体系,提升学校办学层次和水平,经研究并报教育部批准,决定在江苏教育学院基础上建立江苏第二师范学院,同时撤销江苏教育学院建制。江苏第二师范学院为本科层次的普通高校,学校隶属关系、经费保障渠道等不变。
省有关部门要加强对江苏第二师范学院建设发展的指导支持,进一步完善发展规划,加快条件建设,强化内涵发展,努力
— 1 —

图2　关于成立江苏
第二师范学院的通知

(供稿:江苏第二师范学院档案馆)

三个"淮师"一台戏

——淮阴师范学院的前世今生

孙　辉　贾　夏

　　淮安,一座漂浮在水上的城市。四水穿城、五湖镶嵌,南船北马、九省通衢。这里自古文风阜盛、人杰地灵,是一代伟人周恩来总理的故乡,历史上曾先后涌现过大军事家韩信、汉赋大家枚乘枚皋、巾帼英雄梁红玉、《西游记》作者吴承恩、民族英雄关天培、《老残游记》作者刘鹗等名人先贤。作为世界美食之都、全国历史文化名城,淮安也曾是漕运枢纽、盐运要冲,明清鼎盛时与苏州、杭州、扬州并称运河沿线的"四大都市"。

　　在这片神奇的土地上,有一个响亮的名字——"淮阴师范学院"(简称"淮师")。

　　每一个淮安人,相信对它都不陌生。假如某一天,你碰巧走进了一所有点规模的中学或者小学,随意和老师们攀谈,一定会发现里面有很多"淮师"人;如果你和校领导班子在一起座谈,端坐其中的也一定有"淮师"人。这样的场景,如果切换到淮安市及各个县区的部委办局、事业单位,大抵也是一样的效果。因为"淮师",是淮安教育的一块金字招牌。鼎盛时期,淮安、宿迁两地60%的中小学教师、70%的中小学校长、80%的特级教师、90%的省"人民教育家"培养对象均为淮师校友,淮师也因此赢得了"苏北教师的摇篮"的美誉。

　　如果你认为"淮师"是一所学校,那么我得坦诚地告诉你:你答得不算错,但也不全对。因为在这片土地上,曾经的"淮师",不是一所学校,而是三所学校。而现在,曾经的三个"淮师",成了唯一的"淮师"。

历史上的三个"淮师"

历史会随着时间的推移而逐渐模糊,而尘封的档案、发黄的纸片,甚至残破的竹简却可以拨开历史的薄雾,让那些已经远去的往事和故事,逐渐清晰……

三个"淮师",是指淮安历史上的三所师范院校——原淮阴师范专科学校、淮安师范学校、淮阴师范学校。其中,淮阴师范专科学校为大专院校,淮安师范学校、淮阴师范学校并称"两淮师范",为中专院校。在各自学校的校友口中,它们都被叫做"淮师",又各自具有不同于其他二者的特殊含义。

淮阴师范专科学校(简称"淮阴师专"),是所有"淮阴师专"校友们心目中的淮师。它最早创办于1958年,是当年淮阴地区第一所纯粹意义上的师范类高等学校,是淮阴地区高师教育的起点,也是淮阴师范学院高等教育办学的起点。比它晚一年成立的淮阴教育学院(简称"淮阴教院"),成立之初的名称是"淮阴专区教师进修学校",1983年正式定名为"淮阴教育学院"。两所学校同属专科层次,淮阴师专主要培养中学师资,而淮阴教院只承担教师和教育行政干部培训任务。20世纪末,为响应科教兴国发展战略,做大做强高师教育,两所院校合并组建成立淮阴师范学院,开启了淮安高等教育事业的新征程。

而另外两个"淮师",虽然只是中等师范学校,但因为办学历史悠久,办学经历也更加丰富坎坷,在淮安基础教育领域曾有一段"双峰并峙"的历史佳话。

图1 淮阴师范专科学校

淮阴师范学校是一所省属中等师范学校,前身为1902年创办的江北大学堂,1906年改办师范,称江北师范学堂。后经几迁校址、数易校名,于1953年被正式命名为"江苏省淮阴师范学校",1977年在淮阴县营西桥畔另择校址新建。改革开放后,学校办学层次和办学水平不断取得新的成就。

淮安师范学校是一所在抗战烽火中诞生的、具有光荣革命传统的中等师范学校。它的前身可以追溯至 1941 年创办的苏北抗日革命根据地第一所红色中学——盐阜区联立中学,1949 年正式迁至淮安,1953 年正式定名为"江苏省淮安师范学校"。

2000 年,具有光荣办学历史的"两淮师范",迎来了升级转型的历史机遇,两校同时并入淮阴师范学院,从此,三个"淮师"最终成了一家人。

三个"淮师"的兄弟情缘

如果三个"淮师"前世今生的故事仅限于此,那未免有点索然寡味。在尘封的历史和档案里,我们不仅知晓了每一个"淮师"的创业史、成长史、磨难史,也找寻到了三个"淮师"妙不可言的兄弟情缘。

1958 年,淮阴师专经批准创立,但校址并非今天的淮阴师范学院交通路校区,而是在与之毗邻的地块上兴办,后经 1960 年再次征地后,当时的淮阴师专校址与今天的淮阴师范学院交通路校区正好形成连界。但令很多人没有想到的是,当年在现今淮阴师范学院交通路校区办学的,正是有着百年校史的淮阴师范学校。也就是说,当年淮阴师专创办时,和淮阴师范学校恰好是近邻!好景不长,1962 年淮阴师专停办,校址先有淮阴专区教师进修学院(淮阴教育学院的前身)接管迁入,60 年代末又归清江拖拉机制造厂所有,后来逐步开发成了商业区和住宅区,校园风貌早已不可复见。

"文革"后期,为重新发展我省专科层次的高师教育,1976 年,南京师范学院淮阴分院兴办,淮阴地区的高师教育得以重生。而南京师范学院淮阴分院是在淮阴师范学校基础上筹建的,兴办之初,两个学校共处一个校园,合署

图 2　江苏省淮阴师范学校

办公,资源共享。1977 年春,为积极支持淮阴师专复校,淮阴师范学校将校址从桑园校区(现在的淮阴师范学院交通路校区)迁至淮阴区北郊营西桥畔重新建校办学。1997 年,淮阴师专和淮阴教院经批准合并组建淮阴师范学

院。2000 年,"两淮师范"并入,新组建的淮阴师范学院,又以原淮阴师范学校校址为基础,逐步向西、向北扩展,最终形成现在的长江路校区,淮阴师专和淮阴师范又以一种特别的方式形成了会师。

除了校区选址的奇妙缘分,人的缘分更是不能不提。1976 年,南京师范学院淮阴分院兴办,尽快组建一支能胜任教学的教师队伍成为当务之急。在所有选调进校的教师中,"两淮师范"的教师是其中的骨干力量,这些教师,原本就毕业于"文革"前的本科师范院校,更不乏当代中国史研究专家程中原和夏杏珍夫妇,古典文学研究专家常国武先生、孙肃先生等学者名家,他们都曾是"两淮师范"不同时期的领军人才。几十年来,在三个"淮师"穿梭往来的人,恐怕真的不知凡几了。

"一定是特别的缘分,才可以一路走来变成了一家人。"也许,三个"淮师"的故事,就是这句歌词的最好印证吧。

三个"淮师"共唱一台大戏

教育兴,则国家兴;教育强,则国家强。

纵观近一百年来淮安地区的师范教育光辉历程,离不开淮阴师专、淮阴教院、淮安师范和淮阴师范这四个具有鲜明师范底色的学校。淮阴师范学院的办学历史,最早可以追溯至江北大学堂,是清末江苏官方最早创立的四所高等学堂之一。1906 年,江北大学堂更名为"江北师范学堂",1932 年更名为"省立淮阴师范学校"。淮阴师范学校与 1953 年定名的淮安师范学校,共同致力于"培养与提高小学教师",是苏北培养小学师资的"双璧"。1958 年至 1959 年间,淮阴师范专科学校、淮阴教育学院相继建立,淮安也自此开启了高等教育的新篇章。1997 年,淮阴师范专科学校和淮阴教育学院合并升格为淮阴师范学院。2000 年,淮阴师范学校、淮安师范学校加盟并入,就此完成了四所师范院校"四流归江"的壮举。

在淮安地区历史和现实中,先后承担过师范教育使命的学校(淮阴师专、淮阴教院、淮安师范、淮阴师范),目前无一例外地都已成为淮阴师范学院的一部分。可以说,淮阴师范学院校史,就是一部淮安乃至苏北地区师范教育的发展史,在承担淮安地区师范教育发展的历史使命上,淮阴师范学院具有官方认可的唯一性。

将淮阴师范学院的办学史和淮安地区师范教育的发展史并论,就是将三个"淮师"的办学历史,自然地上升到一个城市、一个地区教育改革发展的高度和维度上,这样一方面更加彰显出学校办学的区域影响和历史价值,也从深层次揭示学校办学的历史,与所处时代、地方经济社会发展的紧密联系,从而寻找到学校不断发展壮大的内在逻辑;另一方面,也能够最大限度地让合并前的四个学校,找到自己应有的历史位置,还原其应有的历史评价(两淮师范虽然是中等师范,但在江苏乃至全国师范学校层面上还是具有较高影响力的,与当年淮阴师专在全国师专中的地位相类似),并最大限度地团结合并前的各校校友,更有效地发挥四校校友的力量,齐心协力共同建设好全新的淮阴师范学院。

"以史为鉴,可以知兴替。"档案中的历史,可以映照现实,远观未来。在梳理学校师范教育的办学历史,总结学校师范教育的办学成就,凝练学校师范教育的办学特色的基础上,站在新时代、新起点的淮师,正以持之以恒的发展决心、永不懈怠的奋斗精神,朝着国内知名、区域领先的师范大学建设目标阔步迈进,并将继续有效引领地方教育改革实践,在淮安高等教育以及师范教育的发展中留下更加浓墨重彩的"淮师印记"。

图3　江苏省淮安师范学校——中共中央华中局旧址所在地

(供稿:淮阴师范学院)

春江浩荡济远帆

——扬州工业职业技术学院发展历程

郑珊霞

扬州,古称广陵、江都、维扬,有着"中国运河第一城"的美誉。扬州工业职业技术学院是经江苏省人民政府批准,由原扬州化工学校、扬州建筑工程学校合并组建而成。前者1978年建于宝塔湾,后者1981年发轫于真州,合并后取址扬子津科教园,均位于古运河畔。河畔清风吹响了时代的号角,运河帆影记录着学校发展的足迹。学校紧跟时代步伐,响应国家发展战略,紧抓机遇,精准定位,在短短四十四年间,实现了跨越式的发展,描绘了一幅中国特色职业教育的美丽画卷。

河畔初创:首批国家级重点中专校

1978年,为满足扬州市化学工业对技术技能人才的需求,江苏省化工局和扬州地区行政公署重工业局计划在扬州市筹办一所化工技术学校,江苏省扬州化工技术学校应运而生。1983年列入国家办学计划,并更名为"扬州化工学校"。80年代后期,学校迈入了快速发展的新时期,先后组织全省化学分析技术大比武、召开全国工分专业研讨会、进行化工特有工种职业技能鉴定工作等,社会影响越来越广泛。2000年5月,学校获批首批国家级重点中等职业学校中等专业学校。扬州化工学校不断提高办学层次和教学质量,积极向扬州乃至全省化工和相关行业输送专业人才,获得行业认可和国家支持,成为当时苏中地区唯一的工科类国家级重点中专校。

图1　扬州化工学校大门

真州发轫：核工业部的"黄埔军校"

1978年，伴随着改革开放的春风，国家纺织工业部决定在仪征县胥浦镇筹建大型化纤生产基地——江苏仪征化纤总厂，国家第二机械工业部二七建筑工程公司奉命承建，近万名建设者汇聚仪征，开始了长达十年的建设历程。1981年，为了对工人进行相关建筑知识培训，二七建筑工程公司在仪征市郊青山镇开启办学之路，并在之后的二十二年间，先后经历了"核工业部二七公司职工中专培训班""核工业部二七公司职工建筑工程学校""核工业部扬州建筑工程学校""江苏省扬州建筑工程学校"的发展阶段。1993年6月，经国家建设部同意，建工局决定在扬州建筑工程学校举办核工业系统施工企业项目经理培训班。项目经理培训班共举办了31期，培训人员达1925人。通过几代人的努力，扬州建筑工程学校为国家的核工业事业培养了近万名合格毕业生和两千名项目经理，核工业总公司副总经理张华祝同志一度称赞扬州建筑工程学校是核工业部的"黄埔军校"！

兴学扬子津：迈向高水平的跨越式发展

1. 两校合并升格组建扬州工业职业技术学院

随着社会主义市场经济的发展，分配就业制度的改革对中等职业教育的发展产生了较大的冲击。与此同时，知识经济大潮席卷而来，高等教育快速发展。2001年，面对职业教育的新形势，扬州化工学校制定了"十五"规划，确立了申办职业技术学院的发展目标。此后，学校一方面向江苏省教育厅申请征地建设新校区,另一方面积极做好升格申报准备。作为苏中地带唯一的国家级重点中专校,同时已经设立 9 个五年制高职专业,在高职办学方面积累了一定实践经验,学校顺利地通过省高校设置委员会的评审。2003 年 11 月 6 日,扬州化工学校和扬州建筑工程学校联合向江苏省教育厅提出合并筹建"扬州工业职

图 2　2003 年 11 月,举行扬州工业
职业技术学院(筹)摘牌仪式

业技术学院"。当时扬州工业迅速发展,迫切需要一所工业类高等职业技术学院,以培养化工产业、建筑企业方面的人才,学院定位正确,职业特色明显,又立足扬州,面向苏北,十分符合扬州教育布局的需要。2004 年 7 月 16 日,江苏省人民政府发文决定扬州化工学校与扬州建筑工程学校合并,组建扬州工业职业技术学院,同时撤销扬州化工学校、扬州建筑工程学校建制。2005 年 9 月下旬,学校整体搬迁至位于扬子津科教园的新校区,开始了新的征程。

2. 学校以优秀成绩通过人才培养工作水平评估

2004 年 4 月 12 日,教育部启动了高职高专院校人才培养水平评估工作。尽管学校合并组建不久,底子十分薄弱,但学校依然决定勇抓机遇,向省教育厅申请于 2007 年迎接人才培养水平评估并获批准。在"以评促建、以评促改、以评促管、评建结合、重在建设"的方针指导下,全员参与,齐心协力,真抓实干,按计划、按要求积极推进建设进程。经过三年多的认真准备,学校于 2007 年 12 月 16 日至 21 日接受了教育部高职高专人才培养工作水平评估,并以"优秀"成绩顺利通过。

3. 凝心聚力争创江苏省示范性高等职业院校

2000 年,国家提出要积极发展高等职业教育,选建一批示范性职业技术学院。因此,在 2004 年上报的正式建院报告中,学校就以建设示范性职业技术学院为目标。2008 年 3 月,学校通过第一轮人才培养评估之后,马不停

蹄地举行了创建示范性高职院校动员大会。12月,中国共产党扬州工业职业技术学院第一次代表大会召开,党委书记曹雨平同志作了题为《深入学习实践科学发展观 把学校建设成为省级示范性高等职业技术学院而努力奋斗》的工作报告。2011年7月,学校被确定为"省级示范性高等职业院校立项建设单位"。2012年3月举行启动仪式,到2014年底全面完成建设任务,十年梦想终成真。2015年,学校以优秀成绩通过验收,成为扬州地区唯一的省级示范性高职院校。

4. 校区合并奠定高水平建设坚实基础

2015年9月19日,江苏省教育厅、扬州市人民政府经充分协商,共同签署了《江苏省教育厅扬州市人民政府共同支持扬州工业职业技术学院、扬州市职业大学发展的协议》文件,将扬州商务高等职业学校扬子津科教园校区的土地、房产等资产全部无偿划拨给学校,并办理产权手续,为学校向高水平高职院校的发展奠定了坚实的基础。

5. 入选江苏省中国特色高水平高职学校建设单位

2021年12月31日,江苏省教育厅发布《关于公布江苏省中国特色高水平高职学校名单的通知》(苏职教函〔2021〕48号),公布了10所江苏省中国特色高水平高职学校建设单位和15所江苏省中国特色高水平高职学校建设培育单位。学校以优异成绩入选江苏省中国特色高水平高职学校建设单位,标志着学校高质量发展跨上了新台阶,迎来了"特色鲜明、国内知名、国际有影响"的高水平新扬工建设的新时期。

学校将以江苏省中国特色高水平高职学校建设为契机,秉承"厚德强能、笃学创新"的校训精神,坚持"厚植文化底蕴、精湛一技之长"育人理念,集聚优质资源,深化改革创新,高标准、高起点推进"特色鲜明、国内知名、国际有影响"的高水平新扬工建设,让"好地方"扬州好上加好、越来越好,为建设"强富美高"新江苏作出更大的贡献。

(供稿:扬州工业职业技术学院)

江苏大学亚太地区农机培训班

周　雪

　　"民以食为天。"习总书记在各种场合多次强调粮食安全：粮食安全是"国之大者"，"悠悠万事，吃饭为大"。2018 年，习总书记在北大荒建三江国家农业科技园区考察调研时强调，要大力推进农业机械化、智能化，给农业现代化插上科技的翅膀。

　　江苏大学是我国首批以推动农业机械化为使命而设立的全国重点大学。1960 年，为贯彻落实毛泽东主席"农业的根本出路在于机械化"著名论断，以"万人规模、为全国服务"为办学目标的南京农业机械学院招生办学。1961 年，学校迁址镇江，并更名为"镇江农业机械学院"。2001 年，学校与镇江医学院、镇江师范专科学校合并组建江苏大学。而鲜为人知的是，早在 20 世纪 80 年代初，江苏大学（当时校名为"镇江农业机械学院"）就开始作为国内第一家高校承担起为亚太地区发展中国家培养高级农机技术和管理人才的任务。从 1980 年至 1991 年，学校受联合国委托共举办 11 期"亚太地区农机培训班"，先后为亚太地区 50 多个国家培养农机高级技术人才 150 多人。

　　亚太地区农机培训班事实上包括江苏大学受两个不同的国际组织委托举办的农机培训班。一个是联合国亚太地区农业机械网（简称"亚太农机网"，RNAM），一个是联合国工业发展组织（简称"联合国工发组织"）。因为两个培训班的培训目标一致，主要都是为亚太地区发展中国家进行中小型农业机械制造工艺的培训，因而统称为"亚太地区农机培训班"。

　　受亚太农机网委托举办培训班源于 1979 年，我国加入联合国亚太农机网,成为其成员国。该网负责人认为,我国中、小型农机比较适用于东南亚地区,提出要我国为其举办农机培训班。因为江苏大学(时称"镇江农业机械学院")农机学科特色明显,1980 年 2 月,农业机械部、外交部委托学校筹办。1980 年 9 月 4 日,学校为亚太农机网举办的第 1 期农机培训班开学。此后,学校又在 1982 年 8 月、

图 1　联合国工发组织第 1 期
农机培训班开学典礼(1983 年 8 月)

1986 年 4 月分别举办第 2 期、第 3 期农机培训班。为联合国工发组织举办的培训班源于 1981 年,根据对外经济贸易部和联合国开发计划总署驻北京办事处签订的协议,机械工业部委托江苏大学为联合国工发组织举办农机培训班。自 1983 年 8 月至 1991 年 10 月,学校共为该组织举办了 8 期农机培训班。

　　两个培训班的培训对象均为各国具有农机工程系或机械工程系本科学历或同等学力,并且有五年以上从事农业机械方面工作经验的工程技术人员。培训班每期约 3 个月(12 周),前 6 周为课堂教学和实验,主要讲授各种中小型农业机械等九门课程,通过对中小型农机的制造工艺原理及结构、性能的讲授、实习和操作,使学员基本掌握各种中小型农业机械的结构、性能和设计要点,熟悉其制造工艺。后 6 周为实习和课程设计,主要在沪宁铁路沿线中小型农机工厂进行。实习期间,各实习工厂为了使学员对产品的性能有更全面的了解,还做了各配套机具的性能表演。通过实习,学员掌握了常用农机的制作工艺过程、产品检验,学到了中小型农机的新技术、新工艺。

　　各国学员们是经过联合国相关组织筛选来参加培训的,因而他们十分珍惜培训机会,在培训班安排的理论课、实验课、工厂实习期间都会十分认真记笔记。学校也尽全力为学员们创造各种学习、交流的机会。如来自巴布亚新几内亚的色匹克农学院的科亚先生,在本国从事耕作机械方面的教学工作,专门与在学校同样从事耕作机械教学工作的农业机械系主任桑正

中、教研室主任陈翠英讨论教学中的问题。有些学员对我国农村应用沼气十分感兴趣,学校专门组织学员们到丹阳县界牌乡(现为丹阳市界牌镇)实地参观,请相关专业教师介绍沼气发生原理、沼气池结构、节能效果等,深受学员们的欢迎。尼日利亚学员阿德乌依先生说,看到沼气的使用,唤醒了他过去一直认为利用沼气不实际而长眠在心中的想法。

学校在抓好培训班教学工作的同时,积极培养同各国学员的良好关系,以增进我国同各学员所在国之间的友谊。每个学员报到后,首先向他们介绍学校基本情况、培训班的教学计划等,并给每个学员发一枚校徽。学员们真正感受到了自己是培训班的主人翁,要与学校密切配合共同办好培训班;学校还主动推荐学员代表协助学校做好培训班的组织工作。培训期间,学校还安排了丰富的文艺、参观等活动。如国庆期间邀请学员们参加文艺晚会,学员们穿上本国传统服装演出自编的歌舞节目,节假日组织学员们到镇江周边的南京、扬州、宜兴等地参观,组织学员们参加学校运动会如拔河等体育比赛。

每期培训班结束后,学校都会对全体学员开展调查问卷,了解他们对于教学、实习、生活安排等各方面的意见和建议,也与联合国亚太农机网、联合国工发组织积极沟通,听取评价意见。从反馈情况看,学员们对农机培训班非常满意。他们都认为培训的教学工作很成功,教学质量、教学设备良好,老师们工作认真、讲解清楚,对学习、生活等安排也很满意。在参观各厂生产的农机后,学员们认为我国南方有许多中小型农业机械对亚非各国是适用的,我国中小型农机具厂的生产方式、制造工艺有很多值得借鉴的地方。如非洲的一位学员实习后表示,中国的喷灌机械对于非洲受旱灾威胁的国家具有特殊意义。此外,参加农机培训班也改变了学员们对中国的看法。如缅甸学员说,在本国时接触的一些华裔商人比较自私,但来中国参加培训班后,发现中国人民非常友好、热情,完全改变了自己对中国的看法。许多学员在结业典礼上由衷地感慨,中国是他们的第二祖国。

1984年5月18日,中国国际广播电台专门就学校1980年至1983年为联合国举办3期亚太地区农机培训班作了题为《传授技艺、增进友谊——记中国江苏工学院举办的国际中小型农机制造工艺培训班》的报道。

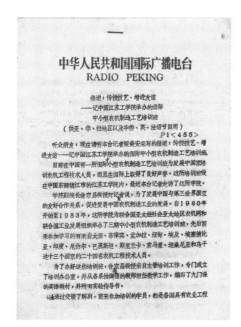

图 2　中国国际广播电台对
亚太农机班的报道(1984 年 5 月 18 日)

图 3　联合国工发组织第 7 期
农机培训班结业证书(1989 年)

　　因为亚太农机培训班的良好反响,从 1994 年至 2000 年,江苏大学受联合国委托,又以联合国亚太地区经济社会委员会亚太农机网农机培训班的名义举办了 3 期国际研讨班。

　　亚太农机培训班的成功取得了良好的国内和国际效益。一方面,为江苏大学农机教育、农机科研的国际交流合作奠定了坚实基础,学校培养了一支专业的胜任国际培训的教学队伍,编制出了一套比较成熟的适合发展中国家的农机教学计划和英文版教材,建立了镇江、常州、宜兴等农机实习基地。另一方面,为亚太地区发展中国家培养了农机方面的高级技术人才,加强了我国同发展中国家农机设计制造技术的交流,增进了彼此间的了解和友谊,为中国农机产品打入国际市场扩大了影响。

（供稿:江苏大学档案馆）

励学敦行守初心

——南大金陵学院的学者名师

李 兰 蒋 琛

2020 年 7 月 13 日,南京大学召开"依托苏州校区建设完成金陵学院转设"工作推进会,会议明确 2020 年金陵学院停止招生,通过转型提升实现与南京大学苏州校区的融合发展。招生的停止,意味着南京大学金陵学院这所创建于 1998 年的独立学院即将完成它的历史使命。在短短二十余年的办校历程中,先后有许敖敖、陈凯先、周顺贤、于润等名家名师参与了南京大学金陵学院的建设工作。励学敦行,守正创新,这些教授学者们守住一份办学初心,为南京大学金陵学院的发展、成长作出了不可磨灭的贡献,也为南京大学金陵学院短暂的办校历史留下了浓重的一笔。

首任院长许敖敖

许敖敖是著名天文学家、教育家,1962 年毕业于南京大学天文系,后留校任教,从事太阳物理学、空间物理学及等离子体物理学的教学和科学研究工作。1990 年后任南京大学教授、天文学博士生导师,南京大学教务长、副校长,主持南京大学教学和招生工作近十年,在教育教学改革方面作出了重要贡献。1998—2003 年担任南京大学金陵学院院长。2002—2012 年担任澳门科技大学第二任校长,现任澳门科技大学校监顾问。

二十多年前三月的一天,时任南京大学副校长的许敖敖在一份《关于南京大学金陵学院筹建工作的情况汇报》里这样写道:"南京大学金陵学院办学地址在南京市北京里9号原南京大学木工厂,拟建30层的办公大楼及相关附属设施。"30层的办公大楼是对未来美好的愿景,然而许敖敖刚到南京大学金陵学院上任,要解决的首先是房子难题。

　　1999年,南京大学金陵学院的牌子就挂在南京大学校门口。当时办学条件却很差,为了解决第一届招收进来的五百多名学生的就读问题,只能采取用简易房过渡的方案,因为简易板房可以很快盖好,也可以随时拆迁。

图1　1999年5月南京大学鼓楼校区门口挂起祝贺
南京大学金陵学院成立的横幅(李升阳　供图)

　　简易板房当时就搭建在现在的南京大学鼓楼校区北京西路大门附近,两层楼的格局,很快就盖了起来。但是板房夏天热,冬天冷。不仅学生要在这里上课,教职工还要在这里办公。当时在简易板房里工作的除了南京大学金陵学院的领导,还有7个系的系主任,这7个系主任里有6位是南京大学退下来的老教师,当时负责学生的辅导员也都是南京大学退休的总支书记和教师。

　　就是在这样的工作环境里,许敖敖和退休的老教师们一起,兢兢业业,克服办学条件简陋、住宿条件差等各种困难,为南京大学金陵学院日后的快速发展奠定了坚实的基础。2004年,南京大学金陵学院开始在南京大学浦口校区招生,房子问题得到了彻底的解决。

图2　2003年6月南京大学金陵学院全体教职工在简易房教室前合影，
第一排右五为许敖敖

阿拉伯语专业创办人周顺贤

2007年，上海外国语大学教授、博士生导师周顺贤刚刚退休就接到了来自南京的邀约。时任南京大学金陵学院院长的姚天扬邀请周顺贤到金陵学院去开办一个南京大学都没有的新专业。这让周顺贤感到既兴奋，又意外。

随着"一带一路"的不断深入，我国和阿拉伯国家的合作项目日益增多，孔子学院纷纷建立，中国创建世界人类命运共同体的话语权产生越来越大的影响。继续加强中国和阿拉伯国家间的交流不仅对双方都有利，而且具有光辉的前景。随着改革开放的深入，长三角地区经贸、投资蓬勃发展，江浙地区诸多中小企业需要大量复合型、应用型的翻译人才。阿拉伯语是联合国的六大工作语言之一，并且是22个阿拉伯国家的官方语言，全球超过4亿人在直接或间接地使用阿拉伯语。阿拉伯语专业在长三角地区确实有着广阔的就业前景，这种对未来趋势的判断显然是准确的，但是在我国开设阿拉伯语专业的院校可谓少之又少，在一所独立学院举办阿拉伯语专业，可行性有多大呢？

周顺贤20世纪60年代远赴巴格达大学的阿拉伯文学院去学习阿拉伯

语。1965年夏,学成回国后,教育部就把周顺贤派往上海外国语学院(现上海外国语大学)阿拉伯语系教阿拉伯语,开始了其延续五十多年的阿拉伯语教学和科研的生涯。创办一个全新的阿拉伯语专业,周顺贤确实能担当这一重任。

2007年,周顺贤来到南京大学金陵学院任教,从那以后,浦园的阿拉伯语成为西语系的星星之火。阿拉伯语专业的诞生,也给学校带来了很多新气象。特殊的字符、叽里咕噜的发音,都让阿拉伯语系的同学在学校里成为一道别样的风景。他们主办的新丝路文化节,大大丰富了学校的文化氛围。2021年11月,在北京第二外国语学院欧洲学院承办的"永旺杯"第十四届多语种全国口译大赛中,南京大学金陵学院阿拉伯语系2018级学生王铉烨获得阿拉伯语交传组优秀奖。阿拉伯语系的学生毕业后很多都在从事对外交流工作,并且广受好评,他们成为阿拉伯语世界里亮丽的浦园面孔。

周顺贤说他在浦园的沃土上一扎下根,就又生长了十几年,而阿拉伯语专业,也像一棵娇嫩的小苗,从无到有,生根发芽、茁壮成长。在南京大学金陵学院思源图书馆的三楼,有一间阿拉伯语和西班牙语的专门阅览室,那里面有数千册阿拉伯语原版图书,周顺贤总是一有空就到那里去翻阅最新的阿拉伯语报纸和杂志。

习近平总书记指出:"一个人遇到好老师是人生的幸运,一个学校拥有好老师是学校的光荣,一个民族源源不断涌现出一批又一批好老师则是民族的希望。"南京大学金陵学院的历史虽然短暂,但是老师们守住他们的办学初心,在二十余年的光阴里,培养了一批又一批的优秀学子。"为往圣继绝学,为万世开太平"是教师肩扛的使命,更是对后世的担当。

(供稿:原南京大学金陵学院档案馆)

勇立潮头　踏浪前行

——河海大学"海工所"发展回眸

张　弛　李舍梅

　　1979年,面对我国海岸及海洋工程事业亟待兴建而海洋科学技术较为落后的现状,薛鸿超教授牵头正式向水利部提出申请,拟基于已有"海岸动力研究组""长江口科研组""连云港科研组"和"海涂围垦科研组",扩建成立华东水利学院"海岸及海洋工程科学研究所"(简称"海工所")。是年4月,水利部批准筹建海工所,严恺院士任筹备组组长。1980年9月,海工所正式成立,薛鸿超教授为第一任所长。海工所的建立,标志着河海大学勇立海工科研潮头,扬帆启航。

图1　关于扩建成立"海岸及海洋工程科学研究所"的请示报告
(起草者薛鸿超,1979年3月28日)

　　海工所一直以承担国家重大战略任务、解决重大工程科学问题为己任。新中国成立以来,百废待兴,严恺院士先后主持了我国首次全国海岸带和海涂资源综合调查、第一项重大港航工程——天津新港回淤治理、长江口及太湖治理、珠江三角洲治理、东南沿海现场实验站等重大工程科研攻关,在国内外率先开创了淤泥质海岸深水大港建设和维护的先河,其成果获得国家科技进步一等奖,对我国海岸工程学科起到了极大的推动作用,成为当代水利、海岸工程领域的一代宗师。

图2　严恺院士(中)、薛鸿超教授(右三)、钟瑚穗教授(左一)在珠江三角洲东平水道调研

一代又一代的海工人追随严老先生的足迹,为我国海岸海洋社会经济的发展而不懈努力。自20世纪80年代起,在薛鸿超教授、严以新教授、王义刚教授等历任所长的带领下,海工人秉承教学、科研和实践"三结合"的精神,在长江口深水航道治理工程、长三角港口开发、水环境改善与区域经济发展、江苏沿海建设深水大港和大规模滩涂围垦等重大工程的科技难题攻关中发挥了举足轻重的作用,培养了一批有知识、有抱负、有能力、有远见的行业精英。

为了进一步促进海工学科基础科研能力的提升,海工所自20世纪70年代开始,在薛鸿超教授的主持下,编著刊印了48期"海岸工程研究资料"。这些资料得到国内同行的欢迎,他们纷纷来函索取。由于油印资料份数有限,不能满足各界需要,有的仅剩孤本。为了加强学术交流,海工所在资料中作出选择,并请原作者重新编写加工,于1992年出版了海岸及海洋工程研究所论文集。时过境迁,当年的热点问题,大多已经解决,尘封已久的资料,也已渐渐泛黄,但老一辈海工人心无旁骛的治学态度、精益求精的科学精神值得我们永远铭记和学习。

20世纪90年代,留美归国的严以新教授带领团队成员,在国家自然科学基金重点项目、交通部重点科技计划和长江口深水航道治理等重大重点工程研究项目等的实施过程中,深入研究河口海岸水沙运动特性及其对港口航道与海岸工程的响应,相继研发出长江口深水航道治理一、二、三期工程和远景规划水动力场及盐水入侵的三维数学模型、辐射沙脊群海域三维全隐格式潮流数学模型、珠江三角洲航道网一维潮流悬沙数学模型和口门区二维水流泥沙数学模型,成功应用于港口、航道与海岸工程建设的可行性评价,为长江口深水航道治理、珠江三角洲航道网规划和东南沿海港航工程的建设提供了科技支撑。

进入 21 世纪,在郑金海教授的示范引领和积极推动下,在国家杰出青年科学基金、国家自然科学基金重点国际合作项目、水利公益性行业专项等系列重大科研项目的支持下,海工所不仅继续开展河口海岸水沙运动随机非线性过程和不同时空尺度演变规律等基础理论研究,而且探索从流域—河口—海洋系统中研究变化环境下港口、航道、海岸与近海工程水沙运动的科学问题和调控技术,丰富了波流相互作用非线性机制及其动力地貌响应的基础理论,发展了复杂水流和地形条件下港口航道工程随机波浪数学模型,提出了珠江三角洲河网航运、防洪、压咸多目标水力调控的思路与方案。组织编译了 12 部英文版水运工程标准规范和 20 部英文版海岸带保护修复标准规范,为我国港航工程界拓展国际市场、服务"一带一路"基础设施互联互通、助力我国海岸带生态减灾修复技术的国际交流合作提供重要的技术文件。科研成果获得国家科技进步二等奖 1 项、省部级科技进步一等奖 4 项,入选国家级人才 4 人次,入选省部级科研团队 2 支。负责建设的海岸动力学课程分别入选首批国家精品课程、双语教学示范课程、国家级精品资源共享课程和国家一流课程。

因应"一带一路"倡议和"海洋强国""生态文明建设""长江大保护""长三角一体化""粤港澳大湾区"等国家战略需求,新一代的海工人继续发扬"海纳百川 工匠精神"的海工文化精髓,结合全国党建工作样板支部的建设,致力于在海岸带保护修复与防灾减灾、河口三角洲动力地貌演变治理与保护、珊瑚岛礁保护与利用、近海可再生能源利用等新时期的国家重大工程中作出新的贡献,将海工所建设成为有力量、有担当、有文化、扎根深、惠益众、影响广的现代化科研机构。

（供稿：河海大学档案馆）

国际化办学的成功案例：
南审 ACCA 办学历程

马洪勋

　　2000 年 5 月，江苏省与国家审计署共建南京审计学院（简称"南审"）签字仪式隆重举行。全球统考单科第一的南审 1997 级 ACCA 班学生宿辉荣幸地获得李金华审计长和季允石省长共同颁奖的高光荣耀。如今保存于学校档案馆的这张新闻照片，在当年几乎成了南审 ACCA 班的"形象代言"。

图 1　2000 年 5 月，时任国家审计署审计长的李金华（右一）和江苏省省长季允石（左一）
为我院 ACCA 全球统考单科第一的 1997 级 ACCA 班学生宿辉颁发奖状、奖金

截至 2022 年,南审有 41 名同学获得 ACCA 全球统考单科成绩全球第一或内地第一,南审连续 11 年被评为"白金级培训机构"。

现在的 ACCA,已经是南审的一块金字招牌。2008 年南审被英国特许公认会计师公会评为"全球培养 ACCA 人才最多的大学"。南审 1983 年建校,1997 年开始举办 ACCA,当年只有 14 年办学历史的南审,怎么就敢举办 ACCA 的呢?

ACCA 是什么? 对于大多数人来说比较陌生,但对于从事会计和财务工作的人来说,ACCA 不得了,是国际认可范围最广的财务人员资格证书,含金量世界最高,但通过率特别低。ACCA 是"英国特许公认会计师公会"(The Association of Chartered Certified Accountants)的简称,是世界上领先的专业会计师团体,也是国际学员最多、学员规模发展最快的专业会计师组织。ACCA 会员资格得到欧盟立法以及许多国家公司法的承认,ACCA 是进军国际人才高地的"职场黄金文凭"。

1990 年前后 ACCA 进入中国,主要是政府间的教育项目合作,ACCA 和国家审计署在北京开办了第一个专业会计师培训班,时任国家审计署培训中心负责人的章轲对这一项目的发展前景十分看好,这也是我国培养国际复合型审计人才的重要举措和开端。

当时,南审作为国家审计署部属高校,是一所年轻的高校,正在积极探索符合审计特色的办学之路,想在本科学历教育办学上有所突破。据时任院长的易仁萍回忆,1996 年审计署和英国的 ACCA 香港分部谈发展培训问题,在会上,易仁萍就下定决心要把这个 ACCA 培训点拿过来放在南审。她说:"我当时真的是胆大,想想当时南审的条件,还在迎接本科教育合格评估呢,人家会同意我们这个学校吗? 但我就是这样想着,南审一定要办出特色,要把本科学历教育与培养国际认可的职业教育结合起来,让学生在毕业的时候,既能拿到本科学历,也能拿到国际执业资格,得到世界各国会计公司认可,并且会被优先录用。这样,我们南审的毕业生就有更加宽广的就业面,就有更强的适应能力。"

ACCA 所有课程必须是全英文教学,用英语答卷,全球通考。当时国内有好几所老牌财经大学正在办 ACCA(最早的是上海财经大学,1994 年),但成绩并不理想,某大学在一门考试中全军覆没;某大学领导说所有课程全部通过的概率几乎为零,不如不办。南审能办 ACCA 吗?时任教务处处长的张芊回忆,她说:"南审所有人都认为,以我们学校的条件要办这个全英文教学和考试的 ACCA,比登天还难,那简直是不可能的。"院长易仁萍认为南审如果与 ACCA 合作,将是南审发展的大契机,不能错过这次机会。最后易仁萍决定挑战这个不可能,"举全校之力把 ACCA 办好"。

加大经费投入。易仁萍等多位院领导亲自并多次到审计署和江苏省去申请经费,争取专项拨款。实在没钱了,易仁萍以审计学院的名义向全国审计厅、审计事务所等发出捐资助教求助信。在有限的经费里面首选为 ACCA 大力配置教学设备和引进人才。"永远亮着灯光的电教 108"就是 ACCA 专用教室,也是至今南审 ACCA 不会忘记的地方。

组建 ACCA 师资库。张芊回忆,李金华审计长和审计署对南审 ACCA 付出了无微不至的关心和关怀,联系聘请香港的师资过来讲课,学校一天付一万八千元的课时酬金。国家审计署安排多名官员利用周末时间从北京到南京亲自授课,当时还没有高铁,很辛苦。学校组建师资队伍,安排进修培训,当时上海财经大学周末有办 ACCA 社会培训班的,学校就组织老师去学习,老师学完回来教学生。

改革教学方法。ACCA 注重加强自学能力和理解能力、分析问题和解决问题的能力、归纳综合应用能力以及创新能力的培养。ACCA 班学生张莉(现南审留校教师)说:"我们那时候是双轨制,平时正常上审计专业的本科课程,周末上 ACCA 的课程,因为审计署请来的专家都是周末来讲课。为学好英语,很多人耳朵每天都是红红的——戴耳机戴的。不读死书,ACCA 考试全是大题,考查学生分析解决问题的能力。"

对学生严管厚爱。ACCA 班的 52 位学生是在全校学生中选拔出来的,是高考成绩的佼佼者。ACCA 就是培养审计的精英,半年内无法掌握全英文学习能力的学生退出 ACCA,能留下的加大培养力度,配备最好的师资、最宽松的政策。ACCA 班学生刘成方(现南审留校教师)说:"我们有五位班主任,每一位都很关心我们。""我大学三年的暑假就没回过家,暑假都是补课的好时间,老师也不放假,和我们学生一起上课,一同攻关。"张莉说:"考了单科全球第一的宿辉,每天固定时间、固定座位,他一定在电教楼 108。"

1998 年 12 月,南审 64 名 ACCA 学子首次参加 ACCA 全球统考,取得了优异成绩。《会计概论》和《管理信息概论》两门课一次合格率75%,远远超过合格率40%的全球通过率。1999年12月,在全球统考中,1997级ACCA班的宿辉和1998级ACCA班的蒋建春同学,分别以《税务概论》93分和《会计概论》97分名列全国第一。英国ACCA总部为之惊讶不已,后来传来令人振奋的消息,宿辉同学这一成绩全球第一。如今回忆起那个时刻,院长易仁萍和教务处处长张芊的眼角依然泛着泪花。她们说:"我们的学生非常优秀,不容易,真的不容易!我们做到了,最好的ACCA,是南审的。"

南审与ACCA合作取得的成绩得到了社会广泛关注。《人民日报》、《中国教育报》、《中国审计报》、江苏教育电视台等中央和省市级新闻单位纷纷予以报道。

2000年3月1日,《中国审计报》率先以"培养高等财经人才与国际接轨,南京审计学院ACCA教育成绩斐然"为题,报道南京审计学院在立足于为国内培养高级专业人才的同时,也培养了得到国际认可的高层次会计、审计人才。这一思路符合朱镕基总理关于我国要大力培养具有国际水准的注册会计师和审计师的有关指示。

图2 《人民日报》的报道

2000年5月10日,《人民日报》报道南京审计学院与ACCA携手培养国际型会计审计人才,并提出培养具有国际水准的注册会计师和审计师已成为南京审计学院鲜明的办学特色。5月11日,《中国教育报》以"借船出海——南京审计学院ACCA班教学改革纪实"为题,报道南审学生在就业前景的鼓舞下,学习目的明确,ACCA班的学生已成为学校的骄傲。由于有了ACCA,学校在一些地区的招生已被列入重点招生院校的行列。

2001年,是检验南审首届ACCA成果年,到底有多少学生能够一次通过考试而获得ACCA资格,这是衡量我们办ACCA质量的重要量化指标。成绩出来了,南审沸腾了。最后三门课的一次通过率达到66.7%,而全球平均通过率仅 22%。6 月毕业季,首届 1997 级 52 名 ACCA 班学生 100%升学和就业,其中 3 人出国留学继续深造、3 人入职国家审计署、4 人入职高校和政府机关、7 人留校充实南审 ACCA 师资库、22 人入职会计师事务所、13 人入职大型公司。国际四大知名会计师事务所之一的"沪江德勤会计师事务所"一次就招收了 8 名毕业生,他们还没考完就颇受青睐,真真正正成为南审的骄傲。到 2004 年,南审共有 77 人通过了 ACCA 全部课程的考试,获得了 ACCA 资格证书,20 多人获得 ACCA 会员资格。

ACCA 是南审国际化教育的一个切入点,对在校大学生进行国际注册会计师教育,培养具有国际水准的会计师既有利于学校的长远发展,又提高了学校人才培养的规格,有着重要的意义。南审就这样找到了人才培养与国际教育接轨的入口,更好地为审计系统未来发展培养高素质高层次的后备人才。毕业生在未来高级管理人才市场的竞争力进一步提升,能够与大量渗入国内高级财经会计人才市场的外籍高级会计师相抗衡。ACCA 的成功创办体现了南审走国际化开放式办学之路的发展理念。

(供稿:南京审计大学)

体教融合：南京工业大学江苏女垒队

高　静

体育强，则中国强。体育承载着国家强盛、民族振兴的梦想。习近平总书记强调："体育是提高人民健康水平的重要手段，也是实现中国梦的重要内容，能为中华民族伟大复兴提供凝心聚气的强大精神力量。"

在江苏，有这样一支冠军运动队，赛场上，她们团结协作、英姿飒爽、屡创佳绩，铿锵玫瑰惊艳绽放；场下，她们青春靓丽、朝气蓬勃、成绩优异，是大学校园里最美的风景线。这就是南京工业大学江苏省女子垒球队。

2021年9月10日，第十四届全国运动会垒球项目比赛决赛在西安体育学院新校区垒球场落下帷幕。南京工业大学江苏省女子垒球队以7：0的比分战胜四川队，连续第三次夺得全运会冠军。同时她们还实现了2010—2021年全国女子垒球一类赛事"十二连冠"！

肇始之缘

2002年之前，江苏省没有高水平垒球队。2005年江苏省要承办第十届全国运动会且有比赛任务要求，于是省体育局紧急决定采取"省队校办"的模式。南京工业大学校领导考虑到这项运动非常适合年轻人且适合在学校开展，因此做出了积极的回应。经过双方沟通协商，2002年南京工业大学与江苏省体育局签订"体教融合、省队校办"江苏省女子垒球队协议。根据协议，学校立足于教育管理、生活指导、科研服务等"教"的方面，实现垒球队的品牌打造；省体育局则负责队伍经费保障、布置竞技任务、教练员安置等

"体"的管理。从此,由大学生组成的南京工业大学江苏女垒队踏上了竞技体育征程。

其实建队初期,这是一支没人看好的"四无"球队——无人员:初期队员都是从各个业余队其他专业(排球、篮球等)淘汰下来的;无器材:仅有三根木质球棒和不称手的接球手套;无场地:没有专业场地,只能跑煤渣跑道,无配套的体能训练器材等等;无水平:国内水平最差的球队。未来之路会怎样?能实现突破、创造奇迹吗?

工欲善其事,必先利其器

2002 年 12 月 17 日,南京工业大学垒球场奠基仪式在江浦校区举行。这是根据国际标准设计、拥有观众席近 3 000 个的两片标准比赛场地。而且为了迎接 2003 年 9 月将要在南京工业大学举行的第七届世界青年女垒锦标赛,场地建设的标准不断修正提升,最终于 2003 年 8 月建成了世界一流的垒球场地。

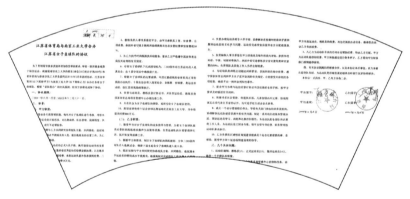

图 1 江苏省体育局与南京工业大学合办江苏省女子垒球队的协议

女垒队终于拥有了自己的正式训练比赛场地,这也为日后她们不断创造佳绩提供了必要的条件。2003 年 8 月 14 日,国际垒球联合会主席唐·波特先生带队亲临比赛场地视察,给予了高度的赞赏和评价。国际垒联秘书长安德鲁先生感叹道:"我参加了 23 次世锦赛和奥运会,这么漂亮的场地还是第一次看到。"这块一流的场地不仅承办了第七届世界青年女垒锦标赛,还成为第十届全运会垒球比赛场地。

凤凰涅槃

2005 年,第十届全运会在江苏南京举行。女垒队虽不断学习成长,但成绩仍然差强人意。江苏省体育局下达了"最后通牒"——如果不能在全运会上进入前六名,队伍自行解散。没有退路,只有拼搏。为了全力备战全运会,队员们雷打不动早上 6 点出操,每天 500 次接球、1 000 次棒打,专注训练,全年几乎无休,仅在大年初一下午休息半天。就是凭着全体队员、教练团队不放弃、团结协作的精神,江苏女垒终于在第十届全运会上获得了第六名的成绩,实现了"凤凰涅槃"。这看似并不那么耀眼的"第六名",既挽救了整个队伍,也是她们日后实现飞跃式发展的重要节点,具有里程碑式的意义。

扶摇直上九万里

几年的艰苦奋斗、努力拼搏,终于迎来了这支队伍的飞速发展期。2009年第十一届全运会上第一次登上了领奖台,获得了铜牌;2013年第十二届全运会上首夺冠军;蝉联了 2017 年第十三届和 2021 年第十四届全运会冠军。这支队伍不仅成长为国内顶尖、国际知名的竞技运动队,更是一支凝聚了"奉献、拼搏、坚韧、协同"女垒精神的光荣团队。2013 年,江苏省女垒队被评为"江苏省先进集体"。2021 年江苏省委、省政府出台《关于表彰奖励在奥运会全运会上作出重大贡献的个人的决定》,对在奥运会、全运会上作出重大贡献的个人给予表彰奖励。其中南京工业大学江苏女垒运动员、教练员王兰等 12 人被授予"江苏省体育发展突出贡献个人"称号;4 人记大功奖励。江苏省人力资源和社会保障厅、省体育局印发《关于给予在第十四届全运会上作出重大贡献的集体和个人奖励的决定》,其中南京工业大学江苏女子垒球队集体记大功奖励。

创新驱动发展

众所周知,江苏女垒是"体教融合、省队校办"的典范。区别于有些运动队仅仅在高校"挂名",江苏女垒真正实现了"吃住学训"完全在高校。在宋教练眼里,新颖的"体教结合""省队校办"模式,开启了一条体育与文化教育共同育人的新路。队员们一边训练,一边在大学里学习文化知识,极大增强了对垒球专项技能的理解和认知能力,加快了技能的提升;另一方面,体育不仅只是培养运动员高超的竞技水平,更重要的是塑造进取精神,培养健全人格,而学校通过垒球队和发展垒球文化,丰富了大学校园文化,提升了学校知名度和声誉。

2020年12月,在"体教融合"实践经验的基础上,由中国垒球协会、江苏省体育局、江苏省教育厅和南京工业大学四方共建的中国垒球学院在南京工业大学江浦校区成立。该学院将力争建成以全方位推动中国垒球事业发展为根本任务的国内顶尖、国际一流的垒球专业学院,积极开展深化体教融合的新实践。

图2 中国垒球学院南京工业大学体育学院揭牌仪式

20年来,南京工业大学江苏女垒形成了"奉献、拼搏、坚韧、协同"的南京工业大学江苏女垒精神。学校把以女垒精神为代表的体育精神,融入学校大学精神和人才培养体系中,形成驱动高校体育工作发展的"内源式"动力,构建了课堂教学、课外锻炼、运动竞赛以及校园体育文化相互支撑的多角度、全方位、立体化、全程式的学校体育育人新机制,成为"体教融合"培养竞技体育人才的优秀范本。

(供稿:南京工业大学档案馆)

史海钩沉

杜威和陶行知:跨越太平洋的教育之旅

包乙涵

杜威,美国著名哲学家、教育家;陶行知,被毛主席誉为"人民教育家"。这两位著名教育家之间,有着无比深厚的情谊。

相识于美国哥伦比亚大学

20世纪上半叶,美国哥伦比亚大学教师学院作为美国教育研究的执牛耳者,正吸引着大洋彼岸因国家现代化进程停滞不前而困扰的中国青年们。自1909年庚款留学以来,赴美国哥伦比亚大学的中国留学生逐年递增,陶行知就是其中的一员。于1914年赴美、1915—1917年就读于哥伦比亚大学教师学院的陶行知,在1916年的一封信中就表达了自己对于哥伦比亚大学教师学院的感受:"遍览所有的大学,再次确认还是哥伦比亚大学教师学院对我最合适。"

图1　陶行知(1891—1946)

如愿踏上邮轮的陶行知不会想到,这趟远涉重洋的求学之旅将会成为他人生中"不可或缺的一粒扣子"。他不仅与杜威在哥伦比亚大学校园里结下不解之缘,成为其实用主义学说的忠实信徒与创新者,而且他和这批赴美

125

留学生们,在学成归国后,都不约而同地成为民国教育界主张教育革新的时代弄潮儿,为现代教育体系的西学东渐以及中国教育的"普及化和世俗化"事业发光发热,成为季羡林口中的对中国近代化进程有着永存功绩的报春鸟和普罗米修斯。

尽管置身异域,学业也曾因经费不足而被暂搁下来,但陶行知仍时刻铭记着走之前清华大学校长周诒春对他们留学生的叮嘱,要睁开眼睛,多去"看看美国的社会,看看美国的家庭"。其中,杜威尤为热衷于参与政治活动,其积极投身纽约女子参政演说会、创立美国大学教授联合会和纽约教师联合会等事迹,无疑让来自大洋彼岸的陶行知大大增长了阅历和见识。

杜威不仅在社会活动和政治生活上以"民主"之精神为陶行知树立了表率,亲身演绎了他的"社会哲学与政治哲学",其所倡导的学术理论更是对陶行知产生了深远的影响。作为享誉盛名的实用主义哲学家、教育家,杜威所倡导的"教育即生活""学校即社会""以儿童为中心"等教育思想凭借其"内容精深、适合所需、易于接受"等特点,不仅获得了国际社会的广泛认可,同时也在积极探索着"教育救国"的陶行知心中燃起了火苗,是否能将美国的教育思想与方法在中国的土地上输入与传播,以此来摆脱中国教育的落后状态,甚而解决中国教育与社会生活脱节的难题?

在胡适1916年的留美日记里,有一张照片,是杜威与胡天瀇的合影,注明照片是由陶行知拍摄的,并追记"杜威为近日美洲第一哲学家,其学说之影响及于全国之教育心理美术诸方面者甚大,今为哥伦比亚大学哲学部长;胡陶二君及余皆受学焉"。或许此时杜威也不知道,他眼前的这个年轻人的思想正发生着翻天覆地的变化,同时他万万也不会料到,这个年轻人会在日后成为他学说坚定的追随者、实践者甚而是创新者;其所倡导的教育理论,亦将成为这个年轻人生活教育理论的滥觞与诱因。

相会于南京高等师范学校

在哥伦比亚大学教师学院毕业后,陶行知于1917年回国赴南京高等师范学校任教,并于1919年受聘该校教务主任一职。受杜威先生的影响,教学之余陶行知一边与同仁们积极参加救国运动,并作为南京学界联合会、南京各界联合会筹备会会长,领导了著名的南京五四爱国运动;一边又密切牵挂着这颗被杜威燃起的火种。

1919年3月,得知杜威答应来华的消息,陶行知旋即致函胡适商量接洽事宜,并提议"由北京大学、江苏省教育会、南京高师三个机关各举1名代表负责接洽事宜,而他本人已获南京高师推定担任此职"。同时,他还发表了《介绍杜威先生的教育学说》一文,深入浅出地介绍了杜威的学术主张、学术著作等,并在文尾写道,"等他到了中国之后,我再来介绍大家亲听他的言论",为杜威的中国之行宣传造势。

1919年5月18日,对南京高等师范学校来说是极为值得纪念的一天。南京高等师范学校是获杜威莅临演讲的中国首位高校。在5月18日、19日、21日、24日、25日、26日共6天时间里,杜威在南京高等师范学校先后发表《平民主义之教育》《真正之爱国》等四场演说,并由陶行知等担任翻译。讲学之外,南京高等师范学校学人们还陪同杜威夫妇参观了南京名胜以及南京高等师范学校附属小学、幼稚园等。杜威在写给美国孩子们的家书中,兴致勃勃地记录下当时参观的"旧时的考试大楼(即江南贡院)、孔庙(即南京夫子庙)"以及"据说是中国佛教圣地之一的寺庙(即南京鸡鸣寺)",语气中无不流露出对南京这一具有深厚文化底蕴的六朝古都的赞美和喜爱。

1920年4月,杜威再次南下讲学,南京高等师范学校再次成为首站。在杜威给约翰·J.科斯的信中,他这样回顾起在南京高等师范学校的讲学工作:"我这里讲授的是教育哲学,相当受欢迎。此外,还有希腊哲学与逻辑学史,共8个小时,但中间还包括译的时间,因此,这更像是一堂浓缩精选并加以例证的讲课。"

杜威两次访问南京高等师范学校,不仅推进了南京高等师范学校的现代化教育教学改革,吸引了更多国际知名学者如罗素、孟禄博士等来此讲学,还为其发展为日后的东南学术交流重镇造势助力。此次相会,不仅是陶行知"同杜威理论最持久的一次直接正式接触",更让陶行知深度思索起美国洋教育无法与中国本土教育进一步融合的难题,"我拿杜威先生的道理体验了十几年,但是觉得杜威叙述的过程缺少了思想的母亲——行动环节,像单级电路通不出电流"。

陶行知的平民教育实践

杜威先生的访华之旅让陶行知不仅更加了解杜威先生"要拿平民主义

做教育目的,试验主义做教学方法"的教学主张,更让他心中的火种愈演愈烈。可是,当陶行知满怀期待想要将这颗种子播种在中华大地上时,却发现"中国乡村教育走错了路",他忧心如焚,深知"乡村教育关系三万万六千万人民之幸福! 办得好,能叫农民上天堂;办得不好,能叫农民下地狱"。为此,他定下"人生为一大事来,做一大事去"的志向,毅然决然地离开大学,抛弃了原本舒适的工作环境,脱下了华丽的西装革履,穿上和农民一样的布衣破草鞋,来到南京郊外的乡村,创办了晓庄试验乡村师范学校(后更名为"南京晓庄学校"),意图通过建立新型的乡村学校来带动中国乡村教育建设和乡村的社会化改造,"为中国教育找条生路,为中华民国找条生路"。

图2 陶行知参加晓庄平民教育实践考察

在陶行知及其志士同仁们的不断努力下,南京晓庄学校很快便引起了全国教育界的关注,甚至受到了美国学者克伯屈的赞誉:"我看这个学校,负有特殊的使命,就是要研究用哪种教育,才合乎乡村需要,使能引导乡村,适合现在的变动……如大家肯努力,过一百年以后,大家要回过头来,纪念晓庄! 欣赏晓庄! 这就是教育革命的策源地。"

通过研修《学校与社会》《民本主义与教育》等多本杜威名著而播下的这粒种子,在陶行知用脚所丈量的每一寸乡村土地上生根、发芽。他结合中国教育的实况,对杜威的思想加以发展和扬弃,变杜威的"教育即生活"为"生活即教育",变杜威的"学校即社会"为"社会即学校",以"甘当骆驼"的精神努力践行着平民教育,为中国的乡村教育作出不可磨灭的贡献。

1928年,杜威从苏联考察回国后,亦曾这样称赞道:"陶行知是我的学生,但比我高过千倍。"其实,两人的这份师生情谊,这种在学术思想上惺惺相惜的情缘早就有迹可循。早在 1918 年，陶行知就在《试验主义之教育方法》中对杜威大加赞誉："教育为群学之一种，介乎形而上学、形而下学之间。故其采用试验方法也，较迟于物理、生物诸学。然近二百年来，教育界之进步，何莫非由试验而来?"尽管后来在各刊各报发表、介绍和评论杜威学说的文章数不胜数，但陶行知作为杜氏弟子，所撰写的文章是最早发表且颇中肯的。

在之后战火纷飞、飘忽不定的浮沉岁月里，二人对彼此价值观的认识不断加以深化，交情亦是在这点点滴滴间得以升温与升华。在中国发生了"救国会七君子事件"后，杜威应陶行知的请求，联名爱因斯坦、罗素等世界著名人士，致电蒋介石，敦促蒋本着保障基本人权的精神释放"七君子"；在陶行知给杜威的公开信中，陶行知亦希望杜威号召美国政府停止干涉中国内政等诸多事务。

从学术上的交流到政治生活的相互影响；从教育观念的继承发展，到彼此化身反法西斯、反原子弹斗士与和平使者，共同推动世界的和谐与稳定；从思想观的碰撞交融到世界观、价值观的惺惺相惜……这份横跨大洋的师生情谊就在这段战火纷飞的岁月里结出一朵朵的学术与道德之花，纯粹而无瑕。

费正清评价陶行知是杜威"最具创造力的学生"，"他正视中国的问题，则超越了杜威"。1946 年，陶行知逝世，美国教育界举行陶行知追悼会，杜威任名誉主席，发唁电称"其功绩，其贡献，对于中国之大众教育，无与伦比，我们必须永远纪念并支持其事业"，并在追悼会上发表演讲。

杜威和陶行知这段师生情，不仅承载着学术思想的继承与发展，更是人生观和价值观的向真、向美和向善的完美融合，使得彼此对国家更为热忱、为世界和平事业更加不懈奋斗。就如鲁迅先生所说，能发声的发声，能做事的做事，有一分热，发一分光，就令萤火一般，也可以在黑暗里发一点光，不必等候炬火。

（供稿:南京师范大学档案馆）

吴健雄与胡适的师生情缘

许立莺

　　1912年7月,江苏省立第二女子师范学校在苏州创办,校址设于盘门新桥巷,杨达权任第一任校长。1927年秋,实行大学区制,学校改称第四中山大学区苏州女子中学,内设师范部。1929年秋,大学区制废止,学校改称江苏省立苏州女子中学。1932年秋,师范教育独立设置,学校易名为江苏省立苏州女子师范学校,直到1949年全国解放,与省立苏州师范学校合并,改称江苏省新苏师范学校(现为苏州市职业大学)。

图1　吴健雄出席苏州盘新学友会上海分会成立大会(摄于1982年7月)

　　享誉世界的著名物理学家、曾任美国物理学会首任女主席的吴健雄博士,是新苏师范学校1929届校友,她与胡适先生半个世纪的师生情缘正是始于她在苏州女子中学就读期间。

铁杆粉丝

1923 年,11 岁的吴健雄离开太仓浏河,来到了离家 50 里的苏州。在苏州这个美丽的城市,度过了 6 年求知和成长的岁月。

1923 年,吴健雄参加了江苏省立第二女子师范的入学考试,那年第二女子师范学校采用新学制,录取师范科学生两级 82 人,备取 20 人,中学科学生两级 80 人,备取 20 人①,吴健雄在近千名考生中,"以名列第九的成绩,成为入学 200 人中的一员"。

江苏省立第二女子师范学校(后更名为苏州女子中学)当时是一所相当有名气的学校,在 20 年代教育质量较高,是教育部认定的江苏省教育质量较高的七所学校之一,教育部颁发了奖匾和奖金②。学校经常邀请有名的学者来校演讲。1928 年 2 月 24 日,胡适应陈淑校长的邀请,在苏州女子中学做了一次演讲,演讲的内容是"女学方面"。这时,吴健雄正在苏州女中读高二,胡适的演讲给她带来深刻的影响。其实胡适来校演讲前,吴健雄已经在《新青年》《努力周报》等杂志上看过胡适的文章,她对于这位美国留过学的年轻北大教授非常仰慕。这次胡适在演讲中传达的新思想,令吴健雄眼界大开,成了他的铁杆粉丝,后吴健雄又追随胡适到东吴大学,再次聆听他的演讲。胡适的风度、神采、见解,令少年吴健雄"思绪潮涌,激动不已"。

这次演讲对吴健雄的影响极深,在胡适 1943 年 5 月的日记中提到,曾于 2 月接到吴健雄的信,她写道:"……你的演讲最动人,最有力量。……譬如说,我听到了你那次在苏州女中的演讲,受到的影响很深。后来的升学和出洋,都是从那一点出发的。虽然我是一个毫无成就的人,至少你给我的鼓励,使我满足自己的求知欲,得到人生的真正快乐。"

"100 分"学生

1929 年,吴健雄以优异成绩毕业,被保送入南京的国立中央大学读书。当时规定,师范学校的毕业生得先教书服务一年,才能读大学,所以吴健雄

---

① 参见《记事:本校大事记(十一年十二月起十二年十一月止)》,《江苏省立第二女子师范学校校友会汇刊》,1923 年第 16 期第 1—4 页。

② 引自苏州市职业大学档案馆馆藏《江苏省新苏师范学校校史资料》,据推测编于 1983 年。

不能马上就到中央大学读书。但规定也不太严格,吴健雄便听从父亲吴仲裔的建议进了上海的私立中国公学读书,当时胡适兼任该校校长,亲授一门文化史的课程。

最初,胡适并不认识吴健雄,不过有一次考试,"吴健雄坐在中间最前面,就在胡适面前,考试是三个钟点,吴健雄两个钟头就头一个交了卷",胡适对此印象极深,他"很快地看完卷子,送到教务室去,正巧杨鸿烈、马君武都在,胡适就说,他从来没有看到一个学生,对清朝三百年思想史懂得那么透彻,我给了她一百分。杨鸿烈、马君武二人也同时表示,班上有一个女生总是考一百分,于是三人各自把这个学生的名字写下来,结果拿出来一对,三人写的都是'吴健雄'"。自此,吴健雄与胡适的师生缘开始,吴健雄一直被称为胡适的"100 分"学生。

"电灯泡"

1930 年 9 月,吴健雄进入南京的国立中央大学读书。其间,吴健雄结识了一位特别的朋友——曹诚英。曹诚英是胡适三嫂同父异母的妹妹,比胡适小十岁,与胡适有一段刻骨铭心的感情。曹诚英在中央大学农学院任助教时,与吴健雄相识,她同吴健雄十分投缘,常开玩笑说,自己是吴健雄的外婆。

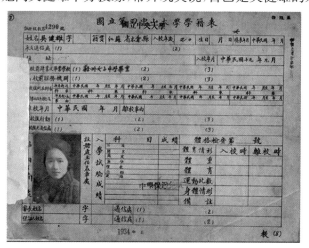

图 2　吴健雄在国立中央大学读书时的学籍表①

---

① 图片源自新浪微博博主历史上的今天 2020 年 2 月 16 日推文,微博地址:https://weibo.com/u/6762280505? is_hot＝1。

"胡适常到中大看望曹诚英,后来得知吴健雄也在中大,又是曹诚英的好友,三人便常常在一起吃饭。胡适和曹诚英毕竟未婚,还不太敢明目张胆,所以约会需要找个'电灯泡',吴健雄因此和胡适更加熟悉。"[1]

最得意的弟子

1936 年,吴健雄在叔父吴琢之的资助下,告别至爱的双亲,远赴大洋彼岸继续求学。吴健雄到达加州大学柏克莱[2]不久,对她十分赏识的恩师胡适也正巧来到柏克莱,他们见面并交谈了很多。第二天,胡适还给吴健雄写了一封长信,他写道:"此次在海外见着你,知道你抱着很大的求学决心,我很高兴。昨夜我们乱谈的话,其中实有经验之谈,值得留意。凡治学问,功力之外,还需要天才。龟兔之喻,是勉励中人以下之语,也是警惕天才之语,有兔子的天才,加上乌龟的功力,定可无敌于一世。仅有功力,可无大过,而未必有大成功。你是很聪明的人,千万珍重自爱,将来成就未可限量。这还不是我要对你说的话。我要对你说的是希望你能利用你的海外住留期间,多留意此邦文物,多读文史的书,多读其他科学,使胸襟阔大,使见解高明。我不是要引诱你'改行'回到文史路上来;我是要你做一个博学的人。"

抗日战争时期,胡适任驻美大使,而吴健雄正在加州大学攻读博士学位,胡适一有时间,总要去看望这位被国内称为"中国居里夫人"的得意弟子;吴健雄也借在美国东岸游历之际,探望自己的老师。胡适对吴健雄有着极深的影响。1957 年,李政道、杨振宁因提出并证明了"宇称不守恒定律"而荣获诺贝尔物理学奖,而证明了这一定律的正是吴健雄设计的 β 衰变实验,对整个物理界产生了极其深远的影响。吴健雄解释自己的成绩时说:"要有勇气去怀疑已成立的学说,进而去求证。就是胡院长说的'大胆地假设,小心地求证'两句话。"吴健雄也曾给胡适写信道:"几星期以前在整理旧物时,翻到我在西部做学生时您给我的信件,有一封是我刚从中国来到西岸后不久时你给我的信。信中对我诱掖奖导,竭尽鼓励,使人铭感。所以我把它翻印出来特地寄奉,不知老师还记得否?我一生受我父亲和您的影响最大……"

---

① 参见张守涛《从"灯泡"到红颜:最杰出华人女科学家吴健雄与胡适的师生情缘》,https://www.sohu.com/a/123906244_509292。

② 因翻译问题,"伯克莱"在其他文章中有另一种叫法"伯克利",后同。

　　而胡适对吴健雄抱有极大的期许,把她看成是"有意栽花"的得意弟子。胡适在给吴健雄的信中写道:"我一生到处撒花种子,即使绝大多数都撒在石头上了,其中有一粒撒在膏腴的土地里,长出了一个吴健雄,我也可以万分欣慰了。"并表示预备日后见到叶圣陶,要告诉他这件事,以报叶圣陶写小说隐射自己演讲"无结果"之"仇",替自己"吐吐气"。

　　1962 年 2 月 24 日,吴健雄与丈夫袁家骝赴台湾参加"中央研究院"院士会议。在会后的酒会,胡适说:"我常向人说,我是一个对物理学一窍不通的人,但我却有两个学生是物理学家:一个是北京大学物理系主任饶毓泰,一个是曾与李政道、杨振宁合作验证'对等律之不可靠性'的吴健雄女士。而吴大猷却是饶毓泰的学生,杨振宁、李政道又是吴大猷的学生。排起行来,饶毓泰、吴健雄是第二代,吴大猷是第三代,杨振宁、李政道是第四代了。中午聚餐时,吴健雄还对吴大猷说:'我高一辈,你该叫我师叔呢!'这一件事,我认为平生最得意,也是最值得自豪的。"在这次酒会上,胡适也许是因为太兴奋了,心脏病突然发作,就在众人眼前,倒地身亡。吴健雄想不到的是,与恩师的这次会面,竟成永诀。

　　至此,胡适和吴健雄的这段长达半个世纪的动人师生情画上了句号,只留默默的缅怀。

(供稿:苏州市职业大学档案馆)

钟楼旧影

钱万里

1901年3月东吴大学开班时,沿用的是博习书院的老校舍,因陋就简暂用,同年11月在取得清政府和美国的捐赠以后,东吴大学堂校方与设计师签订合同并开始动工建设三层大楼的校舍。1903年工程基本完工,大楼外形美观,也很适合教学使用,当时清政府的官绅与外国来华人士看了以后,一致称赞。它南北两面都做成大门式样,东西130英尺,南北63英尺,上下三层,最高处的钟楼有一大自鸣钟(此钟为以前"博习书院"所留,只有一面计时钟),四边的峰墙都用青红两色清水砖砌成,紧要之处都用细石嵌在其中,北面门上装饰极为精妙,来参观的人叹为观止。大楼里面有课堂、藏书室、化学实验室、生理学实验室,大课堂内均光线充足,空气透畅,室内木器均在美国定做,堪称精雅。鉴于林乐知先生在华创办教育以及为筹建本校所作的贡献,故将此处命名为"林堂"。

东吴大学钟楼为周边居民提供计时,当时对面也有一个不敲钟的钟楼,即现在的方塔,方塔为明万历三十三年(1605)长洲县学所建的文星阁(魁星阁),顶有"文星宝阁"铭文铁钟,俗称"方塔"或"钟楼"。

1911年东吴大学的"孙堂"建成以后,将藏书楼、附一中课堂、化学实验室搬迁至"孙堂"。1924年,科学馆——"葛堂"落成,东吴大学课堂调整。林堂(钟楼)作为文科教室所在地,青年会"会所"在正门偏西附楼;门的东面是博物院、生物标本室、矿物标本室。走进长廊以南,会议室、校长室、科长室、校监室、文牍室、书记室、会计室,可以一眼就望见。寄居在西侧门庑下的是理发店和福记书店。扶级而上,有大礼堂、国文教员休息室,有大小不等四个教室。再上一层,又有面积大小不等的四座教室。

1934年,早年毕业于东吴大学法学院的上海同学会副会长陈霆锐博士和他的夫人慷慨捐款,为钟楼重置四面新钟,为了纪念他们故去的儿子明达,为该钟起名为"明达纪念钟"。钟的式样非常美观,四面均镌有格言,东面为"明德新民",南面为"自强不息",西面为"达才成德",北面为"笃学力行"。大家既能看时间,又能感悟励志名言,其用意良深。11月17日,是东吴大学新生开学典礼,以及体育馆、女生宿舍开工典礼,所以钟楼献钟典礼颇为隆重,陈夫人亲自拨动电机鸣钟,陈博士致辞。

抗战胜利以后,1945年11月中旬,东吴大学校务委员会委派钱长本、许安之、孙蕴璞回到苏州考察校舍并准备接收,当时校内仍有数千日军驻扎不肯搬离,经过本地地方军政部门和社会人士的几次交涉,学校在12月1日才先行接收钟楼(林堂)和校门周边的四幢教员宿舍楼。尽管楼已回来,外壳还跟原来的大致一样,但里边已经空无一物了。直到1946年3月底所有的房子才归还学校。

新中国成立后,钟楼经过多次修缮,最大限度地保留了历史面貌。而今钟楼已成为苏州大学校园中的标志性景观。

(供稿:苏州大学档案馆)

从"生物馆"到"中大院"

单　踊

南京城中北极阁南麓有一片为高大的悬铃木所掩映的校园,正是在20世纪初创建的三江师范学堂基础上发展而来的东南大学四牌楼校区。百廿年来,她以典雅又不失神圣的姿态,目睹了学校艰辛创业的坎坷历程,也见证了学校走向辉煌的华彩篇章。

在这座堪称中国高等院校博览园的校园中,矗立着纵贯一世纪以上的各类建筑。其中最具神韵的,无疑是位于校园主轴线北端环中心水池而置、呈三足鼎立之势的大礼堂、图书馆和生物馆核心建筑群。而生物馆(现中大院)则是其中位于大礼堂南侧、与图书馆相对居东而立的一座。翻开校档案馆的相关卷宗可知,该建筑自建成至今,曾经历了"一易其名、两番改扩建、三任大师设计"的过程。

图1　1932年校园核心建筑南向全景旧照

一

1921年6月6日,国立东南大学在南京高等师范学校旧址上正式宣告成立。随后,应郭秉文校长聘请到校兼任校舍建设股股长的之江大学教授、美籍建筑师威尔逊,便开始了校园的新一轮规划。国立东南大学和其后的国立中央大学前期,学校按照新规划构思,先后建成了体育馆(1923年)、图书馆(1924年)、科学馆(1927年)、新教室(1929年)、生物馆(1929年)和大礼堂(1931年)等建筑,其中大多数建筑由中国建筑师负责设计,生物馆设计者就是毕业于法国巴黎建筑专门学校的中国早期建筑师李宗侃。

生物馆初建时为条形的西式建筑,高三层(地下一层),占地约 800 m²,建筑面积约 2 400 m²。该建筑为中走廊式布置:自南面正中的踏步进入大楼门厅后,底层的正北面是大讲堂,走廊南北分别为东侧植物、动物实验室,西侧藏书室、种子室;二层中部北侧是博物馆,东侧南面为动物生理学室及办公室、北面无脊骨动物室及办公室,西侧为南面发生学剖解室及办公室、北面组织学及艺术室和学生实验室;三层为其他实验室及储藏室等;地下层中部设有炉子间。建筑的檐口高度为 13.2 m,屋脊高度约 16.4 m,三角桁架坡屋顶覆以金属屋面。南立面正中的二层高内凹门廊饰以爱奥尼柱式,与中央大道以西的孟芳图书馆相呼应,强化了校园核心区的古典主义氛围。

二

生物馆落成后不久,因地下室积水等原因便予重修,同时对该馆的立面进行了调整。改建工程的设计主持人是时任中央大学建筑系主任的刘福泰先生,早年毕业于美国俄勒冈大学建筑系。1927年第四中山大学成立时,工学院首创了中国大学中的第一个建筑系,首任建筑系主任正是刘福泰先生。

改建工程设计是在原有生物馆的基础上进行的。在不改变该馆基本结构的前提下,平面上加设了中走廊西端北侧的一部楼梯;立面上将原本位于二、三层之间的腰线移至三层顶部,原二层高的凹门廊也随之改为三层高的爱奥尼扶壁柱加三角山花入口。同时在三角山花内饰有线刻的恐龙图案,其下的额枋两端分别饰以木棉花瓣和蝴蝶浮雕。改建后的生物馆在整体形式上与孟芳图书馆入口更相得益彰,史前动植物装饰纹样的介入则更加生动形象地表现了该馆的生物学科特征。

图 2　改建后的生物馆东南向外观

三

新中国成立以后的南京工学院时期,该馆为院行政办公楼。1957 年,学校对该馆进行了扩建。在馆的东西两端各加建了三层的大空间作为图书室、绘图教室等,建筑面积增至 2 948.68 m²。由早年留学美国宾夕法尼亚大学建筑系、时任南京工学院建筑系主任的杨廷宝先生主持方案,建筑系老师徐敦源与江苏省建筑设计院建筑师顾耕良合作完成施工图设计。次年建筑系迁入其内,馆名也改为"中大院"。1981 年,加建了北后楼,增加了建筑物理实验室、大报告厅等 2 700 m²。

2012 年,学校开始对中大院(主楼)进行为期一年的大修。

图 3　扩、加建后的中大院外观现状

建筑系自 1958 年迁入至今,已在中大院度过了半个世纪有余。从南京工学院到东南大学的一代代建筑人朝朝暮暮耕耘于斯,将建筑学科的昔日辉煌不断向前推进:教学上,培养了一批批优秀的毕业生,为全国的建筑院校、设计和科研单位输送了大量的领军人物,其中包括 8 位院士,多位全国建筑设计大师,遍布全国的建筑学院院长、设计院院长和总建筑师;科研创作上,出版了众多高质量的经典学术专著,多项建筑规划设计作品获得国家最高奖项。

2003 年成立建筑学院以来,东南大学建筑类学科继续以服务于国家建设和人民福祉为己任,崇尚知识诚笃、理性思辨、学术创新、实践引领,形成了东南学派"做无空谈、融合不疆、批判前行、传承创新"的立场追求。

尽管建筑学院的规模较入驻时的 1958 年有了数倍的增长,但中大院仍是建筑学院重要部门之所在,门前广场也成为建筑学院重大活动和仪式的首选场所、来访宾客和回系校友们必不可少的合影之地。其端庄典雅的入口门廊已然成为建筑学人们心目中不可替代的母系象征,其山花及柱廊形象也成为建筑学院院徽和各类平面媒体、文创纪念品中不可或缺的构成元素。

(供稿:东南大学档案馆、建筑学院)

拉贝故居的前世今生

杨善友　郁　青

1996 年 12 月 12 日,约翰·拉贝的外孙女莱因哈特在美国纽约向各国记者展示了她的外祖父——约翰·拉贝于南京大屠杀期间所撰写的战时日记,沉寂了半个多世纪的《拉贝日记》重见天日,在世界范围内引起了轰动。约翰·拉贝,这位在南京大屠杀期间担任国际安全区委员会主席兼南京"执行市长"的"活菩萨",也重新回到公众的视野。

小桃园 10 号

约翰·拉贝,1882 年 11 月 23 日出生于德国汉堡。1908 年,拉贝来到中国北京经商,先后在德国西门子驻北京、天津办事处担任要职。1930 年,公司派遣他到当时的首都南京开辟业务。1931 年 11 月 2 日,拉贝抵达南京,暂时居住在下关。1932 年夏天,拉贝与金陵大学农学院院长谢家声签订了一份协议,根据协

图 1　约翰·拉贝与助手韩湘琳
在拉贝故居前的合影

议,在金陵大学校园里建造一座房屋出租给拉贝。拉贝的庭院内有新式楼房 1 幢(13 间),有新式平房 3 幢(15 间),靠南院墙还有车库、小房 2 间。房屋主要为砖木结构,占地面积 1 905 m²,其中,建筑占地总面积约 490 m²(主楼145.54 m²,主楼后平房123 m²,德语学校128.6 m²,学校后平房52 m²,车库31.75 m²,小房9 m²)。

房屋是一幢西式花园别墅,为木制两层小楼加一个阁楼。一楼是会客

厅和餐厅,厅内建有壁炉,二楼是书房、卧室和浴室,小楼用作拉贝的居所,而旁边的附楼,则作为西门子驻南京的办公地点。这是一座美丽的西式砖木结构的楼房,粉色的墙,黑色的瓦,花园中绿草成茵,花木成行。阳光透过升降式的大窗户,一直照射到一楼宽敞的客厅中,客厅的墙上挂满了他年轻时在南非的森林中猎获的兽角、鸟类和漂亮的动物皮毛。寒冷的冬天,拉贝常常和亲友们在这里围着壁炉谈天说地。

西门子难民收容所

1937 年 11 月,为了尽量减少战争给平民造成的伤害,金陵大学校董会董事长杭立武提议在南京设立难民区,拉贝是德国国家社会主义工人党的党员且有职务,被推选为南京安全区国际委员会主席。安全区占地 3.86 km²,包括金陵大学、金陵女子文理学院等。安全区内非军事化,设立 25 个难民收容所,拉贝的住宅是其中之一,史称"西门子难民收容所"。

惨绝人寰的大屠杀随即拉开了血腥的序幕。日军在南京城内肆意烧杀掠夺,暴行每天都在升级,安全区内并不一定安全,包括拉贝的住宅,据助手韩湘琳统计,最多的时候,在拉贝的办公室和院子里投宿的人一共有 602 名(302 名男子,300 名妇女,其中有 126 名 10 岁以下的儿童,有 1 个婴儿仅 2 个月)。这个统计数字还不包括公司的 14 名职员、杂工和他们的家人,这样算起来总数约有 650 人。日军频频骚扰,他们常以搜查中国军人为名进入安全区,拉贝不得不经常守在家中保护难民。

拉贝日记诞生地

拉贝在这座曾经温馨而雅致的西式小楼里,留下了大量的记载日军暴行的手稿。拉贝在亲眼目击惨无人道的南京大屠杀后,他的良心和愤怒促使他偷偷作下了详细的笔录,真实地记录了侵华日军在南京犯下的一桩桩令人发指的暴行。拉贝从 1937 年 9 月 19 日在这里开始了他的"战时日记",直至翌年 2 月 26 日。日军在南京每一种类型的罪恶——集体屠杀、砍头、活埋、水淹、火烧、奸杀等几乎都可以在他的日记里找到对应的案例。拉贝回国后,自 1941 年开始,花了一年多时间,誊清了自己 1937 至 1938 年在南京的全部日记,共计 2 100 多页,记载了南京大屠杀的 500 多个案例。

拉贝日记是近年来发现的研究南京大屠杀事件中数量最多、保存最为完整的史料。拉贝的祖国在二战中是日本的盟国,作为纳粹党员,他的记述具有真实性、客观性、严谨性。它不仅揭示了侵华日军的血腥与残暴,也记录了正义之士的无私与善良。它是拉贝留给后人的宝贵财富。

广州路小粉桥 1 号

1950 年拉贝去世,随着时间的流逝,拉贝的名字很少被提及,小桃园 10 号(现今的小粉桥 1 号)更是淹没在历史的长河里,半个多世纪以来,无人知晓它曾经有过的惊心动魄,拉贝故居似乎从人们的记忆中消失了。

其实,这座默默承载着人类厚重历史的建筑从来就没有真正地离开过人们的生活。1938 年拉贝离开南京后,其租住的房子自然归还金陵大学农学院院长谢家声。1947 年 4 月谢家声赴美,其妻汤硕彦书面委托教友任文瑛代管,最先出租给美国基督教宣教会;1949 年,又出租给华昌木行;1952 年 4 月,任文瑛交南京市房地产管理局代管,曾由市建筑公司使用,后转交南京大学代管。1952 年,院系大调整后,此房产闲置多年,直到 1958 年重新修缮后,作为南京大学的教职工住宅,一直得到很好的保护。副校长孙叔平、地质系主任张祖还等都曾在这里居住过。

修缮拉贝故居,建立纪念馆

正是拉贝故居这段不平凡的历史成就了它的不朽。为了永久纪念拉贝这位和平的勇士,自 2004 年开始,南京大学对拉贝故居进行清理与保护,人们一致认为,对于这位曾救下成千上万中国人的老朋友,这位具有特殊历史意义的人物,我们有责任和义务把他的故居保护好。2006 年 10 月 31 日,南

图 2 拉贝纪念馆

京大学拉贝与国际安全区纪念馆正式对外开放。静静矗立的拉贝纪念馆仿佛是和平的象征,关于和平的话题和研究也将一直深入下去。让我们在和平的阳光下充分享受和平,也让我们在对和平的思考中感受和平的责任。

现在,拉贝故居已成为全国重点文物保护单位、国家级抗战纪念遗址、世界文学之都地标。

(供稿:南京大学档案馆)

璀璨珍珠　缘起《大地》

夏嘉琪

南京大学鼓楼校区西南角有一座灰瓦红窗的三层洋楼，它是美国著名女作家赛珍珠女士的故居。进入到二楼书籍展厅，一本封面略有残缺的书籍赫然映入眼帘，微微泛黄的纸页散发着淡淡的油墨味，边缘微微卷翘着，透露出它的久经沧桑。透过微微模糊的油印字迹，得见它的书名——*The Good Earth*（《大地》）。

1892 年 6 月 26 日，一名女婴在美国呱呱落地。她的皮肤犹如刚刚褪去蚌壳的珍珠，熠熠生辉，甚是好看。

出生仅仅几个月，她就被身为传教士的父母带到了和祖国远隔千里的中国大地。此后，她与这片大地同呼吸、共命运。

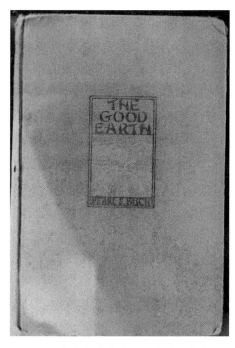

图 1　现南京大学赛珍珠纪念馆内藏书
The Good Earth（《大地》）

多年后，她站在举世瞩目的诺贝尔文学奖领奖台上饱含深情地说道："我考虑今天要讲些什么时，觉得不讲中国就是错误。我属于美国，但恰恰是中国小说而不是美国小说决定了我在写作上的成就。我最早的小说知识，关于怎样叙述故事和怎样写故事，都是在中国学到的。今天不承认这点，在我来说就是忘恩负义。"

这位对中国饱含感激之情的女士就是美国历史上第一位获得诺贝尔文学奖的女作家、著名人道主义者——赛珍珠。

1917 年，赛珍珠随同丈夫与时任金陵大学农学院教授的卜凯奔走于安徽北部农村进行农业调查，他们天天与"面朝黄土背朝天"的农民打交道，最直观也最真实地感受到了封闭的底层农民生活。在这里，赛珍珠亲历了饥荒、战乱、封建陋习……通过与朴实农民不断的接触与交流，她认识到他们生活的不易与艰辛。1919 年，她随丈夫一起来到金陵大学（现南京大学）开始了她的写作

图 2　赛珍珠（1892—1973）

生涯，正是那段亲身经历，使她撰写出了被誉为"中国农民生活史诗"的长篇小说《大地》。

在写这本小说时，她对于西方国家丑化、歪曲中国形象的做法甚是愤怒。"我不喜欢那些把中国人写得奇异而荒诞的著作，我最大的愿望就是要使这个民族在我的书中如同他们自己原来一样合理正确地出现。"她在住处的阁楼上不断思考，把自己看到的、听到的、感受到的最真实的中国展现了出来。

凭借《大地》，她荣获了 1932 年的普利策奖，更于 1938 年以"她对于中国农民生活的丰富和真正史诗气概的描述，以及她自传性的杰作"荣获了诺贝尔文学奖，成为历史上第一位获此殊荣的女作家。

《大地》主要围绕着王龙一家和土地的故事展开，文字自然、真实、毫不矫揉造作，使底层农民的真实生活跃然纸上。初始时王龙只是一位节衣缩食的普通农民，娶了地主家的丫鬟阿兰为妻。他们默默地辛勤劳作，即使生活贫困也丝毫没有压垮他们对于自己土地的热爱；纵使饥荒、战乱，举家迁移，仍要回归到生长的土地上去。当有人想趁饥荒低价收购他们的土地时，

王龙用他这辈子从未有过的愤怒喊道:"我要把地一点一点挖起来,把泥土喂给孩子们吃,他们死了以后,我要把他们埋在地里,还有我、我老婆和我的老爹,都宁愿死在这块生养我们的地上!"正是这块土地,孕育了王龙吃苦耐劳、尊老爱幼的良好品质。当然小说也并没有把王龙和阿兰塑造成完美无缺的人物,人的七情六欲被赛珍珠展现于小说之中,逃荒时偶然的暴富,使王龙开始贪图享乐,不仅娶了小妾,还冷落了发妻阿兰。待阿兰病故,他悲痛之余也认识到了内心真正的渴求,重新回归到了他热爱的土地上。

《大地》没有刻意去营造完美的世界,它只是将赛珍珠的亲身经历通过小说的形式描绘了出来。除了塑造了王龙和阿兰两位传统、朴实的中国农民形象,赛珍珠还多次对中国的民俗进行了描写与刻画。民俗是民族文化的一部分,在长期生活实践和社会生活中逐渐形成并世代相传,是民族意志的体现。她通过对民俗的描写向西方国家展示了一个民族的文化和精神,也抨击了西方国家对中国传统文化的贬低与偏见。

《大地》的诞生对消除种族偏见和改变中国历史形象起到了积极的促进作用。正因为这部小说的内容,改变了整整一代西方人印象中扭曲的中国形象,从而让他们看到了一个勤劳、值得尊重、令人钦佩的全新中国形象。尼克松总统称她为"沟通东西方文明的人桥"。周恩来总理称赞,"赛珍珠是著名的小说家,是最了解中国的美国人,对中国人民怀有深厚感情,在抗日战争方面,她同情中国,是中国人民的朋友"。

1937年《大地》被著名的米高梅影视公司搬上了荧屏。在拍摄《大地》时,赛珍珠曾多次亲临现场进行指导,把最真实的中国形象呈现于观众眼前。

可以说,正是中国大地,让赛珍珠的文学天赋得到了施展的空间,使她由一位默默无闻的教授夫人,成为人人称羡的"中国通",也让对中国文化有着浓厚兴趣的外国友人来到中国。《西行漫记》的作者埃德加·斯诺的夫人就是其中之一。

为了纪念《大地》对中西方文化的促进和发展,南京大学于2012年5月19日110周年校庆、赛珍珠120周年诞辰之际,将其故居建设为赛珍珠纪念馆。2021年10月28日,因为《大地》的文学成就和国际影响力,南京大学赛珍珠纪念馆正式挂牌"世界文学之都地标网络",成为南京首批入选的"文都地标"。

图3 南京大学鼓楼校区赛珍珠纪念馆

1973年3月6日,赛珍珠饱含着对中国的眷恋与不舍溘然长逝。她的墓碑上仅刻有篆体的"赛珍珠"三个字。她虽已逝去,但她的作品仍保留在南京大学鼓楼校区赛珍珠纪念馆内,继续守护着她眷恋的中国大地。

(供稿:南京大学档案馆)

国际大法官倪征日奥与东京审判

王凝萱

在法学教育史研究界，历来就有"北朝阳、南东吴"的说法。"北朝阳"是指北京的"朝阳大学"；"南东吴"则是指当时迁至上海的东吴大学法学院。东吴大学法学院采用的是英美法教育，法科自成立伊始便先后聘请了美国驻华法院院长罗炳吉、工部局督办费信惇以及美国驻华审判厅法官、驻华律师等用英语授课，以英美法律课程为主，课程内容也是英美案例，同时经常邀请美英法律人士到校开讲座，培养了一批熟悉英美法系的法律人才。

中国第一任国际法庭大法官倪征日奥就毕业于东吴大学法学院，毕业之后留学美国斯坦福大学，获得法学博士学位，并受聘为约翰霍普金斯大学荣誉研究员。回国后在大学教授法律课程，兼做律师。说起他一生的成就，就不能不提在抗战胜利后赴远东国际军事法庭参加对二次大战中的日本主要战犯的审判。

1945 年 8 月 15 日，日本无条件投降，随即美军第 8 军对日本实施军事占领。驻日盟军总部最高统帅麦克阿瑟将军发布命令立刻逮捕了包括东条英机在内的 118 名日本前军政领导人，他们全部被关进了东京巢鸭监狱。12 月 16 日，苏联、美国、英国在莫斯科举行会议，决定组成由美国、中国、英国、苏联、法国、澳大利亚、加拿大等 11 个战胜国共同参加的远东国际军事法庭，审判日本首要战犯。

东京大审判，在许多人心目中似乎就是胜利者惩罚失败者，而且日本侵略者在中国犯下的罪行也是众所周知的，一切都是铁一般的事实。然而，当中国提出主要的控诉事实时，美国辩护律师利用英美法诉讼程序的特点，多方进行阻挠刁难,使中国检察方面工作处于很不利的地位。偏偏从程序和法理上而言,美国辩护律师的主张都极为合理,可谓滴水不漏。当时国民党政府军政部次长秦德纯到庭作证时,由于不熟悉英美法,更不知道怎样的证言才是有理有节可以被采纳的,于是他说日军"到处杀人放火,无所不为",被斥为空言无据,几乎被轰下证人台。

东京审判的第一阶段,对头号战犯东条英机、对制造南京大屠杀的日军统帅松井石根处以极刑,已成为定局。然而对策划"九一八"事件、制造"满洲国"等傀儡组织的板垣征四郎,以及到处进行特务活动,罪行累累,国内几乎人尽皆知的土肥原贤二,则尚缺乏符合上面所述"证据法则"的确切证据。若不对这两人处以极刑,受尽苦难的中国人民是万万不能接受的。因此,向哲浚回国,并提请国民党政府立即增员支援。找遍国内,只有东吴大学法学院是英美法教育,于是来自东吴大学法学院的倪征日奥、鄂森和桂裕加入了检察官队伍。

为了能迅速获得战犯罪行的证据,倪征日奥、鄂森等人几次上北平调查,历经重重困难取证结束之后,倪征日奥等返回东京,又通过中国驻日军事代表团,在盟军总部支持下进入已被封闭的日本前陆军省档案库,寻找日军的罪证。经过一段时间的昼夜奋斗,获得了不少有用的文件。

在东京审判最后阶段,土肥原贤二个人辩护从 9 月 16 日起进行。土肥原贤二提出的第一个证人是他任关东军特务机关长时的新闻课长爱泽诚,其供词大意是说沈阳特务机关仅负责采集新闻情报,他并不知道什么秘密行动,并称土肥原贤二为人忠厚坦白等等。倪征日奥克制着内心的愤怒,他知道在法庭上任何的冲动都没有好处,只有冷静的质问和辩驳才能将恶人定罪,于是他指出土肥原贤二曾于 1935 年阴谋发动政治军事攻势,想在平津组织"华北五省自治",当时外国报纸均有报道,爱泽诚作为特务机关新闻课长,向上级报告外国报纸报道此事的文件就是由他签署的,怎可说一无所知,又怎能推脱干净? 因为关于这份报告证据充足,爱泽诚当时无法否认,只得垂头丧气地认输。

倪征日奥乘胜追击,提出一份关东军的《奉天特务机关报》,该报告首页盖有土肥原贤二的名章,其中一页载有"华南人士闻土肥原和板垣之名,有谈虎色变之慨"等语。爱泽诚见铁证如山,只得俯首无语,默认一切。可没想到土肥原贤二的美籍辩护律师华伦指出谈虎色变说的是老虎的事情,和土肥原贤二无关。会场上的全员听完倪征日奥的解释后,几乎哄堂大笑起来,华伦荒唐的辩解不过在彰显他的无知而已,尴尬的他只能闭口无语地回到律师席。

1948年11月12日,法庭宣读判决,受审的25名被告中7名被判死刑,土肥原贤二、板垣征四郎就在其中。1948年12月23日凌晨,战犯们在东京郊外被执行绞刑,尸体随后被烧成骨灰,撒于荒野。

东京审判结束,远东国际法庭法官梅汝璈、检察官向哲浚、检察官顾问倪征日奥等人成了民族英雄,正因为有了他们长时间的努力和精心的部署,才能在最后关头将无恶不作的土肥原贤二等定罪。

新中国成立后,倪征日奥调到外交部条约法律司任法律顾问。1971年,中华人民共和国重返联合国后,他多次作为代表出席国际海洋法大会,1981年他当选为联合国国际法委员会委员,1984年当选为新中国第一任国际法庭大法官。2006年10月27日,阳光似金,这一天苏州大学格外热闹,在钟楼前的草坪上聚集不少人,在这略显嘈杂的氛围中,矗立在法学院大楼前的一座铜像沉默而静谧。很快铜像的揭幕仪式即将举行,这正是为了纪念倪征日奥100周年诞辰。铜像无言,记录的是波澜壮阔的岁月,象征的是永不磨灭的丰碑。

图1 东京审判现场(一)

图2 东京审判现场(二)

(供稿:苏州大学档案馆)

"交替教学法"背后的故事

陈思佳

　　说起由崑这个名字,南京中医药大学的学子们并不陌生,但由其独创的交替教学法背后的故事却随着时间的推移而隐入尘封的档案,消失在大众视野中。这两张黑白照片中记录的是建校初期师生围桌而坐、集体备课的场景,也是师生携手艰苦创业、白手起家的真实写照。

图1　老师和学生集体备课

　　江苏省是中医人才荟萃之地,依托长期以来师徒相授的方式,造就了无数名医,历来在中医学的发展中占有一席之地。自近代起,就有一些有志之士屡次尝试创办中医学校,但大多因为私人办学,经费来源困难,教学力量有限,而饱受摧折,最终无可避免地走向消亡。同时,受各种错误思想影响,部分人认为应当"消除中医",全国各地中医跟风进修西医课程,考试也俱是西医内容,这显然对中医的发展是不利的。因此,到新中国成立初期,中医发展已经处于困境之中,百废待兴。形势在1954年发生了扭转。在毛主席的指示下,全国掀起了一股"振兴中医药"的热潮。为了更好地继承和发扬祖国医学遗产,江苏省卫生厅根据 1954 年 7 月全省中医座谈会的提议和上级指示,决定于同年 11 月筹建江苏省中医进修学校,并于次年 3 月正式开学。尽管有来自省政府的支持,但关于"老师上什么课、如何上课"的问题都没有具体方案,一切只能在摸索中前行。

首先是师资问题。早期中医人才凋零,有能力从事教学工作的中医更是寥寥无几,办学初期很难物色到符合要求的中医师资。学校建校之初,聘请了几位省内名老中医来校担任教职。这些教师虽为名老中医,有较高的学术水平和丰富的临床经验,但过去没有讲过课,缺乏教学经验,不善于用现代语言、结合中医理论,生动地将所知表达出来。有的又不能虚心接受意见,改进教学方法,师资力量薄弱,远远不能满足办学需要。

其次是教材问题。1955 年第一期中医进修班开学时,全国还找不到一本符合高等中医教育要求的正规教材。而校内只能暂时使用任课老师编写的临时讲义应急。当时来自全国各地的学员,不少进校前都是当地有声望、开业 5 年以上的中医。对于使用教材中所涉及的内容,如中西结合、专科衔接等方面,一些学员持有不同观点,课堂上争论激烈,常常出现课上不下去的情况。

面对上述困境,必须创造一套新型的中医教育模式。此时,军人出身的由崑正好被江苏省政府任命为学校副校长,他结合自身经验,灵活运用毛泽东同志提出的官教兵、兵教官的练兵方法,首创"交替教学法"。所谓"交替教学法",就是根据不同的课程,师生们自发组成教研小组,每组由一名教师负责领导。学员们学完课程后,对老师的教学内容、方法、教态、板书等进行评价,指出优缺点,对课程教学有初步的认识,然后在专业老师的指导下,分工修订讲义、备课试讲。学校的要求很严格,要反复试讲,相互听课和点评,达到授课要求后才能正式走上讲台。通过不断的课堂观摩和实境演练,学员们基本具备课程教学能力,学校便安排他们为下届学员讲授课程,以老带新,同时展开另一轮次的评教活动。如此循环往复,在培养学员的同时,也培养了师资。在此期间,一些学员在由崑的动员下也参与编写教材。那时,这样的场景很常见:老师们一边备课,一边编写相关教学资料,而学生们同样一边上课学习,一边在备课试教的基础上,为低年级的同学授课。这种师生之间、学生之间角色互换、相互为师的"交替教学法",犹如一阵及时雨,有效解决了当时师资薄弱、教材短缺等现实难题。得益于此,很多学生毕业后选择继续留校任教,进而从根本上解决了师资问题。除了为本校培养师资,学校还抽调师资支援兄弟学院,输送了董建华、程莘农等一批师资和部分毕业学员到北京、河北等地任教,同时受卫生部委托举办了两期中医教学研究班。截至1958年,学校为全国培养的学员已达583人。

此后,在党和政府的关怀下,全校师生编教材、写大纲,克服重重困难、勤俭办学,迅速确定了学校的办学方针、教学目标和人才培养模式,建立了稳定的教学队伍,制定了校规校纪,相继开办了各类进修班、师资班、教学研究班、西医离职学习研究班等,谱写了新中国高等中医教育史上许多个令人瞩目的"第一":编撰了第一套中医教材,制定了第一版教学大纲,培养输送了第一批师资,为新中国高等中医药教育模式的确立和推广作出了开创性贡献,学校因此被誉为"高等中医药教育的摇篮"。

时光荏苒,艰苦的岁月已经远去,这段历史却不能遗忘。他们不畏艰难、不断奋进的创业精神将透过档案代代相传。

(供稿:南京中医药大学档案馆)

别具一格的南农教学楼

张　鲲　黄　洋　孙海燕

南京农业大学（简称"南农"）卫岗校区有一座颇具民族韵味的教学楼，这是出自"打造半座南京城"，被誉为"近现代中国建筑第一人""中国建筑四杰之一"，和梁思成并称"南杨北梁"的原南京工学院副院长杨廷宝院士之手。这座1954年建成的教学楼是原华东航空学院（现西北工业大学）西迁西安后，1958年南京农学院迁址这里

图1　南农教学楼被列为
"南京重要近现代建筑"

办学，由此演变成南京农业大学标志性建筑。它不仅是我国建筑史上的重要代表作，也是我国建筑学教科书，2009年被列为"南京重要近现代建筑"。

档案承载历史，档案延续文明。翻开一张张陈旧的档案照片和泛黄的建筑图纸，一个个精彩瞬间都铭记着百年坚守"诚朴勤仁"的南农精神。让我们走进历史，寻觅70载悠悠主楼承载的记忆。

彰显典雅之风

主楼建筑风格独特，四层砖混结构，青砖绿瓦，飞檐翘角，没有采用中国传统建筑的对称形式，但又让人感到整体的平衡之美。主楼背依紫金山，西

临明城墙,直视下马坊,与举世闻名的中山陵遥相呼应。主楼主体北侧中央为精美的正方形塔楼,十字脊顶,四周仰望,塔顶杆上的红星在阳光下熠熠生辉,夜晚闪亮的红星与屋脊的灯光遥相辉映,在寂静的校园显得格外庄重。主楼平视宛如一艘正在航行的轮船,俯视恰如一架翱翔蓝天的飞机,朱红色的大门、灰色的墙体,绿瓦覆顶,装饰简洁大方,整体风格与幽静清雅的环境和谐统一,古朴典雅,刻画出学校浓郁的文化气息。

图2　20世纪80年代的南农教学楼

主楼南门前有两尊威风凛凛的石狮子,呈生动的西洋风格造型,作仰天怒吼状,其来源众说纷纭,传说是北京圆明园流落到国立中央大学农学院丁家桥校区的,两只狮子的尾巴都已在"文革"期间被折断。1958年的主楼老照片"教育与劳动生产相结合展览会"条幅下,没有石狮。石狮到底哪里来的,恐怕要追溯到1910年清政府在南京举办的南洋劝业博览会……

见证历史变迁

历经沧桑的主楼,见证了新中国成立后南京农业大学曲折的发展历程。

南京农学院迁入卫岗时主楼周围仅有两幢灰色砖墙的实验楼和三幢学生宿舍楼。为改变校园环境,师生们利用课余时间,男挑女抬,平整道路,挖洞栽树,改造试验田,搭建简易畜舍……正是在这样艰苦的环境中,南京农学院培养了一大批杰出人才。

"文革"期间,主楼周围刚长成的许多树木被砍,大量仪器设备和图书资料毁于一旦,成为南农历史上不可抹去的伤痕。1972年,南京农学院并入江苏农学院迁至扬州,主楼易主成为中共江苏省委党校的教学楼,在省委党校的校史展览中,依然保存着主楼的照片。

1979年,在南京农学院教授和首任院长金善宝院士的积极争取下,邓小平亲自批示恢复南京农学院并于原址办学。复校后,因校园被不同单位占用,教学实验和图书资料等全部集中在主楼,条件极其艰苦。为满足师生正常的教学、科研和生活需要,学校在主楼周围搭建大批临时棚屋,解决了办学困境。

1984年,学校更名为"南京农业大学",并陆续收回了部分土地和建筑。经过几次维修和整治,主楼内外环境得到改善,现代化教学设备和多媒体教学手段取代了传统的板书,办学空间得到拓展,逐步拆除了主楼周围临时棚舍。

20世纪90年代后,主楼见证了学校的快速发展、历史转折和辉煌成就。构造特色鲜明的主楼,深深影响了校园建筑形式,营造了独特的文化特质。校园规划布局以主楼为核心,相继建成教学楼、教四楼、生命科学楼、理科楼、图书馆南楼、逸夫楼等,均由杨廷宝大师的学生、东南大学教授齐康院士主持设计,延续了主楼灰砖绿檐的中西合璧式样的建筑风格。

1998年,学校进入国家"211工程"重点建设行列,并成为全国首批设置研究生院的高校之一。2000年,学校独立建制划转教育部直属管理。2012年,学校举行盛大的110周年校庆活动,确立"1335"发展规划和早日实现农业特色世界一流大学的目标;学校进入国家"双一流"建设行列,第四轮学科评估取得4个A+和7个A的优异成绩。

凸显文化价值

主楼是学子们启迪思绪、凝结思考、承载希望、放飞梦想的殿堂,是南农人永远的共同记忆。在这里,来自海内外的学生聆听名师大家的教诲,传承"诚朴勤仁"的精神传统,激情豪迈地演绎青春之歌。

主楼是南京农业大学的文化符号。以主楼作为背景创作的各种文创产品,作为赠送礼品走向全球。它是学校的重要文化活动场所,也是各种国际、国内学术活动的最佳景观。这里每年都会举办纪念"一二·九"运动、五四运动,迎新联欢会,读书嘉年华活动,放飞和平鸽等文化活动。许多影视剧如国庆献礼大片《决战南京》《国家机密》等多部电视剧,都曾来这里取景。

　　青葱岁月弹指过,似水流年相忘难。青砖绿瓦,在岁月的轻抚中留下印记;古朴的墙檐,承载着质朴和勤奋;老式的窗扉,放飞着梦想和希望;四季鲜花环抱,绿树成荫;夜幕降临,环绕四周的彩色荧光和教室里透射的灯光,照射着师生们匆忙的脚步……岁月流转,主楼历尽风雨却美丽如故,这座古朴大气的建筑,是南农人继往开来、傲骨铮铮,在时代的舞台中砥砺前行的源泉。

　　为了让这座独具风格的民国建筑成为永远值得记忆的景观,学校决定在新校区按图索骥复制主楼建筑,让未来的学子们了解学校辉煌的历史,弘扬"诚朴勤仁"的优秀校风,让广大校友来到新校区有亲近感,回忆曾经的梦想和美好的大学时光。

（供稿：南京农业大学档案馆）

《中医学概论》诞生记

种金成

19世纪50年代，南京中医药大学建校初期，由我校负责编写的三部具有奠基性意义的教材《中医学概论》《中药学概论》和《针灸学》，被当时的《新华日报》盛赞为放出的三颗"卫星"，成为之后我国中医药院校高等教育教材编写的蓝本，尤其是《中医学概论》，还被翻译成多国文字在国外发行。

1955年3月，当江苏省中医进修学校（南京中医药大学建校初期校名）第一期中医进修班开学时，全国还找不到一本符合高等中医教育要求的正规教材，只能采用任课老师编写的临时讲义进行授课。如何编写出适合中医高等教育的系统教材，在当时可谓是困难重

图1　《中药学概论》《中医学概论》
和《针灸学》第一版教材

重，既无可供参考的前人蓝本借鉴，也缺少有经验的编写人员。鉴于这种情况，当时的校领导开始策划并组织专家编写教材。时任江苏省卫生厅厅长的吕炳奎对此十分关心，多次询问教材编写情况，在他调任国家卫生部中医司司长后，再次提出由江苏省中医学校来完成高等中医教育教材编写任务。在《中医学概论》的编写过程中，我校由崑副校长作出了不懈的努力和巨大的贡献。该书的统稿人之一、已故首届国医大师王绵之曾追忆当时的情景：

"隆冬时节,我们挑灯夜战撰写书稿时,由崑副校长亲自为我们生炉取暖,递茶送水。晚上9点钟,还指示炊事长送来热气腾腾的宵夜。"由崑副校长当初为解决教材编写困境想出了一个办法,就是全面发动师生,尤其是放手让进修班的学员们边学边干,他们在课余时间收集相关资料,讨论纲目,分工编写,并在课堂教学中试用,后经过多次易稿,最后汇编成中医系统教材《中医学概论》,此书于1958年8月由人民卫生出版社正式出版。由崑副校长在建校初期"一穷二白"的情况下,在缺少专业教员、缺乏经费的困难情况下,圆满完成了教材编写任务,同时还团结和带领全校师生员工,在师资培养、教学内容与方法的改革、中医成人教育、全面提高基层中医队伍素质等方面作出了突出贡献,在教学中发扬军队官教兵、兵教官、兵教兵的群策群力的教学方法,首创了"交替教学法"经验,取得了显著成效。于1959年制订的中医教学计划,被确定为全国中医教育的第一部教学计划。在他主管教学期间,为全国培养、选拔、输送了第一批中医教育师资,为我国中医教育事业的发展奠定了基础。

《中医学概论》的出版,堪称组织编写中医教材的经典之作。在新中国中医药高等教育刚刚起步,没有任何正规教材可供参考的情况下,由崑同志带领师生克服困难主持编写的《中医学概论》完成第一稿50万字仅仅用了7天时间。此后,经过近一年的反复修改后正式用于教学,第一次就发行了40万册。《健康报》曾高度评价:"《中医学概论》从理论到实际概括了中医学术的全貌,贯彻了中医整体思想,在指导临床实际上突出地显示出理论的指导作用。克服了古今各家的偏见,把读者引导到学习中医的正确方向上。"正是由于《中医学概论》构建了现代中医学的知识体系和理论体系,一经出版,即被卫生部指定为全国西医学习中医的指定教材和中医院校的参考教材。

自1955年底到1958年的短短三年时间里,在我国中医药高等教育刚刚起步之际,由我校定稿和出版的各种中医教材累计28种,约740万字,这些教材尤其是《中医学概论》对之后全国中医药高等教育统编教材的编写起到了"奠基石"的作用。

（供稿：南京中医药大学档案馆）

风展红旗如画

——南京长江大桥桥头堡的设计与建造

肖太桃

2018 年 12 月 29 日,南京长江大桥历经 26 个月的封闭维修后,终于恢复通车了。它再次引发了世人对它的关注。追寻它的往事,讲述它的故事,再次占据了许多报章和新媒体的版面,而原本深藏在档案馆中的那些大桥"创生记忆",也将我们带回长江大桥建设的峥嵘岁月。

南京长江大桥是继武汉长江大桥之后自行设计建造的第一座跨越长江下游的公铁两用特大城市桥梁,其建设工作的艰巨与复杂,不仅在国内首屈一指,在国际上也极为罕见。国务院对桥梁整个形象的桥头建筑艺术造型提出了很高的设计要求:一方面要体现雄伟壮丽的外貌,把正桥与很

图 1 钟训正为桥头堡设计的三面红旗方案样稿

长的引桥恰当地衔接起来,起到美观协调的作用;另一方面还须有崭新的时代特征,显示出勤劳勇敢的中国人民在飞跃前进中的豪迈气概。

桥头堡的设计从 1958 年开始。最初的设计方案与武汉长江大桥相近,没有达到设计的初衷。于是由大桥局主持,举办了全国范围的桥头堡设计竞赛,引起了全国人民的广泛关注,各大高校、各省市的设计院纷纷参与角逐。南京

工学院(东南大学前身)建筑系所有的教师、学生也都一起参加了方案征集。

1960年3月,专家们从全国17家单位征集的58个桥头堡方案中,最终选定了3个送审方案。南京工学院建筑系年仅31岁的青年教师钟训正设计的红旗、凯旋门2个方案入选,另一个入选方案是建设部设计院的红旗加群雕方案。

3个送审方案呈送国务院后,钟训正也跟着大桥局人员趁周总理到上海开会之机,带着设计方案去上海面呈总理。在总理主持的讨论中,经过多方面论证,最终选择了钟训正的"红旗"方案,并提议取消大小堡之间的连廊、小堡形象采用群雕。

由于三年困难时期造成国家财力困窘,铁道部提出就简建桥的方针,准备放弃桥头堡方案。1968年,大桥主体基本完工了。最后决定的时刻,大桥局再次请示中央。周恩来总理决定还是恢复原先的桥头堡设计方案,并对"三面红旗"方案作了两点指示:一是红旗的颜色要鲜艳,二是要永不褪色。

在建设桥头堡的过程中,遇到的最大难题是如何塑造红旗。根据钟训正的设计,红旗要像风吹过一样饱满且灵动,表现出动感美。为了使施工达到设计效果,钟训正和南京工学院的团队采取两班倒的方式日夜坚守在工地,他们边画图,工人们边施工,其间经历了反复试验、多方尝试。如旗帜内部支撑纲架略有倾斜,他们就说服工人师傅们一道连夜纠偏;赶制出的旗面红色玻璃砖有色差,他们就和工人一起一块一块挑选,玻璃砖为青岛玻璃厂研制,后因其色差仍难完全消除、黏结胶质量问题而有局部脱落,数月后被拆除更换为红色防锈漆。不到一个月的时间里,两岸巨人般(全高70米)的桥头堡奇迹般地树了起来。

1968年国庆日,大桥建成,全面通车。"三面红旗"造型的桥头堡很快红遍祖国的大江南北,它象征着中国人民自力更生、艰苦奋斗的精神。"历史是最好的老师",如今"三面红旗"已成为南京长江大桥最鲜明的"历史记忆"。在新时代的蔚蓝天空下,"红旗"将与我们一起见证中华民族的伟大复兴。

(供稿:东南大学档案馆)

国内第一台半导体
固定频率型起搏器诞生记

金　迪　张　妍

2018 年举行的首届中国国际进口博览会医疗器械及医药保健展区展商客商展前供需对接会上亮相了一部微型心脏起搏器,外观上像一颗维生素胶囊,其长 25.9 毫米,体积 1.0 立方厘米,重量仅 2 克。惊叹它的小巧方便的同时,不禁好奇,早期的心脏起搏器是什么样的? 来南京医科大学校史馆走走,就能

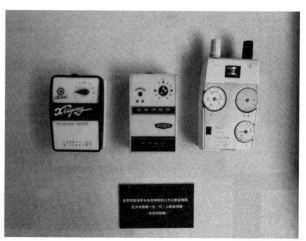

图 1　馆藏三代心脏起搏器
(右起第一台为国内第一台半导体固定频率型起搏器:
JB-2 型体外型调频起搏器)

找到答案。这里收藏着国内第一台半导体固定频率型起搏器,由学校马文珠、王一镗、朱思明、黄元铸等一批专家组织攻关研制。

20 世纪 60 年代,心脏起搏器是国际上发展的一种救治心脏停搏或严重的心动过慢的尖端产品。1961 年,国外杂志对此就有报道,但当时国内还没有,对国人来说启用心脏起搏器还是很遥远的事。1963 年,南京医学院(南

京医科大学前身)第一附属医院(后称"一附院")购买了瑞典出口的导线经皮式和埋藏式起搏器各一具,每具价格500美元,其外观精巧,当时又认为"这东西不简单",只想先在动物身上试试,以后待有机会再在手术后病人身上应用。

1964年,正值国内工农生产取得伟大成就,各行各业发扬自力更生精神,轰轰烈烈地开展比学赶帮运动。1964年秋,一附院接诊了一位70岁男性老工人。他因三度房室传导阻滞,心室率仅30次/分(或38次/分),反复晕厥,急需一台心脏起搏器治疗。救死扶伤,时不我待,一附院心血管研究小组大胆地提出了试制心脏起搏器的想法,马文珠、王一镗、朱思明、黄元铸等医师通过各有关方面的联系,取得了各级党政负责同志、南京幸福无线电社和南京胜利电器厂的支持,完全使用国产原件,自己改进线路,经过18天的努力,成功试制第一台导线经皮式的心脏起搏器,事后将心脏起搏器用动物实验,不断改进,在半年时间内终于完成了设计性试制阶段。经有关部门鉴定,认为该心脏起搏器的可靠性、稳定性无问题。为这位70岁患者安装起搏器后,患者转危为安,随访33个月仍存活,直到1966年因"文革"失去联系。很快,这款起搏器准备正式投入生产,当时初步估计每台售价人民币100元左右,相比500美元的价格,国产起搏器的价格低了不少。此后,在一附院领导的支持下,南京医学院生理教研组朱思明教授与一附院心内科黄元铸脱产投入新一代起搏器研制工作。

创业之初,历尽艰辛,但他们干劲十足,陆续研制出多种不同类型的起搏器。为抢救众多阿-斯综合征患者的生命,他们的足迹不仅到达省内各地,还远赴四川、东北、北京等地。他们在斗室里手工装配了多台宽频调幅体外起搏器,并成功地抢救了8名阿-斯综合征病人。在赴阜外医院汇报工作时,恰遇该院急性心梗合并Ⅲ度房室阻滞病人急需起搏器,他们就把两台样机留下了。回宁后更是组织了多家工厂、研究所协作,尤其是南京二医疗厂工人曾夜以继日赶制JB-2型体外型调频起搏器。紧急时,医师在厂等候,完工一台随即拿回为病人安置一台。

当年,黄元铸、程蕴琳医师等曾忘我地辛勤工作。1969年,黄元铸爱人下放苏北,留下两个幼小女儿委托他人抚养,但他仍坚持在起搏器研制与临床抢救第一线。1972年沈阳军区汪曾炜教授因一位法乐症术后Ⅲ度房室阻滞病人急需起搏器,尽管一附院现有起搏器也很少,他们仍立刻设法请空军部队急送起搏器,使病人转危为安。

1969年,应四川省人民医院之请,黄元铸丢下4岁的女儿,将女儿托付给邻居,连夜赶赴成都抢救了一位病人,至今该病人已更换5个起搏器,并与他成为生死之交。

1973年1月,一位农民在无锡农村血防点接受轴剂治疗时,发生顽固性扭转型室速,已病危,马文珠、朱思明教授立即搭火车、换小船赶到现场,在无X光机的条件下,凭腔内心电图将他们自制的第一根双极心内膜电极送入病人右心房,并用超速抑制起搏法终止了室速,挽救了患者生命。这是我国第一例用起搏控制恶性快速性室性的心律失常的范例。这一成果经1974年第1期中华医学杂志报道后,美国获知了这一信息,来函索要文章并推荐发表于PACE杂志。

此后,他们又协助各医院成功地抢救了100余名氯喹等药物中毒、心肌炎以及低钾血症引起的扭转型室速病人,这一经验已在国内外杂志与专题讨论会上报道并被推广应用(其中起搏器与电极导管大部分由一附院提供)。

(供稿:南京医科大学档案馆、校史馆)

东风第一枝

——《实践是检验真理的唯一标准》发表前后

王　雷　唐慧雯　姜　艳

　　1978 年 5 月 11 日,《光明日报》以"特约评论员"名义发表了《实践是检验真理的唯一标准》的文章,由此引发了一场关于真理标准问题的大讨论。文章的诞生还要从主要作者胡福明及其与《光明日报》哲学组组长王强华的两封通信(保存于南京大学校史馆)说起。

　　胡福明,从无锡乡间走出来的大学生,毕业后分配到南京大学哲学系任教,他勤于思考,有着一股知识分子的执拗劲儿。在 1977 年 7 月一次理论界批判"四人帮"的讨论会上,胡福明直抒个人观点,引起与会人员之间的争论。正是这次讨论会之后,思想解放、敢说敢言的胡福明引起了时任《光明日报》理论部哲学组组长的王强华的注意,并最终促成了《光明日报》哲学专刊的约稿。

　　1977 年 2 月,"两报一刊"搞出的一个社论,提出了"两个凡是"。在胡福明看来,"两个凡是"在理论上是错误的,要不要去批判? 怎样去批判? 胡福明犹豫过,但在激烈的思想斗争之后,大胆地定下了为《光明日报》撰写专稿的内容。他后来回忆,"我发现'两个凡是'的错误了,如果再不去批判,对不起党,没有尽到一个马克思主义者应有的责任,不配当一个马克思主义理论工作者"。

　　就在胡福明准备动笔时,妻子突然生病住院,陪护的任务就落在了他的身上。为了不影响文章的写作,胡福明就把各种参考资料带到医院。晚上,

165

他就在走廊上就着灯光查阅资料，蹲着身子在椅子上草拟文章提纲。实在困了，就在椅子上将就睡一会儿。几天后，妻子出院了，他也完成了《实践是检验真理的唯一标准》一文的初稿。

9月底，胡福明五易其稿后，将其投寄给《光明日报》。文章寄出后，如泥牛入海，杳无音信。原来是王强华出差3个月，当他回到北京读了稿子后，立即给胡福明回信，提出了修改意见：

我在去年九月离京，到上海、南京出差，十二月刚回来……《实践……》一文已粗粗编一下，主要是把原稿的第一部分压缩了。突出后两部分，但仍觉长了一些。是否请您看看可否再删一些，有些地方，文字的意思有些重复，可否精炼一些。另外这篇文章提的问题比较尖锐，分寸上请仔细掌握一下，不要使人有马列主义"过时"论之感的副作用。文章请尽快处理寄来，争取早日刊用。

图1　1978年1月19日王强华致胡福明的信　　图2　1978年3月13日王强华致胡福明的信

胡福明很快修改好文章后再次投寄给王强华。3月13日，王强华再次致函胡福明，建议在文中增加一些理论联系实际的内容：

您的文章，基本上已定稿，但现在看来，联系实际方面的内容较少……小样寄您，望抓紧补充，以便早日刊出！您的文章立意是很清楚的。但为了使文章更具战斗性，请适当增加些联系实际部分。由于"四人帮"多年来抓住片言只语吓唬人，束缚人们的思想，致使一些同志至今仍不注重实践经验，不从实际出发，而是从定义出发，从概念出发，离开具体条件硬套某个指示,结果"心有余悸",许多工作搞不好。请考虑能否把这样意思的话加上。

　　这篇文章原计划刊登在 4 月上旬的《光明日报》哲学版,题目是"实践是检验一切真理的标准",作者是胡福明。最后审稿时,总编辑杨西光认为,"这是一篇重要文章,放在哲学版可惜了"。

　　于是杨西光、王强华和中央党校的吴江、孙长江等同志共同参与了文章的后期修改。胡耀邦同志亲自审定了这篇文章,并最终发表在 1978 年 5 月 11 日《光明日报》第一版。为了加重文章的分量,并没有以作者胡福明的名义发表,而是以特约评论员的名义发表。随后,新华社当天向全国播发了通稿,《人民日报》《解放军报》第二天也转载了,许多省级报纸也进行了转载。

　　这篇文章一发表,立即引起强烈反响。争论四起,一些人给它扣上了"荒谬""砍旗"等帽子。胡福明没有退缩,他说:"我们要敢于为真理而献身。"文章引起了邓小平同志的重视,他指出:"关

图 3　1978 年 4 月,《实践是检验一切真理的标准》拟发表在《光明日报》哲学版的样稿

于真理标准问题,《光明日报》刊登了一篇文章,一下子引起那么大的反应,说是'砍旗',这倒进一步引起我的兴趣和注意。"在邓小平同志的领导下,围绕这篇文章的争论最终发展成为一场关于真理标准的大讨论。文章为批判"两个凡是"的错误思想,重新确立党解放思想、实事求是的思想路线、政治路线和组织路线做了重要的理论准备。这场思想解放运动为中国共产党第十一届三中全会的召开,提供了思想舆论准备,中国从此进入了改革开放和社会主义现代化建设的历史新时期,中国共产党从此开始了建设中国特色社会主义的新探索。

《实践是检验真理的唯一标准》揭开了全国性的关于真理标准大讨论的帷幕，被誉为"东风第一枝"，最先绽放于南京大学校园。2018年12月，在党中央庆祝改革开放40周年的大会上，耄耋之年的胡福明被授予改革先锋称号，被评为真理标准大讨论的代表人物。

当前，中国特色社会主义进入新时代，中华民族伟大复兴开启新征程。关于真理标准问题的讨论启示我们，要把坚持马克思主义和发展马克思主义统一起来，用习近平新时代中国特色社会主义思想武装全党、教育人民，不断开辟马克思主义发展新境界，确保改革开放这艘航船继续沿着正确航向破浪前行。

（供稿：南京大学档案馆）

全国海岸带首次大规模"家底"调查

张毅华　　汪倩秋　　王　玮

20 世纪 80 年代初,新中国吹响了"向海洋进军"的号角。1980 年,受国务院委派,时任华东水利学院院长的严恺院士被任命为全国海岸带和海涂资源综合调查技术指导小组组长,组织沿海 10 省(市、区)对全国 18 000 公里的海岸带(海岸线向陆地延伸 10 公里,向海延至 15～20 米水深)进行了多学科、多专业的综合调查,全国 500 多家单位的近两万科技人员参与,耗资亿元。

我国既是一个大陆国家,也是一个海洋国家。渤海、黄海、东海、南海相连,有 18 000 多公里的大陆海岸线,14 000 多公里的岛屿岸线,涉及 12 个省市自治区。200 海里大陆架和漫长的海岸线的开发利用对我国的经济发展和国防建设具有十分重要的意义。

对海岸带的自然环境、自然资源、社会经济的基本状况、主要特征优势、分布变化规律进行调查并进行定性和定量的分析、研究,有了新的发现、新的认识,查明了一些长期不清楚的现象和问题,如苏北岸外的辐射沙洲,当时一直被视为不能涉足的建设"禁区",通过调查发现沙洲区水产资源丰富,还可以建筑大型港口。

此次海岸带综合调查历时 8 年,在世界上尚属首次,对我国国民经济建设、国防建设和海洋学科发展意义深远。为了做好此次海岸带调查,在水利部的批准下,学校于 1980 年 9 月积极筹备成立海岸及海洋工程研究所,设立海岸工程、河口工程、港口工程和近海工程四个研究室。在 8 年的调查过程中,严恺统筹主持综合调查全过程,审定规划,制定技术规程,检查科研质量和审查技术成果。身为一名党员院士,严恺始终保持艰苦奋斗本色,严格自我要求。他虽然年事已高,仍然坚持亲临指导,逐省实地勘查,跋涉在沙滩上,攀援在礁石间,风餐露宿,日夜兼程,带领团队获得了大量标本、照片以及录像和影片等珍贵资料。

这次综合调查取得了极为丰硕的成果:编写了全国综合调查报告一套,全国分项报告 13 种,各省、市、区综合报告和专题报告多种,调查图集 15 册,整理成册的资料汇编 3 900 多卷。1990 年底,由严恺主编的《中国海岸带和海涂资源综合调查报告》(简称《报告》)通过了国家级专家评审。

当这份《报告》出现在国家及各有关省市决策者面前时,人们的眼睛为之一亮。《报告》使他们看到了中国海岸带"家底"是一个资源丰富的宝库:

土地资源——每年 18 亿吨泥沙是海岸"增生"围垦的潜在物质基础;

港口资源——有的还是一张白纸,能画最新最美的图画;

能源资源——丰富的石油与天然气、潮汐能;

矿产资源——锰、镍锌等多种矿物静静地躺在海里;

水产资源——市场上抢手的鱼、虾、蟹及多品种、高蛋白的海参、贝类等,构成了一个与山珍并列的海味世界……

图 1　1992 年,"中国海岸带和海涂资源综合调查研究"获得国家科技进步奖一等奖

如此大规模、综合性的海岸带调查在世界上尚属首次,具有历史性的开创意义。《报告》为沿海地区的综合开发决策提供了珍贵的科学依据,具有巨大的经济和社会效益。1991年1月,这份由严恺主编的报告由海洋出版社出版。1992年11月,"中国海岸带和海涂资源综合调查研究"获得国家科技进步奖一等奖。

1992年,在之前8年的研究基础之上,严老主持编写了《中国海岸工程》,该专著一出版就引起海岸工程界的巨大反响,获得全国高校出版社优秀学术著作特等奖。

图2 《中国海岸工程》获1995年全国高校出版社优秀学术著作特等奖

作为新中国水利高等教育事业的开拓者、两院院士,严老终生致力于中国大江大河的治理和海岸带的综合开发利用,不仅为全国海岸带规划作出了突出的贡献,开创了我国淤泥质海岸研究事业,为建立海岸动力学、海岸动力地貌学打下了坚实基础,也为水利、水电和水运系统培养了大批人才,还在长江葛洲坝和三峡枢纽工程建设、长江口和太湖流域综合治理、海涂资源综合利用等领域取得了一系列影响深远的学术成就,为我国水利建设及水利教育事业发展作出了重大贡献。

(供稿:河海大学档案馆)

当代中医药百科全书

——《中华本草》

种金成

这一页页泛黄的手写笔记,是时任《中华本草》总审的吴贻谷教授的家属向档案馆捐赠的《中华本草》编纂时形成的珍贵手稿,它们不仅仅是一张张中药饮片的文字记录,更承载了一段段《中华本草》编写时的艰辛与动人故事。

图1 《中华本草》编写时的手稿

在南京中医药大学汉中校区正门的左侧,有一栋深色的小楼悄然而立,这里就是负责《中华本草》总编审的专家们曾经办公的地方。从最初的30来人到鼎盛时期的70余人,每天他们都在这里接收各个专业编委会寄来的中药资源、栽培、鉴定等方面的稿件,然后对稿件进行编辑、审核和装订。

盛世修本草。1989年,国家中医药管理局成立了《中华本草》编纂委员会,编委会下设立本草文献、品种考证、栽培、药材等14个专业编委会,南京中医药大学负责总编审,我校宋立人研究员担任总编,吴贻谷研究员担任总审,由全国65所高等医药院校和科研院所的507名专家学者协作编纂。《中华本草》的编写可谓是举全国中医药专家学者之力,而作为总编审单位的我校则是举全校之力投入编纂工作中,其间不仅所有老师齐上阵,学校还要求刚参加工作的年轻人都要到中医药研究所去跟老专家们搜集资料、查经典、整理手稿，现在很多的学校骨干都曾经在文献所待过，参加了编纂工作。

困难超乎想象。编写期间遇到了种种困难，例如，有些个人和挂靠单位重视不够，工作进度不一，各单位负责的资料收集编写工作难以如期完成，严重影响书籍总编纂进度。这种情况下，我校编纂会的全体老师包括外聘专家、本校退休专家克服困难，利用假期时间服从工作需要和安排，全力以赴投入加班工作中。一些老专家比如洪恂、刘文亮、项济华、李德兴、宋立人等不顾年老体弱、高温酷暑，与中青年一道坚持加班进行编纂工作。年轻同志在老专家的精神感召下，克服暑假小孩放假无人照管等家庭困难，放弃个人在业务上的打算，放弃探亲时间，在学校紧锣密鼓地进行编纂工作。我校唐德才同志因胃出血住院，但仍牵挂《中华本草》工作，尚未办理出院手续便回来继续投入工作中，类似感人的事例还有很多。最终在我校老师的共同努力下把滞后的工作任务赶上，为完成《中华本草》初稿作出了巨大的贡献。

原稿基本靠手写。"当初受到条件限制，各个编委会的稿件绝大部分都是手写的。直到新书装订出版前我们才知道，出版社只接受打印的稿件。"作为编审成员的洪恂回忆道。据统计，编写期间形成的中药饮片及相关资料手写"小卡片"就多达数十万张。后来，总编审组不得不为此聘请了十余名打字人员专门负责将原本手写的稿件打出来，一些专业术语、仅能从《康熙字典》上查到的古汉语影响了打字的速度与效率，洪恂只好每天下班前守在学校打印室，与学校老师们一起录入文字。整本书共录入 3 957.8 万字，近一半都是我校老师无偿服务的成果。

争论时常发生。"很多时候，总编审组的专家们对于各地分委会寄来稿件的修订意见不统一，专家们为此要经常专门开讨论会。"时任总编的宋立人回忆道。在这种激烈的学术争论中，有的问题得到了解决，但也有不少观点专家们没能达成共识。对于这部分内容，只好收录各位专家能够基本认可的观点，而那些存在争议的内容则在该味药内容的最后附上注解。例如，古代文献中对丹参药性的认识不同，《神农本草经》中对其性味的认识是"味苦、微寒"，《本草经集注》的记载为"性热"，《本草正义》则为"味苦而微辛、微温"。最终，文献与临床专业编委会在翻阅大量中国古代文献的基础上，根据丹参临床的实际功效，将其药性确定为"味苦、性微寒"。再例如，关于《中华本草》的插图,一封来自迁西县卫生局工作人员刘汇红的信函中提议:"纵观古今中草药书籍,插图均给人以单调、平淡、窥豹一斑的感觉,要使《中华本草》的万幅插图突出一个'新'字,是否可让国画来增添异彩。"类似建议的信函、邮件还有很多,基本上都要经过专家们多次商讨、争论得面红耳赤后才能确定方案。《中华本草》的编写使得全国的中医药学者、专家们拧成一股绳,集思广益,为编纂一部划时代的中医药百科全书而努力。

署名者只是少数。从1989年立项至2005年结题,历时17年、详细翻阅古今医药书籍1 100余部、3 957.8万字的《中华本草》的出版刊行,具有重大的历史意义,它体现了现代中药学科技发展的时代特征,创建了与当前中药学术相适应的编纂体例,具有学术性和实用性的双重作用,为我国现代中医药发展奠定了重要基础。正是这样一部经典巨作,能够在上面署名的,只是负责具体工作的极少数专家,绝大多数默默无闻但作出巨大贡献的普通老师是没有署名的,然而,如果没有他们的支持,要完成全书的编纂工作几乎不可能。《中华本草》不仅是老一辈专家、学者和普通老师们辛勤汗水的结晶,更彰显了他们在编纂过程中条条追根、字字落实、辨章学术、考镜源流的严谨治学精神和不计名利、坚持不懈、团结奉献的治学态度,饱含了他们追求中医真知的科学精神。

图2 中华本草系列丛书

《中华本草》分为精选本、30卷本、民族药卷本。1998年1月,《中华本草》"精选本"首先出版,分上下两册,篇幅581.4万字,载药535味,插图1 383幅,于1998年在人民大会堂举办了首发式。1999年1月《中华本草》

"30 卷本"正式出版,全书收载药物条目 8 980 条,插图 8 534 幅,依次分矿物药、植物药、动物药三大类,篇幅达 2 808.7 万字。《中华本草》民族药卷(四卷)共计 567.7 万字,"藏药卷"(2002 年 12 月出版)载药 396 味,"蒙药卷"(2004 年 9 月出版)载药 421 味,"维吾尔药卷"(2005 年 12 月出版)载药 423 味,"傣药卷"(2005 年 12 月出版)载药 400 味。《中华本草》全面总结了我国 2 000 多年传统中药研究成果,集中反映了中华人民共和国成立 50 周年来现代中药的发展水平。

这一页页泛黄的手稿弥足珍贵,见证了《中华本草》艰辛的编纂之路,也蕴含了值得我们继承发扬的治学之道。虽然编纂期间遇到了种种困难,但是都被我校老师们一一克服,他们的精神值得我们致敬,而致敬历史最好的方式就是创造新的历史。在新的时代,我们要进一步贯彻落实习近平总书记对中医药提出的要求:传承精华、守正创新,这也是中医药人一直以来的追求。

(供稿:南京中医药大学档案馆)

日新臻化境

——东大校歌诞生记

孙婷婷

高校校歌是最能反映一所大学校风、学风、精神追求的歌唱音乐表现形式，是校园文化的重要载体。从新生入学军训开始学唱，到开学典礼、毕业典礼以及校庆等重大集体活动都要起立齐唱，可以说校歌贯穿了学生大学生活的始终。即使是已毕业或离校的学生，一旦听到曾经的校歌，自然会回想起昔日在校的美好时光，形成一种情感的联结。

图1　南京高等师范学校校歌

图2　国立中央大学校歌

　　东南大学这所百年名校在不同时期产生了不同的校歌,生动地记录了学校的发展历史和办学风格。南京高等师范学校时期,由江谦作词、李叔同作曲的《南京高等师范学校校歌》成为当时的校歌,其中"大哉一诚天下动"体现了当时学校"诚者自成"的办学理念;国立中央大学时期,由汪东作词、程懋筠作曲的《国立中央大学校歌》在师生中传唱度颇高,歌词从写学校的地理位置,到写办学理念和办学方针,体现了汪东先生深厚的文化底蕴。

　　在新的历史时期,东南大学百年华诞之际,由王步高作词、印青作曲的《东南大学校歌》产生了。王步高是我国著名诗词研究专家、东南大学人文学院教授,他曾两次被全校学生评为"最受欢迎的教师",其主编的《大学语文》系列教材,为全国"十五""十一五"规划教材之一,并且他还主持了"唐宋诗词鉴赏"和"大学语文"两门国家级精品课程。作为东大校歌的词作者,他对东南大学充满了无限深情,他认为:"对大学而言,校歌不只是一串音符、一簇象征性的符号,更是一种灵魂,是大学精神的集中体现,并代表各校的特点,它是由各校的历史传统和办学风格凝聚而成的,它的旋律萦绕、弥散着每一位学子心中的憧憬和梦想。"

　　据王步高教授生前介绍,校歌从准备创作到最后定稿历时十年。翻开尘封在档案馆的《东南大学报》1991年至1993年合订本,在1992年1月1日第584期可以看见当时1992年为庆祝九十周年校庆征集并评选出的6篇优秀校歌歌词,王步高教授创作的《热爱你,歌唱你,"东南"!》位列其中,歌词的前四句,"背靠紫金彩霞,怀抱扬子波澜,手挽台城杨柳,阅尽百载风烟",依稀可见如今校歌的影子。

　　2000年,为迎接建校一百周年华诞,校报再次刊登了校歌征集启事。2001年3月,校庆办公室根据多方意见建议正式向王步高教授约稿。王老历时九个多月,经数十次修改才定稿。2016年,王老向档案馆捐赠了《东南大学校歌》多版手稿,厚厚的一叠手稿,展现着王老孜孜不倦、精益求精的精神,在交给档案馆的五六十份手稿中不乏王老在凌晨创作修改的记录、王老以众为师向多方征求修改意见的记录以及王老饱览群书为歌词释义的记录等。

　　王老经过征求多方意见,最终决定采用《临江仙》词牌填词,句法铿锵,韵律和谐。他严格要求自己,字字斟酌,挑灯夜战,决心十年后自己也无力改动其中一个字。2001年4月26日,王老完成初稿并附上了说明:"东枕紫金云岭,北跨扬子银涛,千年松下话六朝。诞生《文选》地,《大典》更风骚。百载文枢江左,师生多少英豪,创新求实赶帮超。仰头观四海,奋进弄春潮。"从档案馆保存的初稿手稿中可见,王老在交初稿后的一段时间里仍然对歌词中的字、句不断斟酌,并且通过请教春华诗社诗友、上课时让学生投票等方式不断推敲词句。那段时间,王老夜夜打磨歌词,经常茶饭不思,从四月初稿、五月稿、七月二稿、九月二稿、十月稿到十二月定稿,数十次的修改才形成了现在著名的东大校歌歌词。歌词前后共分了四个层次:第一,写东大的地理位置;第二,写东大百年的悠久历史;第三,写百年来办学的辉煌;第四,写东大的办学理念和对未来的展望。

十二月歌词定稿后,校长顾冠群向著名作曲家印青先生致信,信中表达了在东大百年华诞之际对印青先生为校歌作曲的诚挚邀请,并且提出几点建议以供参考:希望校歌既反映百年名校的悠久历史又展现东大人再创辉煌的雄心壮志;古风与现代气息兼备,与歌词风格尽量统一;旋律简洁、节奏明快激昂,易唱易传,适合团体合唱。根据这些要求,印青先生于 2002 年 3 月 8 日将曲谱以及乐曲说明一同回复:

图 3 印青曲谱

"歌曲处理成单二部曲式,采用小调调式(民族称羽调),具有类似昆曲等古韵之风,但格式上又采用行进曲的风格,给人以向上、自豪的精神风貌……"

历时数年,校歌的诞生终于使东大这所百年名校有了一面穿越时空、传之久远的有声旗帜,在校园文化中展现着她独特的、无可替代的精神凝聚力和艺术魅力。2014 年,东大校歌被评为"十大最受网友欢迎的高校校歌"之一,东大校歌也是全体师生和校友发自肺腑、引以为豪的心声!

(供稿:东南大学档案馆)

珠峰气象科考"三勇士"

——20世纪70年代南京气象学院的"盛事"

郭崇兰

影片《攀登者》讲述了中国登山队1975年从珠峰北坡登上珠峰的真实故事。在极度缺氧的死亡地带,面对严寒、风暴和雪崩,中国登山队员克服了常人难以想象的困难,向死而生,顽强拼搏,最终把五星红旗插在珠峰之巅。

通常攀登珠峰都会有气象工作者参与,他们除提供气象服务外,还开展气象观测和科学考察。在1975年的这次北坡登顶中,由当时南京气象学院(南京信息工程大学前身)1972级学生张江援、李玉柱、冯雪华(女)三人组成的气象小分队,全程参与了这次珠峰登山气象观测和保障任务。

为了赢得参加珠峰考察的机会,许多同学都投身到国家气象局、登山队举办的珠峰登顶训练和选拔活动中来。冯雪华虽为女性,但她主动报名,刻苦训练,坚决要求攀登珠峰,参与气象科考。她和男同志一样冒寒风、爬雪山,每天深夜在海拔5 000多米的不同地点进行对比观测,山谷中不时还有狼的嚎叫声。李玉柱、张江援挑着数十斤重的气象仪器,攀雪坡、钻雪洞,冒着刺骨的狂风,准确地观测到大风资料,为研究珠峰北坡冰川风的成因提供了珍贵的气象科学资料。

李玉柱同学在登山过程中为了观测工作顺利开展,工作之余还看书查资料,由于高山反应强烈,他几次出现身体不适甚至昏迷,但转危为安后仍兢兢业业地观测,其他队员都被他的敬业精神感动。张江援同学身材高大、体魄健壮,高山适应性好,他三上珠峰北坳,在海拔 7 007 米处观测非常顺利,圆满完成任务。

1975 年 8 月 1 日,学校在大礼堂隆重召开全体师生大会,热烈欢迎参加珠峰科考的三位同学凯旋。三位"登山勇士"用行动诠释了老一辈气象工作者不怕困难、勇担使命的高尚品格,彰显了"艰苦朴素、勤奋好学"的优良校风。

图 1　1975 年 8 月,学校召开大会庆祝三位学生参加珠峰科考胜利归来

三位学生登上珠峰气象科考的照片,至今仍珍藏在学校校史馆中。"攀登者"的足迹永远留在了茫茫白雪、绝壁之上,"攀登者"勇于探索科学真理的足迹也永远铭刻在了中国气象事业的发展史上。"攀登者"精神是我们引以为豪的中国力量和信仰,必将激励更多的年轻人砥砺奋进,勇往直前。

[供稿:南京信息工程大学档案馆(校史馆)]

百年奥运百年梦

王凝萱

2021 年 8 月 1 日,中国飞人苏炳添站在了东京奥运会男子百米决赛的起跑线上,并最终以创亚洲纪录的 9 秒 98 的成绩获得第六。这是亚洲人创造历史地第一次进入奥运会百米决赛,随后一条微博热搜悄悄出现——2021 苏炳添 VS 1932 刘长春。

时空交错,诉说的是中国逐渐成为体育强国的荆棘之路。1932 年的洛杉矶奥运会是中国代表团参加的第一届奥运会,选手只有一名,即是参加百米赛跑的刘长春。许多人形容这次奥运是刘长春单刀赴会,到了1936 年柏林奥运会,他终于在跑道上多了一名同伴——与他并称"北刘南程"的程金冠。

图 1　程金冠

程金冠 1912 年出生在上海,是东吴大学经济系的学生,尽管他身高只有一米六,却在当时国内的田径赛场上鲜逢敌手,因此还得了个"田径怪杰"的称号。1934 年,程金冠在与上海俄国侨民队的比赛中,以百米 10.6 秒的成绩打破了刘长春保持的 10.7 秒的全国纪录,从此"北刘南程"的称号享誉全国。1935 年,正在东吴大学就读的程金冠接到了通知,到山东青岛参加集训并准备 1936 年柏林奥运会的选拔赛。他与刘长春英雄惜英雄,希望能够共同代表中国队出征奥运,便商定刘长春报名 200 米,程金冠报名 100 米,争取双双出线。可没想到,身体情况欠佳的程金冠在 100 米决赛中意外失手,未能取得名额。为了获得奥运资格,程金冠又报名参加了 400 米栏的比赛,结果他以 58 秒 3 的成绩打破了该项目当时的全国纪录,终于拿到了奥运会的入场券。

有了名额,回到学校程金冠仍旧犯难。原来,当时政府财政紧张,无法为奥运选手提供费用,许多选手都要自筹经费。幸好程金冠的同班同学蒋纬国听说之后立刻挺身而出,用小摩托拉着程金冠直奔当时的江苏省省会镇江,直接找到了江苏省教育厅厅长周佛海。周佛海了解了事情的前因后果,答应解囊相助,程金冠这才得以成行。

1936 年 6 月 28 日,中国奥运代表团自上海启程,出征柏林。东吴大学有五人参加了本次奥运会,分别是:400 米栏运动员程金冠,中国政府代表兼体育考察团总领队郝更生,赴欧体育考察团代表许民辉、彭文徕,自费参加并在奥运会上表演中国民族传统体育项目"扯铃"的王守方。

由于经费限制,代表团只能乘坐邮船在海上颠簸了 23 天,又辗转从威尼斯乘坐火车赶往柏林,漫长的旅途消耗掉了运动员们的体能,还没来得及调整就绪,奥运会便如期开幕。正因如此,程金冠和刘长春分别在小组赛中名列第四,未能晋级下一轮比赛。

图 2 程金冠(右)与欧文斯

尽管程金冠过早结束了自己的奥运赛程,但他经常在场边观看其他高水平运动员们的比赛,尤其关注美国黑人选手欧文斯。程金冠经常用流利的英语向他请教,欧文斯虽然在这次奥运一人独得 4 枚金牌,却丝毫没有傲慢的明星架子,他帮助程金冠改进了跨栏的姿势,二人还在场边合影留念。

1936 年柏林到 2021 年东京,85 载时光飞逝,东吴大学与奥运相遇,苏州大学与奥运相携。在这 85 年中,苏大学子驰骋奥运赛场,屡屡取得佳绩。

商学院的陈艳青蝉联 2004 年雅典、2008 年北京两届奥运会女子 58 公斤级举重冠军。

体育学院的周春秀获得 2008 年北京奥运会女子马拉松季军。

体育学院的王振东获得 2012 年伦敦奥运会男子 50 公里竞走第十名。

体育学院的孙杨获得 2012 年伦敦奥运会男子 1500 米自由泳、男子 400 米自由泳冠军,男子 200 米自由泳亚军,男子 4×200 米自由泳接力季军;2016 年里约奥运会男子 200 米自由泳冠军,男子 400 米自由泳亚军。

2021 年,苏州大学共有两位学子出征东京奥运会,一位是政治与公共管理学院的吴静钰,她曾经蝉联 2008 年北京奥运会、2012 年伦敦奥运会女子跆拳道 49 公斤级冠军,并连续参加了 4 届奥运会,在赛场上一直拼搏至今。另一位是体育学院的何冰娇,首次参加奥运就获得了女子羽毛球单打第四的好成绩。

由程金冠开始,到如今辉煌未完、梦想待续。一代代苏大学子、一代代中国奥运健儿们挥洒汗水,仰望圣火,是为了追逐奥运梦,是为了向全世界证明新中国的强大,更是为了告慰百年前迈出追梦第一步的先辈们。脚下大地已经换了时空,你们未能升起的红旗会一次次在奥运赛场飘扬,你们未能奏响的国歌会一次次响彻全球。

(供稿:苏州大学档案馆)

一纸凭证"勾起"百般曲折

王淑婧　徐孝昶

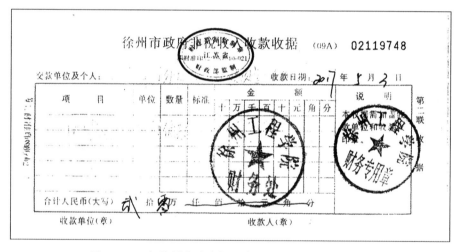

图1　2017年徐州市政府付给徐州工程学院的收款收据

上示凭证为2017年5月3日由徐州市政府支付给徐州工程学院金额为20万元整的收款收据。一张普通的收据，却反映了一段曲折的历史故事。

故事起源于1999年6月28日徐州市中环实业总公司与徐州市人民政府驻厦门办事处签订的一份联合投资房产合同。其中责任方之一的徐州市中环实业总公司是原徐州经济管理干部学院在特定经济时代背景下设立的"三产企业"，2002年原彭城职业大学与原徐州经济管理干部学院归属于徐州工程学院，法律权益也相应变更。而双方签订的背景是学校为积极响应徐州市政府在当时市场经济环境下出台的《联合投资抢建厦门大嶝对台小商品交易市场的办法》，由徐州市人民政府驻厦门办事处牵头，经徐州市中环实业总公司实地考察研究决定，签订购房投资合同，协议原件如下图：

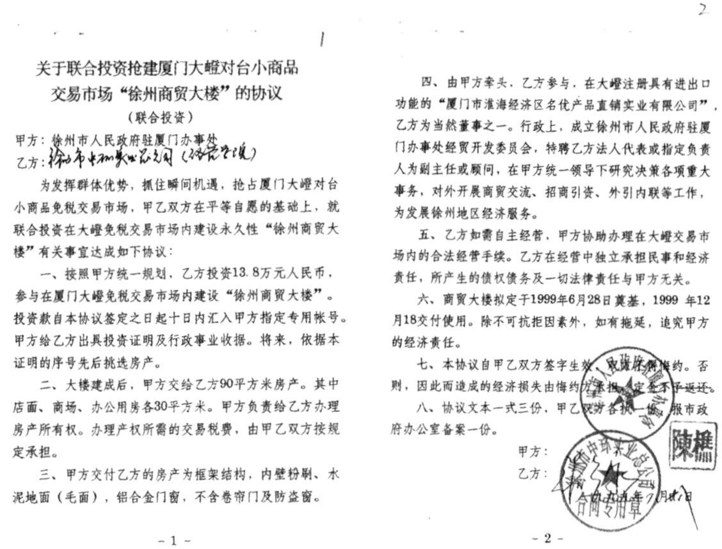

关于联合投资抢建厦门大嶝对台小商品
交易市场“徐州商贸大楼”的协议
（联合投资）

甲方：徐州市人民政府驻厦门办事处
乙方：徐州市中环实业总公司（[illegible]）

为发挥群体优势，抓住瞬间机遇，抢占厦门大嶝对台小商品免税交易市场，甲乙双方在平等自愿的基础上，就联合投资在大嶝免税交易市场内建设永久性“徐州商贸大楼”有关事宜达成如下协议：

一、按照甲方统一规划，乙方投资13.8万元人民币，参与在厦门大嶝免税交易市场内建设“徐州商贸大楼”。投资款自本协议签定之日起十日内汇入甲方指定专用帐号。甲方给乙方出具投资证明及行政事业收据。将来，依据本证明的序号先后挑选房产。

二、大楼建成后，甲方交给乙方90平方米房产。其中店面、商场、办公用房各30平方米。甲方负责给乙方办理房产所有权。办理产权所需的交易税费，由甲乙双方按规定承担。

三、甲方交付乙方的房产为框架结构，内壁粉刷、水泥地面（毛面），铝合金门窗，不含卷帘门及防盗窗。

－1－

四、由甲方牵头，乙方参与，在大嶝注册具有进出口功能的“厦门市淮海经济区名优产品直销实业有限公司”，乙方为当然董事之一。行政上，成立徐州市人民政府驻厦门办事处经贸开发委员会，特聘乙方法人代表或指定负责人为副主任或顾问，在甲方统一领导下研究决策各项重大事务，对外开展商贸交流、招商引资、外引内联等工作，为发展徐州地区经济服务。

五、乙方如需自主经营，甲方协助办理在大嶝交易市场内的合法经营手续。乙方在经营中独立承担民事和经济责任，所产生的债权债务及一切法律责任与甲方无关。

六、商贸大楼拟定于1999年6月28日奠基，1999 年12月18交付使用。除不可抗拒因素外，如有拖延，追究甲方的经济责任。

七、本协议自甲乙双方签字生效，[illegible]悔约。否则，因此而造成的经济损失由悔约方承担，定金不予返还。

八、协议文本一式三份，甲乙双方各执一份，报市政府办公室备案一份。

甲方：
乙方：

－2－

图 2　1999 年双方签订投资协议书

在协议签署同年的 9 月份，徐州市中环实业总公司按照协议要求将资金落实到位。同时所购买的房产所在的厦门大嶝对台小额商品市场于 1999 年 9 月 9 日开工奠基，2001 年 3 月市场整体建成正式交付，投入使用。中环实业总公司投资房产位于徐州市政府成立的“徐州商厦”内，收益来源于商铺租赁。依照厦门市政府关于当年大嶝贸易市场的统计数据：“规划面积 0.8 平方公里的大嶝对台小额商品交易市场，首期开发 122 亩，设立 504 个店面。其间设立交易区、仓储区、台轮停泊点，实行全封闭管理。自 2001 年 5 月 1 日正式开业以来，市场吸引旅客 330 多万人次，两岸商品交易额逾 11 亿元人民币，进入市场交易的台湾商品达 3 000 多万美元。”可见，市场整体已然运作良好，相应投资回报预示着一片利好。

好景不长，2003 年厦门同安区区划调整，大嶝岛划归翔安区，厦门大嶝对台投资发展有限公司亦被厦门象屿集团有限公司兼并，土地由厦门市人民政府收储，以及出资者未足额缴纳土地出让金等客观缘由，导致“徐州商厦”取得房产证和土地使用权证更难上加难。而商铺租赁也不甚乐观，因徐州经济管理干部学院无法派人前去厦门经营,2003年10月将店面交由徐州市政府厦门办事处进行委托租赁。租赁情况在2004年6月徐州市政府厦门办事处提供给学校的《关于徐州经管学院投资购买厦门大嶝徐州商厦店面情况的说明》中提及:"这期间,因受两岸关系等多种因素的影响……店面出租情况不是很理想。2003年5月经我办多方努力,将大楼店面统一承租给市场内的经营户……出租情况仍然不好。"后由于大楼管理处资金紧张等因素,租赁应得收益也未能及时兑现。

虽多次进行协商争取租金,一度没有实质进展。直至2010年徐州工程学院召开的某次全校会议上,校领导听取关于中环实业总公司的财务情况报告,产业处就厦门大嶝的房产问题提出进一步处理准备。2012年,中环实业总公司正式注销,其中将厦门大嶝徐州商厦中所购的房产问题全部交由学校产业处处理。2013年6月,厦门象屿集团有限公司将"徐州商厦"所在的老市场全部搬迁到了现在的新市场。原市场自此被闲置荒废,外观破败,内部门墙水电等都处于无法使用状态。在多次的拆迁催促后,由于拆迁标准过低,双方未达成赔偿协议。而后,厦门象屿集团在没有提前告知的情况下,擅自拆除"徐州商厦",造成徐州工程学院合法权益受到严重损害。

2015年7月,学校组织机构调整变革,成立了国有资产管理处,欲对学校整体的房产历史遗留问题进行全面彻查整合。厦门房产事件存在着涉及时效久远、牵扯主体不断变更、相关账簿票据凭证不完整等多重难题。学校向徐州市政府驻外机构处置工作领导小组多次协商后,提交了能够真实反映历史情况的材料,其中最具有法律效力的实属前述合同协议档案,正是凭借这些档案,学校最终获得了相应的赔偿。

档案具有凭证功能,是印证历史的"真凭实据",在解决争端、处理纠纷等活动中,档案始终发挥着重要作用。上述档案故事,让我们再一次意识到档案工作的特殊意义和价值。

(供稿:徐州工程学院档案馆)

红色记忆

"南高师三英烈"：百年前的"95后"

姜晓云

南京高等师范学校(今南京师范大学等高校的前身)职员杨贤江在1920年春夏之间发起组织了马克思学说研究会,联络进步青年知识分子、先进知识分子学习和传播马克思主义的活动出现了新的局面。

1922年7月,中共上海地方执行委员会兼区执行委员会成立,领导上海、江苏、浙江地区党的工作。年底,中共上海地委兼区委在南京社会主义青年团员中发展南京高等师范学校学生谢远定、李国琛、吴亚鲁(吴肃)入党。

杨贤江、谢远定、吴亚鲁作为南京高等师范学校的师生,均为中国共产党早期党员,均为"95后",后均为党的革命事业献出了年轻的生命,被评为烈士,因而被称为"南高师三英烈"。

杨贤江：著名的红色教育家

杨贤江(1895—1931),字英甫,笔名李浩吾、李谊、李洪康、叶公朴等,浙江余姚人。1917年从浙江第一师范学校毕业后,受聘南京高等师范学校,初任学督处学监,后任教育科助理。1919年5月9日,参加五四运动,其后还对这场亲身经历的运动做了冷静的分析总结,撰写《新教训》一文,发表在《学生杂志》上;6月23日,和河海工程专门学校张闻天等人共同创办《南京学生联合会日刊》,这份日刊比著名的同类刊物《湘江评论》《天津学生联合会报》还要早20多天;10月,经邓中夏介绍,杨贤江参加了以改革社会为宗旨的"少年中国学会",同时参与发起的有李大钊、毛泽东、张闻天、恽代英

189

等,杨贤江被选为南京分会书记;次年,与李大钊、恽代英等7人被选为"少年中国学会"的评议员;发起组织"马克思学说研究会",邀请杨杏佛教授做关于马克思主义的演讲。

1922年5月,经沈雁冰(笔名茅盾)和董亦湘介绍,参加中国共产党。大革命期间,在沪杭一带从事革命活动,协助恽代英编辑团中央机关刊物《中国青年》。在浙江创办《余姚评论》《余姚青年》杂志等,并在上海复旦大学读完心理学课程,在《学生杂志》上发表190余篇论文和130余篇通讯,宣传马克思主义,引导学生投身反帝反封建斗争,是当时中国共产党杰出的青年运动领导人之一。大革命失败后,

图1　杨贤江(1895—1931)

东渡日本避难,负责中国留学生中的中共特别支部工作。1929年回到上海,主持党的文委工作。终因积劳成疾,于1931年病逝,终年36岁。

杨贤江著有《教育史 ABC》《新教育大纲》等,这是中国最早以马克思主义观点编写的教育著作。他认为"教育是社会的上层建筑之一,是观念形态的劳动领域之一,是以社会的经济结构为基础的"。他指出:教育受生产方式也受政治制度所制约,又对经济的发展、政治的变革起促进作用;教育由于社会生产劳动的需要而产生,并在生产劳动过程中发展起来;教育的"本项"是与生产劳动密切结合的,为全社会所共享的;但是,到了阶级社会,教育成为剥削阶级统治的工具,所实施的教育与生产劳动相脱离。他批驳了"教育清高说""教育独立说""教育万能说""教育救国论"和"先教育后革命"等观点。他强调变革不合理的社会制度,只有进行革命。教育应当成为革命的武器之一,革命胜利后,教育便应当促进社会主义建设。杨贤江还十分关心青年的政治思想、道德品质和学习、健康等各方面的成长,主张对青年进行"全人生的指导",使青年树立正确的革命人生观。

1958年,杨贤江被追认为革命烈士。1981年,教育部、团中央联合召开纪念杨贤江同志逝世五十周年大会,指出他"在中国新民主主义革命史上,特别是在现代教育史和青年运动史上有着光辉的地位"。

谢远定：中共南京小组（城内）第一任组长

谢远定（1899—1928），号伯平，湖北省枣阳县人，1917年秋考入私立武昌中华大学附中，受教师恽代英的影响，先后参加了互助社和利群书社，积极从事新文化运动、传播马列主义。1920年夏天，谢远定考入南京高等师范学校学习农科，在校期间参加了马克思学说研究会，后转入中国社会主义青年团。1922年，谢远定成为首批加入中国共产党的在校学生，并成为南京城内党小组的首任组长。1923年10月11日，中共上海地委兼上海区执行委员会将南京的5位党员编为第6小组，谢远定任组长。

图2　谢远定（1899—1928）

1924年，谢远定组织鄂北旅宁学友会主办了《襄军》季刊，抨击黑暗的旧社会，宣传反帝反封建的革命思想，启发人们的革命觉悟。国共第一次合作后，他根据党的统一战线政策，积极参加国民党南京党部的筹建工作，并在南京高校的进步学生中发展了部分党员，为国民党南京党部（后改为南京市党部）的建立作出了贡献。上海"五卅"惨案发生后，他被派往鄂北地区发动群众，在进步师生中发展党团员20余人，建立中共襄阳党团特支，并任特支书记。

1926年初，谢远定到广州参加北伐军，先任第四军十二师政治部秘书，后任军政治部宣传科科长。10月10日，北伐军攻克武昌，谢远定又调国民党汉口特别市党部任宣传部秘书，并主编党部理论刊物——《汉声周报》。翌年八九月间，谢远定调回鄂北，组织农民武装、创立革命根据地。9月，他担任中共随县县委书记，组建了鄂北地区人民武装——工农革命第九军鄂北总队。鄂北特委成立后，他任特委宣传部长。

1928年夏秋之间，中共鄂北特委与湖北省委失去联系，给继续深入开展农民运动和武装斗争带来了一定的困难。谢远定因对武汉情况熟悉，自告奋勇赴武汉寻找省委。当他与省委联系上准备返回鄂北时，因叛徒出卖而被捕。被捕后，敌人用辣椒水灌他鼻子，用香火烧他脊骨，残酷折磨他。面对敌人的酷刑，他坚贞不屈，一言不发。敌人无奈，只好把他送上法庭。在法庭上他怒斥叛徒厚颜无耻、叛党投敌，嘲笑敌人的无能与卑劣。恼羞成怒的敌人把谢远定押赴刑场。在刑场上他大义凛然，面对敌人的枪口，高呼："打倒国民党反动派！中国共产党万岁！"谢远定英勇就义，时年29岁。

吴亚鲁：徐州地区中共组织创始人

吴亚鲁（1898—1939），本名吴肃，字亚鲁，又名吴渊之、吴渊，江苏如皋（现属如东）人。1920年考入南京高等师范学校教育专修科，求学期间加入少年中国学会。1922年初加入社会主义青年团，5月5日担任中国社会主义青年团南京地委主要负责人。8月，他在如皋城创建了南通地区最早的进步团体"平民社"，11月又创办报刊《平民声》，年底加入中国共产党。

1923年夏从南京高等师范学校毕业后，应徐州江苏省立第三女子师范的聘请，到该校任教，并负责徐州地区党、团组织的开辟工作。1924年6月1日，徐州第一个社会主义青年团支部成立时担任书记，12

图3 吴亚鲁（1898—1939）

月社会主义青年团徐州地委成立时任书记。1925年1月26日参加了中国社会主义青年团第三次代表大会，6月任中共徐州支部书记，8月调往河南郑州豫丰纱厂从事工人运动。

1926年4月，调任中共南京地委宣传委员。不久又调去广州，参加省港大罢工。省港大罢工胜利后，参加了北伐军，到武汉任国民革命军第十一军第二十四师（叶挺任师长）政治部宣传科长。"七一五"反革命政变后，又随叶挺部队到江西参加了南昌起义，起义失败后，离开军队到福建从事党的地下工作。1928年8月任中共福建省委委员兼宣传部长，后任福建省委秘书长、福建省委常委、福建省总行动委员会候补执委,山东省委秘书长、宣传部长、常委等职。1933年被捕入狱,至1936年底得释出狱。1938年秋派往新四军平江嘉义留守处任秘书主任,中共湘鄂赣特委委员、秘书长。1939年6月12日,在国民党制造的"平江惨案"中牺牲。

1939年8月1日,在中共中央召开的延安人民追悼平江惨案被害烈士大会上,毛泽东送了挽联,写道:"日寇凭陵,国难方殷,枪口应当向外;吾人主张,民气可用,意志必须集中。"并发表了《必须制裁反动派》的著名演说。中共中央送的挽联写道:"在国难中惹起内讧,江河不洗古今憾;于身危时犹明大义,天地能知忠烈心。"吴亚鲁在其短短的一生中,为中国的革命事业做出了不朽的业绩。

(供稿:南京师范大学档案馆)

雨花英烈　金大赤子:陈景星

李鸿敏

陈景星(1908—1930),1908 年 10 月出生于辽宁省海城县新台乡陈家台村。1927 年,父母将自家土地抵押给了一个大地主,使得 19 岁的陈景星得以继续求学。同年秋,他考入奉天省立第三高级中学。他性格爽朗刚毅,为人忠厚热情,是学校的活跃分子。求学期间他读了孙中山、朱执信、瞿秋白、萧楚女等人的文章,受到了民族民主革命学说的启蒙,他抱着"拯我中国于将亡,救彼民族于压迫"的理想,加入国民党。

1927 年 4 月 12 日,蒋介石集团背叛革命,在上海发动反革命政变,疯狂捕杀共产党人和革命群众。4 月 18 日,蒋介石在南京建立代表大地主大资产阶级利益的国民政府。1928 年底东北宣布易帜,南京国民政府完成了形式上的统一,然而社会依旧黑暗无望,国民渴望已久的和平安定并未因此而到来。目睹社会现实,特别是看到那些加入国民党的青年在革命功臣、升官发财的诱惑下失去了方向,陈景星陷入了沉思:这叫革命成功了吗?

彼时金陵大学(简称"金大")代表团来沈阳参加第四届全国运动大会,他们鼓吹南京首都的盛况,于是陈景星决定离开东北,到南京去,到首都去,寻求自己心中的真理。在 1929 年 6 月 18 日,陈景星和志同道合的朋友石璞等 4 人,从大连坐船经上海转赴南京。很快,他们就发现南京的政治状况与东北没有什么区别,再一次迷茫的他们决定暂时投入学术的怀抱。凭借扎实的功底,他们进入金大预科读书。

图1 陈景星(1908—1930)及其金陵大学录取证明

金大历来主张学术自由,图书馆里摆放有许多中英文版的马列主义书籍。在这里,他如饥似渴地阅读了大量马列主义书籍,如《历史唯物论》《国家与革命》等等。这些崭新的理论深深吸引着他,为他打开了思想的新天地。他对真理的热切追求,很快引起了金大校内中共地下党的关注。在中共党员的帮助下,他迅速成长为一名具有坚定革命信仰的共产主义战士。在1929年下半年,他光荣地加入了中国共产党。

1930年2月,陈景星根据中共南京市委的指示,与中央大学的黄祥宾、晓庄师范学校的石俊等人发起"南京自由运动大同盟",并在金大成立"金大争取自由大同盟"。当时金大的国民党、青年党活动相对猖狂,进步活动被压制,陈景星毅然带头在宣传告示上签名,并向同学、同乡们积极宣传马列主义和党的文件,由于他年龄较大,为人诚朴热情,社会活动能力较强,很快得到了不少同学同乡的支援,壮大了声势,打开了活动局面。他抓住机会,积极发展了石璞、李林泮等人入党,并在金大校园成立了党支部,他被上级任命为书记,使得金大党组织成为南京的一支重要革命力量。

1930年3月,金大发生社会学教授夏慕仁放映辱华影片事件。金大党支部及时组织领导学生开展针对美帝国主义的爱国斗争,他们在3月24日上午促成了一场300人参加的大会,陈景星带头高呼"打倒美帝国主义""驱逐侮辱中国人民的美帝国主义分子"等口号。他的勇敢,立刻感染了全场,鼓舞了学生的斗志,成功向学校当局施压。金大校方最终接受了大会的要求:没收影片,解除了夏慕仁的聘约。

1930年中原大战爆发,国内革命形势进一步发展,南京的工人运动日益高涨。中共江苏省委认为革命高潮即将到来,要加强组织江苏地区的反帝爱国运动。1930年4月3日,南京和记洋行工人掀起罢工斗争,反对厂方无理解雇工人,并要求增加工资,改善待遇。结果遭到军警的残酷镇压,被逮捕打伤数十人,即"四三惨案"。陈景星接到南京市委关于利用形势发动声援和记洋行工人斗争的任务,为扩大规模,他还发动中学师生参与游行示威,声援工人罢工。

然而由于当时的"左倾"盲动主义抬头,江苏省委要求发动大规模群众斗争,开展"五罢"运动(罢工、罢课、罢市、罢操、罢岗)。陈景星出于对党的忠诚和热爱,毅然接受任务,首先在金大开展罢课运动,打响南京市学生运动的第一炮。然而,受制于便衣特务的阻扰,各种罢课计划无法顺利进行,南京市委宣传部长刘季平因组织万人示威游行和散发纪念"五卅"大罢工宣传单被捕,行动失败。他和石璞仍继续投入战斗,5月26日晚,绘制张贴英帝国主义屠杀中国人民的漫画,号召学生签名参加"五卅"纪念大会;5月30日,陈景星、石璞、李林泮等人参加夫子庙的"飞行集会",在国民大戏院门口高呼口号,散发传单。

"五罢"运动最终以失败告终,党组织内部并未认识到形势严峻,甚至制订了全国中心城市武装起义的冒险计划,想要实现一省或数省的首先胜利。中共南京市委要求在6月筹划"南京暴动",要求大学中的党员暑假不要回家,准备参加暴动。陈景星清醒地知道此次暴动可能失败,于是给母亲写下了一封情深意长的信。他说:"母亲,你对我的爱、对我的体贴,那是使我时时不会忘记的""然而慈母爱儿的亲热,我能如何报答呢。不过母亲我敢说,你的儿子在外边,处处方面都是在做人,不敢一点松懈。我常想,我若是读了很多的书,不能为社会上的被践踏的人类谋些幸福,那我怎能对起母亲呢,怎能对起母亲疼儿一场呢""母亲,我盼望你把思我的心放在他们身上吧。他们将来的成人,要比我更能孝顺你呀""这是现在的天下和从前变啦,现在再不会有皇上啦。所以,母亲,你的聪明的儿子干的事情,你认为对就好啦""暑假我仍然不能回去,因为我要离开金陵大学考中央大学"。字里行间,是他对母亲的不舍和爱,是他对贫苦农民的感同身受,是他希望为被践踏的人类谋些幸福的初衷。

根据党组织的决定,陈景星担任南京市行动委员会委员,负责领导城南区电报局、兵工厂的工人暴动。然而,由于市委交通员鲁达卿叛变,陈景星、石璞、李林泮等十多人被捕,被关入了首都卫戍司令部。当知道陈景星是一名共产党员后,敌人便对他施行了各种酷刑,但他始终咬紧牙关,一字不吐,严守了党的秘密。9月4日凌晨,陈景星、石璞、李林泮等8人高呼着"中国共产党万岁",在南京雨花台英勇就义,牺牲时陈景星年仅22岁。

雨花英烈昭日月,赤子青春报中华。陈景星用年轻的生命谱写了中国共产党人为人民解放事业牺牲奋斗的壮丽诗篇,也为南大校史写下了彪炳千古的光辉一页。

(供稿:南京大学档案馆)

"河海"首位学生党员曹锐

李舍梅

曹锐,又名曹壮父,他出生的年代,正值清朝政府腐败无能,帝国主义列强肆意瓜分中国,而中国人民日益觉醒,民族民主运动日趋高涨之时。一批革命党人为推翻封建专制统治,挽救民族危亡,争取国家的独立、民主和富强而四处奔走,不懈斗争。辛亥革命后,深受民主革命思想影响的曹锐便怀着救国救民的理想,到南京求学。

求学河海入鄂专班

1922年3月,曹锐以优异的成绩考入河海工程专门学校鄂专班。鄂专班是湖北省委托河海工程专门学校代为培养治水人才特别设立的班级,学制4年,按照正科培养方案培养学生,在学校整个办学历史中,仅招收过一班。当时的河海工程专门学校从校主任(1919年改称校长)许肇南到各科教师都是真才实学、留学归来的专家。对课程设置、讲课质量极其讲究,十分重视学生和教职员的道德情操,设立了进德部,对学生进行专门的"操行"环节的考核,强调"德立,体健,可以进言学术矣"。

图书馆阅报室里的《新青年》《申报》《时报》《救国日报》是学生们经常接触的读物,他们常常在课余饭后,聚在走廊上、宿舍里评论时政,谈论"改造中国"的问题。尽管在南京的环境陌生,学习任务繁重,曹锐始终不忘对理想的追求,在学校图书馆广泛阅读各种进步期刊和革命书籍。入学第一年的12月,在恽代英和萧楚女的介绍下,曹锐光荣地加入了中国共产党,他是

"河海"学生中的首位党员。

此后,曹锐投身于党领导的学生运动,从事革命思想传播和革命发动工作,更加自觉地为社会进步而忙碌,为中国革命而奔走。为了团结更多的进步青年,他通过恽代英等人的关系,加强与江苏进步人士的联系。

图1 曹锐就读于学校鄂专班时居住的宿舍

领导罢工声援"五卅"

五卅惨案消息传来,青年学生群情沸腾。南京党、团组织领导成员立即开会研究,决定重点发动英商和记洋行工人罢工,以抗议英帝暴行,声援上海人民的反帝斗争。6月4日上午,南京万余群众由宛希俨、曹锐等带领,到城北、下关示威游行。各校学生手执小旗,臂缠黑纱,表示对上海死难同胞的哀悼。游行队伍先到鼓楼日领事署示威,然后直奔下关,到英领事署抗议,再到江边英商和记洋行和英、日商轮船码头示威。示威者沿途散发传单,交通为之受阻,街道两旁、墙上贴满各种反帝爱国的标语。

游行队伍齐集和记洋行门前,等候中午放工时演讲。不料,和记洋行大班闻讯备好午饭,中午不放工。同时,买办还在厂内训话,允诺给工人加些许工资,还要工人提早上工,否则扣发工资。见公司大门紧闭,工人无法出厂,曹锐便指挥大家暂时散开休息。下午,工人放工时,学生大军立刻围成一个半圆形,他们高喊"不要替仇人做工""大家起来为上海被杀的同胞报仇"等口号,分头演讲。和记工人深为学生的爱国精神所感动,个个摩拳擦掌,义愤填膺,齐声高呼:"饿死也不给仇人做工!"

为了把反帝运动进行到底,南京学界当晚在省教育会召开中等以上学校教职员、学生代表联合会议,决定成立"南京学界上海惨案后援会下关办事处",并抽调一批党团员、国民党左派和积极分子到办事处工作,办事处负责人为共产党员曹锐。深受压迫的和记洋行工人很快被发动起来。为声援上海人民的斗争,也为争取自身的权利,从 6 月 5 日起,全洋行工人开始罢工,英国资本家损失惨重,对 12 项复工条件全部予以承认。

图 2　救济罢工委员会全体职员合影(前排右一为曹锐)

和记洋行工人大罢工,是工人直接反对帝国主义资本家剥削压迫的斗争。这次斗争规模之大、时间之长都是空前的,这次罢工是中国大革命风暴的一部分。中国工人运动早期领袖邓中夏对这次罢工作了高度评价:"和记蛋厂罢工是南京反帝国主义运动最壮烈的一举。"刘少奇在第三次全国劳动大会上所作的报告说:"南京方面,在五卅后,也有极热烈的运动,英国和记公司工人罢工而得胜利复工"。

1926 年 1 月 10 日,国民党江苏省党委决定,成立国民党南京市党部,曹锐被选为执行委员会常务委员,负责市党部的领导工作。市党部下设组织、宣传、农民、工、青年、商民等工作部,有党员 500 余人。市党部成立后,在大力开展党务工作的同时,为了扩大革命影响,还积极开展了孙中山的三大政策、新三民主义的宣传。此外,市党部还建立了南京三民主义学会等组织,出版了《五卅青年》(后更名为《南京评论》)等刊物。2 月,为培育进步的青年学生,国民党南京市党部与江苏省党委开办国立中山大学分设南京附属中学,曹锐担任校长,培养进步青年。

徐州三月遗志鄂西

1926年9月,中共上海(江浙)区委派曹锐赶赴徐州,任中共徐州独立支部干事会书记,积极开展农民运动和军事工作。同年12月,党组织根据中共中央指示,通知曹锐回湖北区委工作,此时,湖北大革命浪潮一浪高过一浪。随着北伐军的胜利进军,武汉已成为全国革命的中心。党的"八七"会议以后,他担任鄂西特委书记兼鄂西农民暴动军总司令、中央巡视员、湖北省委候补书记兼组织部长等职。

1929年春节前夕,曹锐因叛徒告密而被捕,被关押在湖北监狱。曹锐曾化名王子琴,假报籍贯为宜昌,虽受尽敌人的种种酷刑,但他坚贞不屈,严守党的秘密,敌人百般利诱、无计可施。曹锐被捕后不久,敌人又逮捕了他当时已经有八个月身孕的妻子,他知道后便托人带信给妻子,鼓励她要坚强,并希望无论妻子生男生女,都取名为"祥继","祥"是辈分,"继"是继承父辈的革命遗志。3月4日,曹锐被惨杀在武昌南湘门外阅马场上,临刑前,他仍高呼"中共共产党万岁",其声激昂悲壮,响彻环宇。

曹锐的一生只有短短的33个春秋,却是为党和人民无私奉献的一生。曹锐具有崇高的理想信念,面对白色恐怖这种生死考验,他立场坚定、心无杂念,无论何时何地何种情况,都为革命奋斗终身。

(供稿:河海大学档案馆)

纯真光辉是丁香

王凝萱

在诗人戴望舒的笔下,寻一个江南细雨时节,走一道青石板铺就的小巷,或许会遇到一个像丁香一样结着愁怨的女子,撑一把油纸伞,款款而来。在这样的诗情画意中,丁香通常用来象征勤劳、质朴、略带忧伤的女性,但翻开苏州大学百廿年的厚重历史,却能遇见一朵不一样的丁香。

丁香,原名丁贞,又名白丁香,1910年出生在江苏苏州,是乱世中的一名弃婴,苏州基督教监理会牧师白美丽小姐收养了她。丁香自小冰雪聪明,白小姐甚是喜爱她,专门请来老师教她英语、圣经、历史、地理、钢琴等课程。江南水乡的古典温润和现代的人文教育共同滋养着丁香,她出落成了一名优雅明理的知识女性。

图1 丁香(1910—1932)

1925年,丁香进入东吴大学读书,在这里她就如一株亭亭玉立的丁香树一样,接受着各种知识与思想的浇灌,直至遇见了一名叫乐于泓的进步青年。乐于泓出生于南京一个儒宦家庭,原本姓陆,因在江南口音中"乐"与"陆"音近,在从事地下工作时便改名乐于泓,慢慢地被人叫作阿乐。

丁香与阿乐相识之时,正值风起云涌的大革命时代,科学民主的思想在五四运动之后不断传播,两个年轻人在东吴大学校园内一起学习文化,一起讨论时事,一起成长。

丁香会弹钢琴,阿乐会拉胡琴,二人经常合奏,西洋乐器和中国民乐碰撞出奇妙的火花。渐渐地,艺术上的志同道合逐渐发展成为人生理想上的志同道合。阿乐比丁香年长两岁,便经常在生活上照顾她,也在思想上不断引导她。在东吴大学求学的这段时间,是二人观念变化、思想成长最快的时期,在这里他们通过进步青年们的宣讲了解时事,接受新思想、新文化的洗礼,逐渐确立了自己的理想,坚定了共产主义信念。

1930年,20岁的丁香加入了中国共产主义青年团,次年转为中共党员。她依旧和阿乐一起,参加党的地下工作,他们有一套特殊的秘密联络暗号,便是琴声。他们租住的阁楼里经常传出悠扬的《圣母颂》,这就是他们在互报平安。

动荡不安的局势,反而让两位青年党员的心贴得更近了。1932年4月,经过党组织的批准,二人在上海举行了秘密婚礼。为了安全保密,婚礼很简单,没有隆重的仪式,没有豪华的会场,也没有熙攘的嘉宾,但丁香和阿乐知道,他们的隐忍,是为了将来所有相爱的人都能相携在阳光下,步入浪漫的婚姻。

幸福的生活才过了五个月,1932年9月,沪上党组织就委派丁香去北平参加一个秘密会议。丁香毫不犹豫地接受了任务,告别阿乐踏上了北上的行程。当时丁香和阿乐谁都没有想到,这一次分离竟然成了永别。

会议被叛徒出卖,丁香也不幸被捕,很快就被押解到南京。因为丁香的养母白小姐是美国教会的牧师,国民党生怕美国会介入丁香被捕一事,一开始不敢轻举妄动,便派叛徒去劝降。丁香在狱中怒斥叛徒的可耻行径,对敌人的审讯毫不屈服,宁死也不愿出卖组织。养母白小姐到狱中探望她,告诉她只要履行一个手续,就可以出国,去美国的外祖父家,从此远离战火,狱中这段经历也就像噩梦一场,醒来无踪了。

丁香流着泪谢绝了养母的劝说,她深情地说:"我爱我的祖国!"丁香热爱着她从小生长的祖国,热爱着在祖国与她并肩奋斗的同志,更热爱着自己的共产主义理想。她虽然名叫丁香,却更像一丛火热的石榴花,红得不染一丝杂色,向着理想和信念怒放,奔放而执着。

丁香在狱中煎熬,阿乐在家中也如坐针毡。丁香在离沪最初的日子里,还寄回了几封信,报平安、诉衷肠,后来突然就中断了联系。阿乐寻求党组织的帮助,希望找到丁香的下落,党组织也非常重视,可没想到阿乐等到的却是噩耗。

原来,国民党担心时间久了美国人终究会在白小姐的四处活动下介入此事,他们是绝不愿意"放虎归山"的。12月3日,一个无星无月的寒夜,丁香被押到雨花台秘密枪决,当时她只有22岁,还怀着三个月的身孕。

阿乐得知消息的时候,与挚爱的丁香已经天人永隔。他悲痛欲绝,彻夜演奏着《随想曲》,回忆着与丁香从相识到相知再到共同奔赴伟大革命理想的点滴经历。第二天,他冒着暴露身份的危险赶往南京,在丁香英勇就义处痛哭哀悼,并且立下了"情眷眷,唯将不息斗争,兼人劳作,鞠躬尽瘁,偿汝遗愿"的誓言。阿乐决定,丁香未能完成的事业,他要更加坚定地为之奋斗;与丁香共同的理想道路,他要更加坚定地走下去;与丁香畅想过的新中国,他要亲手参与开创,这样才能告慰伊人的在天之灵。

随后,阿乐前往青岛任共青团山东省临时工委宣传部部长,1935年9月被捕,1937年9月在国共合作无条件释放政治犯时获释出狱。解放战争时期他担任过豫苏皖边区党委宣传部部长、十八军宣传部部长。1952年,阿乐任西藏工委办公室主任、宣传部部长和新华社西藏分社社长等职。他一生都在为了践行自己对丁香的誓言孜孜不倦地奋斗。

1982年,在丁香牺牲50周年的纪念日里,阿乐带着女儿乐丁香来到雨花台,在丁香就义时走过的小路上亲手种下了两棵丁香树,从此这条小路,就叫作丁香路。后来,雨花台的工作人员在小路两旁又种了几十株丁香,每到春季,就会开满白色、紫色的丁香花。1992年,乐于泓病逝于遥远的沈阳,去世之前他还想着去丁香路走一走,想去和丁香说一说这个他们向往的新时代、新中国。

按照乐于泓的遗愿,他的骨灰伴着美丽洁白的丁香花瓣,葬在了雨花台。乐于泓的这一生,恪守他对丁香的誓言,为了建设新中国、为了实现共产主义理想奋斗终生,他的足迹几乎遍布整个中国版图,却在最后魂归故里,与丁香朝夕相伴。

先人已逝,思想不灭。时光流转,党的百年华诞之后,丁香和阿乐的母校也迎来了120周年纪念。苏州大学宣传部、团委等部门协同创作了原创话剧《丁香·丁香》,由学校东吴剧社、东吴艺术团的同学们排演。乐丁香与妹妹、弟弟一同应邀观看话剧首演,并在苏州大学校园内,寻找当年父亲和丁香求学求知求真的印记。

《丁香·丁香》讲述的不仅是一个真实凄美的爱情故事,更是革命先辈们前赴后继的钢铁意志,象征的是一代代共产党人对革命理想的不懈追求。每一个苏大学子,都将永远怀念如丁香一样的,在开创、建设新中国道路上舍生忘死的先辈们。先烈们用热血和生命换来山河永固,坚定的理想信念永远是激励青年学子们攻克万难、奋勇向前的力量源泉。

图2　苏州大学原创话剧《丁香·丁香》剧照

（供稿：苏州大学档案馆）

执火为炬　火尽薪传

——记何福源烈士

王凝萱

1929 年 9 月,姑苏城外,有何氏一家喜得麟儿,周围邻居纷纷来贺弄璋之喜,何家长辈为孩子起名福源,望他将来福泽绵长、源源不绝。上有天堂下有苏杭,何福源虽生在可比天堂的苏州,却在烽火连天的时代中经历着动荡不安的生活。1937 年 7 月,日军发动卢沟桥事变,抗日战争全面爆发,日军在苏州烧杀抢掠,天堂宛如炼狱,尚是孩童的何福源耳闻目睹日本帝国主义的暴行,在幼小懵懂的心灵中种下了一颗抗日救国、振兴中华的种子。

1938 年秋,何福源随母迁居

图 1　何福源(1929—1963)

上海父亲处,后就读于麦伦中学(现在为继光中学)。这是一所早有共产党地下组织存在、由东吴大学毕业的著名民主人士沈体兰先生担任校长的进步学校。何福源在这里接受了进步思想的启蒙,高二那一年抗战胜利了,何福源参加了学校举行的各项庆祝活动,满以为从此以后,国家即可进入独立强盛、和平建设的新时期,但事与愿违,不到一年,神州大地,狼烟再起。

此时的何福源深受民主、自强的进步思想熏陶,参加了麦伦中学举办的专门招收贫苦工人和城市贫民中的失学儿童进行义务教育的民众夜校,并被推举为校长。在这里他传播知识,团结教育同学,开展革命斗争,他坚信,进步的力量便是漫天星火,终有汇聚燎原的一日。

1947年秋,何福源从麦伦中学毕业,考入了苏州东吴大学物理系。当时,东吴大学已有地下党支部,党组织正不断团结进步同学,指导学生运动。何福源一入校就结识了从中共茅山工委系统考入东吴大学的党员康少杰,这时他政治上日趋成熟,日益深刻地认识到只有中国共产党领导的解放区,才是中国人民的希望所在,因而对中国共产党有热烈的追求,对解放区有强烈的向往。次年5月,经康少杰同志的介绍,何福源加入了中国共产党,成为东吴大学地下党的一位成员。9月份,党组织决定建立茅山东吴地下党支部,和原先的党支部为横向关系,互不知晓,但在上级党组织的安排下,配合开展工作,何福源同志被任命为新建党支部的支部书记。

从此以后,他更自觉地以党员标准要求自己,孜孜不倦地学习马克思主义理论,用马克思主义,特别是用马克思主义关于党的建设和斗争策略的理论武装自己。在他的领导下,支部工作迅速展开,组织了秘密社团新民社;先后举办过东吴义校和东吴夜校,向社会上的青少年传播进步思想和科学文化知识;积极发展地下党组织,在短短7个月内支部党员由6人发展至14人,同时输送了4名知识青年去解放区加入革命的行列。

何福源出生在一个资产阶级家庭,是家中的长子长孙,自小生活在苏沪,未曾离家远行,身上还寄托着父辈的期望,家族正安排他出国留学,回国后好子承父业。但1949年3月,解放战争三大战役先后取得了伟大胜利,人民解放军面临着“打过长江去,解放全中国”的任务,何福源也在这时接到了上级的命令。党组织希望他和支部支委章腾文一起撤离学校,去中共茅山工委辖地——丹阳农村游击区工作。国与家的期望难以两全,何福源决定听从上级的安排,走上了武装革命的征途。

3月12日,根据党组织的指示,他与章腾文同志离开学校,顺利地到达丹阳农村,被分配在两个游击小组里工作。19日,他与游击组长耿龙富一组

3人到河阳村提取粮款,20日晨不慎被国民党情报员夏洪源发觉告密。当夜驻丹阳的国民党雄风部队一个营300余人,就将该村团团围住。21日凌晨,敌人发起进攻,进行疯狂的扫射和炮轰,他们三次突围,未能成功,于是以楼房为掩护,居高临下,与敌人展开激烈的战斗。战斗从凌晨一直打到下午四时,持续了十多个小时,最后因弹尽无援,寡不敌众,惨遭失败。何福源负伤被捕,其他两位同志壮烈牺牲。

狱中暗无天日,但何福源坚信窗外就是自由明朗的蓝天。敌人手中是皮鞭与铁链,但何福源坚信,胜利的红旗即将插遍九州故里。面对暴行,他始终没有暴露自己的身份,坚守着党的秘密,表现出一个共产党员宁死不屈的英雄气概。敌人无可奈何,只得将他关在一间空屋里,几个负责看守的国民党士兵还为此议论起来:"抓来的一个土八路,年纪轻轻,不知为啥那样给共产党卖命。""这个土八路要不是伤势重,恐怕还抓不住。"

得知何福源被捕,党组织立刻设法开展救援,在上海的何家也通过各种方法营救。当何福源终于被解救出狱时,四肢脏腑均受重创,经过上海福民医院(现第四人民医院)全力抢救,方得以脱险。

伤势稍愈,何福源就返回东吴大学学习,并继续担任学校党支部书记。1951年,他作为学生代表与当时的校长杨永清一同到北京参加全国高等院校会议。1952年春,学校开展思想改造运动,他被任命为思想改造办公室副主任。同年秋,华东区开展高等学校院系调整工作,他被选为苏南师范学院筹建委员会委员。其实自从出狱后,何福源的身体再难恢复如前,但此时他才真正感受到天高地迥、征途万里,每一日都有自由的红日高悬。

1953年秋,因工作的需要,何福源被选送去上海复旦大学进修理论物理。他放弃了原来担任的行政工作,背起书包,走进课堂,重新向科学的殿堂挺进。这时他意识到,要振兴中华,彻底改变国家积贫积弱的面貌、走向富强,只有依靠科学技术。因而他在学校期间,努力学习、刻苦钻研,毫不懈怠。同时他还在党内担任中共复旦大学教师党支部书记,积极在知识分子中开展党的工作。当时任复旦大学校长的谢希德,就是在他的工作下加入了中国共产党。

1955年秋,何福源自上海复旦大学进修结束,返回江苏师范学院开始从事教学工作,被评为讲师。当时江苏师范学院在开展物理教学时缺少高等物理实验室,组织要求他担任筹建该校实验室的工作。他常为此工作至深夜,一心要把实验室尽快地建立起来,以适应为祖国培养科研人才的需要。可是他在国民党狱中被打伤的肾脏在劳累下不堪重负,常常发病,然而想到尚未建成的实验室,何福源经常带病进入实验室继续工作。在他和其他同志的共同努力下,实验室终于从无到有地建立了起来,而他却从此卧床不起了。在病床上,何福源仍然觉得单纯休息就是浪费宝贵光阴,于是他经常复习英语、高等数学、量子力学等,还自修俄语、群论、矩阵等学科,时刻准备着,一待病情稍有好转,就重返工作岗位继续工作。他常说"人总不应该为活着而活着""我之所以这样耐心养病,就是为了做好准备,在将来更好地为党为人民工作"。他卧床七年,写了一本又一本厚厚的学习笔记,还经常拖着沉重的身躯到教室了解教学情况,编写教材,给青年教师讲课。

但是当年受伤的肾脏在长期的劳累下,发炎肿大,功能逐渐丧失。1963年2月9日,34岁的何福源走完了人生的最后旅程,江苏省人民政府评定其为烈士。

在何福源的梦中,祖国繁荣昌盛,人民自由富足,贫苦的人们可以丰衣足食,好学的孩子可以遨游书海,而母校会成为一所优秀的大学,吸收全国的学生,将他们培养成才,并输送到祖国需要的地方去。何福源生命的每一秒都在为此而奋斗,因为他对党的事业无比忠诚,共产主义信念无比坚定,无论在多么艰苦的环境中,都始终保持着昂扬的革命乐观主义精神。他似一盏烛灯,燃尽了自己,驱散了黑暗,照亮了前路。何福源渴望的盛世画卷,已一点点铺就,祖国迎来中华民族伟大复兴,母校苏州大学入选了世界一流学科建设高校。

曾经像何福源这样的先辈们守护的一点又一点星光,如今正不断汇成璀璨银河,熠熠生辉。

(供稿:苏州大学档案馆)

烽火硝烟中的教育家刘伯厚

徐桂荣　刘　媛

每逢清明,刘伯厚烈士碑亭旁总是摆满了花
篮,师生们汇聚在一起,共同缅怀这位为新中国
解放事业而牺牲的教育家。

追求进步　参加革命斗争

刘伯厚,原名宗宽,学名愚,字伯厚,1886 年
12 月出生于江苏泰兴的一个耕读之家。他自幼
聪颖,刻苦好学。1906 年,刘伯厚考取了私立通
州师范学校。通州师范学校是中国历史上第一
所独立设置的师范学校,由晚清状元张謇创办。

图 1　刘伯厚(1886—1946)

通州师范招生十分严格,"择举、贡、生、监中性淑行端文理素优者为入格,报
名时须得素有声望人保书,再由本学校访察试验开单招致"。1907 年,刘伯
厚考入了两江师范学堂。毕业后,先后在泰兴县中等近 20 所中小学及涟水
师范、海门锡类中学、南京三条巷小学任教。

刘伯厚所处的时代,正是中华民族饱受侵略,封建政权风雨飘摇,社会
矛盾不断加剧的时代。救国报国、御侮图强,是当时进步知识分子的共同追
求。受到辛亥革命、五四运动影响,刘伯厚积极参加反帝反封建斗争,并投
身新文化运动。执教中,他提倡学生阅读课外书籍,关心国事。他勇于革
新,提倡写白话文。他曾借用《三字经》中词句编成讽刺喜剧《追债和赖债》,

组织学生演出,启发民众反抗剥削制度。

1927年,蒋介石发动"四一二"反革命政变,刘伯厚因参与反"清党"斗争,与中共泰兴县地下党负责人沈毅同时被捕入狱。在狱中,沈毅就革命形势、国共两党等问题,跟他进行了推心置腹的交谈。刘伯厚惭愧地对沈毅说:"我糊涂,我错看了国民党。"在关押了一段时间后,国民党当局将沈毅残酷杀害,刘伯厚因为是国民党员,又查不出他与共产党有牵连的证据,只能将他释放。从此,刘伯厚对国民党采取"不合作"的态度,国民党动员他出来做事,他对来人说:"你发你的财,我吃我的粉笔灰,我们井水不犯河水。"

培育英才　启蒙"红色特工"

刘伯厚先生执教30多年,在残酷的斗争中为党培养了大批杰出人才。然而,他永远不可能知道,在他的学生中有一位为我国革命事业作出特殊贡献的"红色特工"——沈安娜。

图2　沈安娜(1915—2010)

沈安娜(1915—2010),原名沈琬,泰兴人。1935年进入国民党浙江省政府任书记员,开始为我党搜集情报。1938年至1949年,在周恩来的指派下,沈安娜打入国民党中央党部做书记员,她以国民党特别党员身份作掩护,在蒋介石主持的党、政、军、特高层会议上为党搜集大量重要情报,并从未暴露,被誉为"按住蒋介石脉搏的人"。

1931年"九一八"事变爆发,消息传来,泰兴县立初级中学的师生群情激愤,在刘伯厚老师的带领下,抗日救国宣传活动在全校迅速展开。此时,16岁的沈安娜刚刚进校不久,并担任初二班班长。一次,当她在讲台上讲到东北同胞沦为任人宰割的亡国奴时,台下同学泣不成声,哭成一团。这时,忽然有人拍案而起,大声道:"同学们,不要哭,哭有什么用? 要行动!"同学们这才注意到,刘伯厚老师不知何时来到了教室,坐在最后一排。刘伯厚老师对大家说:"同学们,你们的爱国热情是好的,作为一个热血青年,怎能眼看政府的不抵抗行径于不顾？我们要行动起来,唤起民众,要求政府坚决抗日,收复国土,拯救中国同胞!"

1932年,沈琬决定和姐姐一道前往上海求学。同年,沈琬考入南洋商业高级中学(后转入速记学校读书)。在学校,她认识了与自己相伴一生的人——中共党员华明之,并开始走上革命道路。为了表明自己的理想,沈琬给自己起了个具有苏联色彩的名字:沈安娜。

60多年后,沈安娜在为《刘伯厚烈士碑揭幕纪念集》撰写纪念文章时这样写道:"我之所以能够在当时上海白色恐怖下参加革命,其主要原因是由于在泰兴中学接受爱国主义教育,打下了反帝反封建的思想基础。我一直认为刘伯厚老师是我爱国主义的启蒙老师。"

投身抗战 出任参政议长

1940年,抗日战争处于相持阶段,国民党顽固派加紧进行反共军事摩擦。同年7月,江南指挥部率所属部队北渡长江,挺进苏中。此时,国民党顽固派、时任鲁苏战区副总司令兼江苏省主席的韩德勤一味消极抗日,积极反共,一意"围剿"新四军。

新四军东进黄桥后,陈毅、粟裕坚决执行党中央指示,积极开展统战工作。在黄桥决战动员大会上,刘厚伯主动上台代表泰兴人民讲话,并动员群众交纳公粮,支持新四军抗日。在苏北各界爱国民主人士和黄桥地区人民的全力支持下,新四军奋起自卫还击。此战,新四军共歼敌1.1万人,俘虏士兵3 200余人,取得黄桥战役的胜利,为开创苏北抗战新局面扫除了障碍。

黄桥战役胜利后,泰兴抗日民主根据地的建设得到进一步巩固。1941年6月,刘伯厚当选为参政会议长,随后他又协助民主政府建立区级参政会。1942年,日伪军对苏中根据地进行大扫荡。他不避危险,到泰兴县城找到当伪军团长的学生,宣扬民族大义。在他的耐心游说下,伪军对新四军游击队的进攻不再"卖力",有些据点对新四军交通联络人员的来往盘查往往采取睁只眼闭只眼的态度。

游击办学 执掌联合师范

随着抗日民主根据地的巩固,时任中共苏中第三地方委员会书记的叶飞主张在泰兴办一所延安"抗大式"的正规乡村师范——泰兴乡村师范。刘伯厚欣然接受安排,担任乡师校长。

在当时战斗频繁的情况下,办学是十分困难的。为了适应斗争形势,防止敌人袭击,刘伯厚采取了"游击式"的办学方法。学生分散居住在群众家里,没有教室、课桌,就席地而坐,背包作凳子,膝盖当课桌。刘伯厚尽管年近花甲,又患有严重的支气管炎,却不辞劳苦,走南奔北主持校务。他平时则总是与学生们生活在一起,一旦遇有紧急情况,便背着小包裹率领师生一道转移。

1944年,中共苏中区委决定将泰兴乡村师范与苏中师范等学校合并,组成苏中三分区联合师范,由刘伯厚担任校长,迁址到宝应县严家大桥。为此,刘伯厚率领老师和数百名学生,跋涉400余里,穿过敌人的封锁线,走了一个多星期,终于到达目的地。

光荣入党　献身革命事业

1945年春,刘伯厚被任命为苏中第三行政区专员公署专员。在宣布任命的大会上,他动情地诉说了自己走过的革命历程。他郑重宣布:"从即日起退出国民党,要重投娘胎,参加共产党!"经朱克靖、杜干全介绍,刘伯厚终于实现了加入中国共产党的夙愿。

抗日战争结束后,苏皖边区政府成立,原苏中第三、第四分区划为苏皖边区第一行政区。1946年,刘伯厚任第一行政区临时参议会参议长。因国民党军进攻苏北解放区,组织上考虑到刘伯厚同志年老体衰,决定让他带领部分地方干部北上山东。11月25日,他随军北撤抵阜宁时,遭遇敌机轰炸,因被浓烟所呛,气管炎急剧发作,只得留在华中野战军医院就医。孰料该医院卫生队长为内奸,竟将海洛因冒充止咳药,让刘伯厚服用。刘伯厚服用此药后,病情急剧恶化,抢救无效,于26日凌晨不幸逝世,终年60岁。

（供稿：泰州学院、南京理工大学泰州科技学院）

一个无私的光明的找求者

——青年张闻天的自我觉醒之路

汪倩秋　卞艺杰　李舍梅

1925年,加入中国共产党不久的张闻天创作了一部书信体小说《飘零的黄叶》,作品通过主人公长虹的生活经历和心理变迁,表述了想要"变做光明,照澈这黑暗如漆的世界""做一个无私的光明的找求者"的愿望和决心。这不仅是张闻天向党所作的自我思想发展轨迹的深刻剖析,也是对党立下的坚定誓言。

1900年,张闻天出生在江苏南汇县(今上海南汇区),这里是长江与大海交汇冲击而成的陆地,河道纵横,却水患频发,由此也激发了少年张闻天对水利工程的浓厚兴趣。1915年,近代著名爱国实业家、教育家张謇

图1　1925年6月25日,
张闻天发表于《东方杂志》
第22卷第12号的《飘零的黄叶》

在南京创办了我国历史上第一所水利高等学府——河海工程专门学校(今河海大学之前身)。张謇办学高度重视培养学生的家国思想,强调德智体全面发展。1917年夏,张闻天如愿考入了河海工程专门学校。学校除了注重河海工程,也注重国文、英文、体育、伦理等课程教学,当时的老师多为欧美毕业的留学生,专业课程多为英文教材,教课也以英语教学为主,这些都为

张闻天在五四运动之前就能阅读英文版马克思主义著作,后期从事译著工作,以及成为我国现代文学史上第一代革命文学家奠定了基础。

20世纪的中国内忧外患,社会动荡不安。河海学子关心国内时事,在学校图书室阅读《新青年》《申报》《救国日报》等进步报刊,在课后讨论"改造中国"的问题。由此,张闻天结实了刘英士、沈泽民等进步学生,并成为挚友。

1919年5月4日,五四运动爆发。5月27日,南京二十多所学校的学生成立南京市学生联合会。张闻天、沈泽民积极投身反帝爱国运动,相继参加少年中国学会①和中国文学研究会等组织,成为《南京学生联合会日刊》《少年中国》《少年世界》等革命刊物的编辑和重要撰稿人。

图2 "少年中国学会"南京大会与会者合影

1920年冬,张闻天在"少年中国学会会员终身志业调查表"中填写道:"终身欲研究之学术:哲学;终身欲从事之事业:精神运动;事业着手之时日及地点:从今后起无一定所;将来维持终身生活之方法:译著。"这一时期,张闻天发表了大量随感录、新诗和时评,在目前仅存的51号《南京学生联合会日刊》中,张闻天的文章最多。1919年8月19日,张闻天在《南京学生联合会日刊》发表《社会问题》一文,介绍了《共产党宣言》部分内容,开始尝试用马克思主义唯物史观考察中国社会问题,成为马克思主义在中国的早期传

① 少年中国学会,1919年正式成立,中国五四运动时期社团组织,1918年由王光祈、曾琦、陈淯、周太玄、张尚龄、雷宝菁等人筹建,李大钊被邀请参与活动并列为发起人之一,总会在北京,入会时需填写少年中国学会会员终身志业调查表。

播者之一。

1919年下半年,张闻天通过上海留法勤工俭学预备科的入学考试,和沈泽民赴上海学习,开始了半年的工读生活。张闻天深入底层劳动者的生活,创作新诗《心碎》,并在《民国日报》上发表。1920年至1923年,张闻天先后赴日本、美国留学和工作,自学了大量的包括历史、哲学在内的社会科学书籍,翻译了《狗的跳舞》《热情之花》《盲音乐家》《托尔斯泰的艺术观》等外国文学作品和文论,撰写了《介绍王尔德》《歌德的浮士德》等论著和评论。

1921年4月,经茅盾介绍,沈泽民被吸收为中共上海小组成员。同年7月,茅盾和沈泽民两兄弟由上海共产主义小组成员转为正式党员,茅盾成为上海党组织负责人之一。1924年1月,张闻天从美国回到上海,任中华书局编辑,因与茅盾兄弟的密切关系,开始广泛地接触共产党人。1924年4月28日,沈泽民和邓中夏、恽代英等人提出了"革命文学"的口号,这一主张很快得到了张闻天的热烈响应。同年5月6日,张闻天发表长篇小说《旅途》,并陆续创作了三幕话剧《青春的梦》和《逃亡者》等短篇小说,开启了中国文学界"恋爱与革命"小说的先河。因写作革命文学,张闻天被中华书局辞退,前往重庆任教,并成为《南鸿》杂志的主编,发表了大量杂感和散文,其中《"死人之都"的重庆及其他》《生命的急流》等在当时传诵一时。该刊问世不久,因激烈抨击封建势力,遭到查禁。1925年5月,张闻天被驱逐出重庆来到上海。

1925年5月30日,五卅惨案爆发。惨案发生次日,张闻天走上上海街头,投入示威群众队伍的洪流,在南京路上遇到一位朋友,朋友问他:"为什么不加入国民党?"张闻天脱口回答:"我要加入C. P.!"6月初,张闻天经沈泽民、董亦湘介绍,加入中国共产党。

从此,张闻天走上了无产阶级职业革命家的道路,从土地革命到万里长征,从抗日战争到解放战争,再从社会主义建设到十年"文革"浩劫,正如《飘零的黄叶》中所写的,他的一生对共产主义的信仰从未有过丝毫的动摇。直到临终前,他还在遗嘱中向妻子交代,要把存款和补发的工资共4万元钱全部交给党组织,作为他的最后一次党费。

(供稿:河海大学档案馆)

东吴大学文理学院第一届学生自治会

王凝萱

东吴大学(今苏州大学)创立于1900年,1915年又在上海开办东吴大学法学院,抗日战争期间学校被迫辗转迁徙于重庆、曲江等地,在流亡中坚持办学,直到抗日战争胜利才重新回到苏沪。好景不长,1946年7月,全面内战爆发,正义的呐喊高声未歇,内战的炮火烽烟乍起。紧张氛围同样弥漫在东吴大学校园内,反动当局不断加强对"东吴"的控制,新入学的学生中有相当一部分属于三民主义青年团成员,他们控制了校内学生组织"附中联谊会"和"暴风体育会"。此时,中国共产党利用当时学校院系变动比较频繁、管理相对松弛的机会,抓住有利时机发展自己的力量。

当时东吴大学内有苏州、上海两个支部,苏州支部成立于1946年9月,有顾孟琴、徐懋义、顾戬、张瑞芸、诸葛洼和苏淑媛等党员。随后,上海学委领导的地下党员董为鲲、诸葛淳、周志秀、徐也鲁、钟信耀、朱承烈等随上海东吴大学文理学院二年级学生迁回苏州,同年新考入东吴大学的学生中也有地下党员,如唐崇侃、蒋学芳等。自此,上海、苏州两个系统的党组织相互配合、共同作战。

经过地下党员和积极分子的工作,东吴大学的学生运动也愈加活跃起来,在这段时间先后组织了三个进步社团,成为广大学生的主要阵地和开展爱国民主运动的主要支柱。这三个进步社团分别是由爱好文学的同学发起组织、带有日益明朗政治色彩的"文学研究会",大量报道全国各地学生运动、起到号角作用的"东吴新闻社"和以文娱活动为主、团结进步同学和中间同学的"姐妹兄弟团契(S. B. Club)"。逐渐地,其他诸多社团中也涌现出越来越多进步力量,如经济科学研究会、生物系会等等。

1947年初,北大女学生沈崇被美军侮辱事件成为全国"抗暴运动"的导火索,东吴大学学生也纷纷响应,参加社教学院组织的抗暴集会,蒋学芳等学生连夜在校园内张贴抗暴标语。5月,全国爆发了"反饥饿、反内战、反迫害"运动,东吴大学的进步学生正在党组织的指导下准备积极响应,恰巧此时,学校发生了"配米事件"。

图1　东吴大学师生举行"反饥饿、反内战、反迫害"罢课

东吴大学的学生伙食最初是由私人承包,由于当时物价飞涨,提供给学生的伙食并不好,学生们意见很大。经过抗争,学生成立了膳食委员会,自办伙食。1947年5月,东吴大学分配到一百石平价米,一些人准备私分,不给学生。时任膳食委员会负责人的党员路尔铭得知此事后,立刻在大礼堂将消息公布出去,学生哗然。一时间,学生们纷纷起来反抗,在学校中贴标语、漫画,组织集会抗议校方部分人的恶行。学校的地下党抓住时机,及时开展斗争,维护学生权益,反对校方部分人员私自分米。在党组织的引导下,学生膳食委员会号召全体寄宿学生召开大会,会上推举路尔铭等代表与学校交涉,要求校方这些准备私分的人按比例将应当分配给学生的部分全部拿出来,最终校方支持了学生们的诉求,将配给米分给了学生膳食委员会。

在这场斗争中,东吴大学地下党组织不仅积累了斗争经验,更把争取学生生活福利的斗争转变为争取民主权利的斗争,在学生中不断扩大进步力量的影响,也为后续建立学生自治会奠定了基础。东吴大学学生中一场更猛烈的进步风暴即将席卷而来,要民主、要和平的声音在学生们心底日益滋长。1947年东吴大学"配米事件"取得胜利后,学校的地下党组织认识到,要更广泛地发动学生,不仅要帮助学生为争取自身生活福利而斗争,更要启迪学生们为了自身民主权利而斗争。于是,党组织联系进步同学,在校内张贴标语和字报,要求在东吴大学文理学院成立学生自治会,更好地维护学生民主权利。

图2　学生为成立自治会静坐示威

在随后召开的全校学生大会上建立学生自治会这一议题被提上了日程,大多数同学对此都持赞同态度,并且选出了部分声望较高的学生,成立了筹备委员会,其中就包括党员朱承烈、顾孟琴等。但同时,三青团方面亦有势力渗透进筹备委员会,他们提出由校方监督产生自治会,但所幸被进步学生们否决,最终筹备委员会成员一致认可,自治会选举不受校方干涉,由各系学生推举候选人,最后由全校学生选举产生。

学生们在党组织的指导下,以学校进步社团文学研究会的名义,对各候选人进行考察并提出最终名单。此时校内的反动势力也正在集结,他们看到阻止学生自治会成立已经不可能,便转而决定参加竞选,夺取自治会的领导权。他们同样利用社团、出版刊物不断介绍他们的候选人,在学生之中进行游说。

面对这样的情况,党组织认为发表进步刊物宣传候选人、宣传自己的主张理念是行之有效的方法。进步学生们得到了《东吴新闻》的全力支持,以套红报头推出了《竞选特辑》，专门介绍进步同学候选人及施政纲领、竞选主张等。正是在这样的拉锯中，东吴大学的民主氛围空前高涨。最后在学生大会上，路尔铭以 249 票当选为学生自治会主席，朱承烈为副主席，顾孟琴、徐懋义等都被选为干事。而三青团推出的选举人中则有一人当选为副主席，数人当选为自治会下属各股股长。

　　1947 初夏时节，东吴大学文理学院第一届学生自治会终于正式成立了。虽然进步学生未能完全掌握东吴大学第一届学生自治会的全部领导权，但是在选举过程中，更加充分地发动了广大同学，宣传了党对进步团体的指导思想，争取到了更多同学的认可，几位组织者也在选举中得到了锻炼。

　　学生自治会的成立历经磨难，这是民主权利思想的一次传播、一次斗争，打开了东吴学生运动的局面，从侧面响应了全国的学生运动。但成立自治会并不是进步学生抗争的终点，而是另一个起点，进步同学们以此为基础宣传自己的思想主张，扩大民主科学理念的影响力。他们带领东吴学子参加南京、上海的助学运动；举办学生广泛参与的五四晚会以响应反美扶日运动，声援南京"四一"血案；参与解放前夕护校运动，直至 1949 年 4 月苏州解放。一团羸弱的星火在斗争中不断成长，直到东吴大学这所著名的教会大学终于完整地回到人民手中。

（供稿：苏州大学档案馆）

暗夜燃烛照芳华
——南通大学抗战时期进步团体与学生运动

万久富　顾　奕

　　1938年3月18日南通沦陷,南通大学前身——南通学院也在不久后遭受日军洗劫。为谋求文脉不断,纺科和农科迁至上海租界江西路451号继续办学,仍称"南通学院",郑瑜任代理院长。

　　热血澎湃的前辈们在他们的青春岁月为保持民族气节,果敢地选择正确的人生方向,坚定地追求学业和政治上的进步,在学生党支部的引领和鼓励下,组建了各类学生团体,开展了丰富多彩的实践活动和抗日宣传活动,也实践了先校长张謇"坚苦自立""道德优美、学术纯粹"的教诲。

　　1938年秋,为开拓南通学院党建局面,组织安排曲苇等同志考入农科,由曲苇组建南通学院党支部,任支部书记。他一手筹建"上海学生抗日救亡协会"(简称"学协"),培养了一批要求进步、爱国爱民的热血青年,王俟便是其中一位。她于1939年创建了"剧艺研究社",响应了组织号召,"不做电杆木头"似的书呆子,进行抗日宣传。通过选剧本、排戏、组织演出等一系列流程,培养了同学之间的友谊,调动了同学们的积极性,聚集了不少热血青年。由于租借场地困难,剧社演出一般在校内的教室里举行。第一次演出便是当时抗日经典剧目《放下你的鞭子》①,反响较大,打下了很好的群众基础。

---

　　①　《放下你的鞭子》是1931年由集体创作、剧作家陈鲤庭执笔写成的抗战街头剧,故事底本为田汉的独幕剧《迷娘》。讲述了"九一八"事变东北沦陷后,从中国东北沦陷区逃出来的一对父女在抗战期间流离失所、以卖唱为生的故事。该剧明确喊出了"让你们忍饥挨饿的是日本帝国主义,是不抵抗的汉奸"。街头剧的形式能迅速拉近演员和观剧群众的距离,使演出更具感染力和宣传效果。《放下你的鞭子》于1931年10月10日在上海首演,后迅速成为红透大江南北的抗日小剧。

有以剧会友的文艺骨干，就有在苦难岁月为成为栋梁之材而孜孜以求的青年才俊。1941年12月8日，太平洋战争爆发。日本加紧在中国的侵略，大举进军上海租界，抓捕反日力量。以演艺、宣传为主要形式的剧艺研究社已经不再适合存在。为了躲避日军眼线，响应组织上"化整为零"的号召，王俟牵头建立了学术性更强的农学研究会（简称"农学会"）。农学会主席选定了资历老、立场属中间派的四年级学生王伟璋。他成绩好，为人正，一来可以更好地赢取教授、同学的支持和好感，二来也能避免日军和走狗汉奸的注意。

农学会以学术研究为切口，以农学实践为活动主体，在国家存亡之际，努力学习、钻研技艺，同学们结下了比较深厚纯粹的友谊。在农学会的组织下，同学们利用自己的社会关系，积极联系实践场所，展开丰富而艰辛的实践活动。他们通过已在"元元牛奶公司"工作的学长黄志荣的关系，前去实习。同学们学会了识别牛种、母牛生产前的状况，掌握了挤奶、消毒、装瓶、入冰库的流程，还学到了做脱脂婴儿奶粉的技术；还有的同学充分利用上海名人云集的特点，在高恩路"黄园"①里实习、侍弄花卉。

农学会还组织了一次阵仗颇大的"百辆自行车骑行"活动，即自发骑行至陆家浜蘑菇场参观实习种蘑菇。从外滩出发，经南京路西行，沿路甚至吸引了被青年学生的朝气蓬

图1　学生在自建农场体验生活

---

① 此处黄园，应为"新黄园"。黄岳渊（原同盟会会员）于1909年（宣统元年）在上海真如松浜购地十余亩，为真如黄氏蓄植场，当地人称"黄家花园"。抗战前黄家花园办菊展十余次，在沪名人如于右任、包天笑等云集。抗战爆发后，黄园为日军侵占。黄于法租界另建新园，应就在高恩路，即现在的高安路。

勃所感染的群众加入，自行车数量达百辆之多，声势浩大。这场骑行，如今想来仍是那么激动人心，仿佛让罹经战乱之苦的上海民众看到了日本帝国主义铁蹄下的中华民族新生的力量和乐观不屈的斗志。

当时党员舒忻（鸿泉）的舅舅有一个农场，大家养鸭养鸡。后来程新棋和孙国策、戴中毅又开辟了新的实习农场，得到了畜牧专业冯焕文教授的支持，定名为"新中农场"，地点在真如镇杨家桥。同学们便利用这个农场来栽培果蔬、养来克亨鸡等。同学们还在农场组织了一次野餐会，一起做游戏，其乐融融。在上海沦陷被迫短暂停课后，同学们坚持自我办学，把这个农场当作课堂和家。施宝媛等同学还集体购置了兔子、鸡、意大利蜂饲养。这些农学研究团体和实践基地，不仅让学生学以致用，更为日后响应中共华东局和淮南抗日根据地的邀请号召，迁校桐城打下了很好的群众基础。

不仅农科学生热血澎湃，也有纺织科的勇毅青年积极尝试，坚持斗争。

1940年秋，已在高中入党的薛蔚芳考入南通学院纺织科，开辟纺科党建局面。她与同班同学冯之榴、程秋芳、农科学姐胡瑞瑛成为好友。在胡瑞瑛的鼓励下，薛蔚芳决定组建学术团体"澄社"，"澄"取"澄澈、清明、纯洁"意。澄社的组建得到冯之榴①的支持，冯当时是一位思想进步的富家小姐，在班级人缘颇好。澄社建立了几个读书小组，经常组织读书会，介绍同学们阅读《西行漫记》《静静的顿河》《农村经济调查》《新民主主义》等政论、进步书籍，党支部将一批类似书籍藏在了胡瑞瑛家，悄悄地轮流提供给各个小组，阅读完毕有时还会开讨论会，交流阅读感想、讨论当前形势，同学们互帮互助，发扬了纯洁而热情的阶级友爱。

1942年上海租界被日军侵袭占领后，学校被迫停课。同学们求知若渴，党员学生本着我党"勤学、勤业、勤交友"的方针，开展了一系列活动，"澄社"成为同学们自学、交流、讨论的主力阵地之一。当时"澄社"聘请教授在同学家上课，也会组织同学分工备课。讨论会和兴趣小组曾组织专题讨论，分析德、意、日三个轴心国的情况。这些学子正处在国家危亡、民贫民疲的时期，积极践行着"风声雨声读书声声声入耳，家事国事天下事事事关心"的理念。

---

① 冯之榴，物理学家，长期从事高分子物理研究；1940年9月至1944年6月就读于南通学院纺织科；20世纪50年代初在美国首创可测定单纤维纤度的振动装置；1955年归国，历任中国科学院长春应用化学研究所副研究员、高分子物理研究室副主任等职。

这样的形式使得澄社团结了很多热血青年,到二年级时已有 20 人参加,约为全班半数,影响很大。后来南通学院面临是否迁校后方的抉择时,澄社社员带动同学,参加农科田鸣德同学发起的"夏令团",也进一步打通了农、纺两科同学的专业界限。

1942 年 3 月,上海日伪势力限期责令各大中院校登记。代理院长郑瑜为国民党员。虽然政治立场不同,但知识分子朴素的道德感和爱国心也使得他不愿意向汪伪政府低头。正是把握了郑瑜的这一思想,中共方面与之接触动员,加之进步学生推动,学校在 1942 年 9 月正式组织一批自愿前往的师生,转移至中共淮南抗日根据地办学。另有一批学生或根据党组织要求或出于自身意愿,留在上海,薛蔚芳便是其中之一。她的留下,一定程度上保护和发展了在沪"南通学院"的革命火种。

薛蔚芳出身于一个家道中落的小知识分子家庭,成长环境使得她知书达理又勇敢坚强。早在 1940 年,她刚入大学时便利用自己租住的一所亭子间作为地下交通站。这所亭子间位于公共租界苏州河畔新闸路与泥城桥交界处的一处深巷中,隐蔽而交通便捷。上级党组织曾在这里开会部署,而年轻的薛蔚芳则在外放哨望风;在这所亭子间里,她还配合地下党组织送走了一批批向往革命的有志青年前往新四军的抗日根据地,传递交换着秘密情报。

晚年的薛蔚芳在她的回忆录里动情地描述:"每当望见我亭子间的窗户还亮着昏黄的灯光,仿佛它是黑夜里最耀眼的明珠!我虽然站在这狭窄的弄堂口,但却觉得这世界是那样宽广光明……每逢有情报从这里送出,我就从窗口目送同志远去的背影,想着一路风波险恶,心中为亲爱的同志默念祈祷,祈求他们小心再小心,顺利平安地完成任务。"

（供稿：南通大学档案馆、校史馆）

伟大的正义的"五二〇"运动

李鸿敏

1946年6月底,国民党军队大举进攻中原解放区,全面内战爆发。经历了八载全面抗战的国家、民族、人民,再次陷入烽火漫天、社会动荡、经济败坏的苦难。国统区内各种矛盾不断激化,群众爱国运动此起彼伏。为了支付军费开支,蒋介石政府滥发纸币,造成国统区恶性通货膨胀,物价飞涨,底层人民喊出"简直是要我们死了完事"的呼声。

面对局势变化,1947年1月,中共中央为准备迎接全国革命新高潮,对蒋管区党组织系统进行了必要调整。毛泽东作出"中国时局将要发展到一个新的阶段""预示着中国新的反帝、反封建斗争的人民大革命毫无疑义地将要到来,并可能取得胜利"的判断。

以"吃光"之名

1946年12月,国民政府规定大学公费生每月副食费为法币2.4万元,然而物价一路飙升,到1947年5月,副食费并未增加,教育界呼喊"已达山穷水尽之境",在校公费生每日副食费仅够买两根半油条,中央大学(简称"中大")学生慨叹"看不见一滴油,吃不到一片肉,连一天两顿干饭、一顿稀饭的伙食都不能维持了"。生存、吃饭问题成为头等大事,4月20日,中大召开第四十届第一次系科代表大会,要求增加副食费,校方鉴于学生伙食实际,决定先行由校方垫付,将副食费增加至4万元。讵料行政院得悉,于5月8日重申大学公费生副食费保持每月2.4万元不变。由希望到失望,瞬间点燃了中大学生的怒火。中大席长会议决议,"凡人起码有争取生存权利的自由,与其因营养不足慢慢地死亡,倒不如立刻实行绝食""全部膳费吃光后,开始实行绝食,并作饥饿大游行"。

新民主主义青年社(新青社)是中国共产党领导下的 40 年代在中大发展壮大起来的进步青年学生组织。1947 年初,中共中央上海分局钱瑛指示卫永清以党员身份,向中大新青社传达中国共产党对时局形势的判断,要求大力开展群众工作以迎接群众运动新高潮。中大学生大规模的哗然愤慨,使得新加入中国共产党的党员、新青社负责人、中大历史系三年级生颜次青看到开展学生运动的时机,卫永清立刻下达指示,必须抓住群众的要求,引导群众开展反饥饿斗争,以及生活斗争必然要发展到政治斗争。

中大地下党员通过在中大公开工作部门的同志王世德、朱成学、黄鹤祯等连续召开系科代表大会,决议要求增加副食费,从 13 日开始罢课,举行游行请愿。新青社与民盟中大支部、工社等密切配合,进行广泛宣传,"吃光运动"之名迅速得到全国各地高校的响应,从 5 月 13 日至 15 日,南京国立音乐院、金陵大学、国立戏剧专科学校等学校响应中大,决定吃光后罢课请愿。15 日,中大联合音乐院、剧专共约 4 000 人向教育部游行请愿,金陵大学于16 日接力饥饿大游行。中大学生以"吃光"之名,发出反饥饿运动第一声,点燃了新的学生运动的星星之火。

号角声起

联合请愿未果,5 月 16 日晚中大召开第七次系科代表大会,金大、剧专、药专、音乐院四校代表列席旁听,大会决议继续无限期罢课,并组织南京市专科以上学校联合会,要求增加教育经费。最重要的一点是决议将会议内容通电全国,号召一致行动。上海由交大转达各校,杭州由浙大,北平由清华、北大、燕京大学,天津由南开,汉口由武大,重庆由重大,成都由川大、华大,广州由中山大学,云南由云大转达各校,势要做到通电全国高校,并最终决定在 5 月 20 日赴参政会、行政院联合请愿。

此时,北平、天津、上海的学生也掀起了罢课、反饥饿斗争,南北呼应,学潮弥漫。感受到风雨欲来,5 月 18 日,国民政府通过了《维持社会秩序临时办法》,蒋介石发表《整饬学风 维护法纪》的谈话,决定强硬镇压学潮。

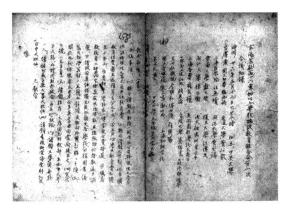

图1　京沪苏杭区十六专科以上学校挽救教育联合会第一次会议记录

形势十分险恶,在党的领导下,中大新青社开会讨论、分析形势,认为这暴露了国民党政府的虚弱,并由中大系科代表大会常设委员黄鹤祯出面,召开系科代表大会,坚持在5月20日进行游行请愿,并一致通过将"反内战、争和平"列入游行示威主要内容。与此同时,全国各校响应中大的号召,推派代表赴京请愿,他们举行热烈欢送会,乘坐火车,高呼口号,高唱《到南京去要饭吃》。

18日至19日,沪苏杭代表陆续抵京,他们在中大举行联谊大会,以表演歌咏喊出"我要面包"的悲惨吁请,也高喊"团结就是力量",为即将到来的游行请愿积蓄力量。19日,中大举行京沪苏杭区十六专科以上学校挽救教育联合会第一次会议,由中大新青社朱成学主持,中大代表团提出以"反饥饿、反内战大游行"为总口号,有些代表有所担心,经过协商,确定总口号为"挽救教育危机",但是将"反内战"列入宣言内容,重申确定于5月20日进行"京沪苏杭区十六专科以上学校学生挽救教育危机联合大游行"。次日在出发前发表《京沪苏杭区十六专科以上学校学生挽救教育危机联合大游行宣言》《沪杭区国立专科以上学校学生抢救教育危机进京请愿联合代表团书面声明》以及《中央大学全体学生告全国同胞书》三篇文章。

檄文已出,号角声起,轰轰烈烈的五二〇大游行开始了。

"五二〇"大游行

5月20日晨,天空布满铅灰色云团,气候潮、闷。8时,中大本部学生和沪苏杭代表团部分成员陆续在中大四牌楼校区大操场集合,许多人手拿小旗,抬着漫画、标语牌,中大杏黄色的校旗高高飘扬,他们大声高唱:"前进,中国的青年!挺进,中国的青年!中国恰像暴风雨中的破船,我们要认识今日的危险,用一切力量,争取胜利的明天。"9时,中大成贤街一带已被宪警封锁,金大、剧专等校均被包围,无法前来。主席团当即决定,整队绕行操场一周,从西侧门冲出,为金大解围。学生们打出孙中山巨幅遗像和红字大幅标语"和平奋斗救中国"作前导,展开"京沪苏杭十六专科以上学校挽救教育危机联合大游行"红底白字大横幅,浩浩荡荡前往鼓楼救援金陵大学。

8时半,金大集合高唱《团结就是力量》,时校门外已被宪警包围,不得脱身,地下党员宋诚善、进步学生程恂如及时翻墙去中大求援。随着学生越来越多,宪兵突然鸣枪警告,在枪声中,金大学生一拥而前,冲破封锁,赶至鼓楼,恰好与赶来救援的中大代表团队伍汇合,6 000余人,彼此欢呼、拥抱、高喊、鼓掌,围观群众无不动容。学生们挽紧手臂,六人一排,女同学居中,浩浩荡荡,一路高呼"反对饥饿""反对内战""和平奋斗救中国"等口号,绕行鼓楼一圈,宣传队员沿路张贴标语,向珠江路挺进。

图2 《南京新民报日刊》刊登的报道

此时珠江路已成恐怖世界:商店闭户,交通封锁,宪警当街横站,挽紧手臂,形成黄绿人墙,架起消防车,上起水龙,红旗指挥,红色警备车呼啸奔驰。10时50分,学生游行队伍抵达,无惧危险,高声呼喊"中国人不打中国人""宪警和学生团结起来""警察拿出良心来"。主席团一马当先,冲向封锁线,学生队伍紧跟着冲去。珠江路立刻陷入暴力和混乱之中。

宪警大队蜂拥而上,抢夺、撕毁旗帜、标语,消防车打开水龙,喷射学生。宪警手持木棒、皮带、自来水管、石子,冲入人群,竟还手持有针之木棒猛击学生头部,顿时鲜血立涌,数位女同学见状上前救护,又遭重击,一位女同学头部流血昏倒,宪警继续脚踏女生,追击其余,昏倒的女生则被其他警宪以皮带木棒继续痛击,终生死不知、下落不明。"一同学于前冲击时腰上被击一棍,尚未倒下,头上又着一棍,昏倒后,又再加一棍,鲜血直流,一女同学被水冲倒,为警士数人围住乱踏,另一女同学腰部被猛击一棍,惨叫一声,倒地,警士一拥而上,再予凶殴,是时除男女同学在血水中乱滚惨叫,路人为之落泪。一老太太见警士毒打女同学,上前哭劝,亦为警士棒伤倒地。"

12 时多,学生队伍终于冲破珠江路封锁,挺进国府路。这里的封锁更加坚固,第一道骑巡队,第二道防护团,第三道全副美式装备的青年军,第四道武装宪兵,第五道机关枪队。形势十分严峻,主席团立即决定暂停前进,对峙交涉。下午 2 时,狂风骤起,暴雨如注,学生队伍屹立不动,雨中高呼"我们愿与天地雷声一哭""下刀子也不怕",高唱《团结就是力量》。

为打破僵局,朱成学以主席团执行主席的身份召开主席团会议,决议兵分两路:一路就地宣传;一路由他和中大自治会主席王世德、金大邓鸿举、暨南戴文坡、复旦王汉民、浙大周亚林、社教学院李明杠等代表,与卫戍司令部、国民参政会交涉。

经过谈判,下午 6 时左右,学生游行队伍终于能按照原计划,高举旗帜、高喊口号,秩序井然地经过国府路、国民参政会,转入碑亭巷、成贤街,昂首返回中大。

"五二〇"血案,以青春和鲜血,震惊了中外。社会各界发来声援、慰问,上海、北平、天津、杭州、武汉、昆明、青岛等 60 余大中城市的青年爱国学生声援中大,纷纷发起游行罢课,展开了一场声势浩大、历时长久的反饥饿、反内战、反迫害运动。毛泽东在 5 月 30 日发表了《蒋介石政府已处在全民的包围中》,指出:"中国境内已经有了两条战线,蒋介石进犯军和人民解放军的战争,这是第一条战线。现在又出现了第二条战线,这就是伟大的正义的学生运动和蒋介石反动政府之间的尖锐斗争。"高度评价了"五二〇"学生运动的意义。

1951 年校长潘菽为纪念"五二〇"运动,发表了《发扬英勇斗争的光荣传统》。1954 年 6 月 16 日,南京大学校务委员会正式"确定'五二〇'为校庆日",以纪念伟大的"五二〇"运动。

（供稿:南京大学档案馆）

野马社的"漫画革命"

郭淑文

谈及漫画,人们多联想到休闲娱乐,却少有人知它与中国革命的密切关联。在救亡与启蒙交织的近代中国,以反帝反封建为主题的"政治讽喻漫画"如雨后春笋般大量出现,并展现了唤醒民众、奋起抗争的巨大能量。

在东南大学的历史档案里有这样一本特殊的漫画书《拿饭来吃——五二〇血案画集》。这本画集由中央大学五二〇血案处理委员会编制,16 开,共 24 页,一共选刊了 37 幅漫画。画集封面描绘了一群手持破碗筷的人,高举着双手扑向一尊冒着烟的大炮,旁边蹲着一个因负伤而坐地不起的人。画集历经数年岁月沧桑,现已存世很少,历史的尘埃蒙满了书卷,却依然熠熠生辉,书写着那个激动人心的年代。

图 1 《拿饭来吃——
五二〇血案画集》

2016 年夏,我与档案馆同事一同采访了王庆淑、方应暄、梁赞勋、李方、周鹗等中央大学的老校友。谈及当年的"五二〇"学生运动,几位老人的眼眸里依然闪着光芒,在访谈中,他们不约而同提到了这样一个社团——野马社。

抗战期间,中央大学学生虽然身处象牙塔内,但却心忧家国、关注政治,纷纷自办报刊和新闻壁报。受此影响,艺术系的游允常、杜琦、张子生也办起一个以图画为主的壁报《野篁》,寓意野生的嫩笋破土而出。《野篁》图画多、内容丰富、颇具讽刺意味,一经展出就吸引了许多观众,产生了很大反响。不久,《野篁》更名为《野马》,寓意要成为不受羁绊的野马,奔腾在祖国的原野上。

1945 年 8 月,抗战胜利,历经困苦的民众满怀欣喜,期待着民主与和平。然而国民政府却以在重庆召开政治协商会议为幌子,密谋发动内战。为了揭露国民党"假民主、真独裁"的面目,1946 年 1 月 25 日,中央大学联合沙磁区各校学生徒步至重庆市区游行示威,游允常与野马社的同学连夜绘制多幅讽刺漫画和宣传画,贴在宣传车、墙壁和木板上,沿途的群众深受触动,纷纷加入游行行列。后来,野马社同学还将所绘漫画整理编印,制成《一二五革命运动纪念画集》,送往重庆各校。

1946 年夏,中央大学由重庆迁回南京,野马社也回到四牌楼,他们笔耕不辍,不断创造出许多寓意深刻的漫画作品。为反对美军暴行,他们绘作《美国是什么货色》,画的是许多以美援名义运到中国的奶粉罐头,打开一看,却是屠杀中国人民的枪炮。画作展现了对帝国主义卷土重来的担心,极具讽刺性和煽动性。

内战的阴云下,军费、党团经费接踵而至,征粮征兵纷至沓来,国民党的穷兵黩武催生了恶性的通货膨胀,野马社同学针对这一现象绘制了多幅漫画作品。如《钞票满天飞,人人活不了》刻画的是钞票在漫天飞舞,而饿死民众的尸首无棺可纳,被面额巨大的钞票草草遮盖着;又如《物价为何上涨》则以火箭、粮食、瘦民三个意象,象征着内战的火箭迅速拉高了物价,导致人民走向消亡。

在国民党的黑暗统治之下,人民不仅食不果腹,生命安全亦难得到保障,随时都有被捕、被打、被杀之虞。市场失范、民众失业、学生失学,最后不可避免地走向社会失序。"五二〇运动"就在经济危机、政治危机、社会危机交织混杂的情形下爆发了。

1947 年,中央大学的一名学生因营养不良病亡于中央医院。悲痛之余,中央大学经济系同学在民主墙上贴出了一则"新几何图题",论证得出:2 分 37 秒内战的费用等于全体同学全月的膳食经费。悲愤交困的学生毅然决定于 12 日一起开展罢课运动,要求政府增加副食费,文昌桥学生宿舍四周墙壁上,触目皆是呼吁文告。野马社同学也绘制了一幅漫画《比例》来展现战费与教育费的悬殊情形,漫画左侧为一名背着枪炮、手持刺刀手雷的军阀,他的肥头大耳占了整个画面的三分之二,而右下角是翻着书本瘦骨嶙峋的年轻学子,画面右上角写着"战费80%、教育费3%",形象地揭露了穷兵黩武下学子求学的艰难困境。

中央大学学生连派代表分赴行政院与教育部请愿,教授会也提出提高教育经费的主张,支持学生的抗议要求。15日,中央大学全校学生联合国立音乐院及国立剧专计四千余名学生游行请愿。野马社社员与游行的同学一起把漫画、标语、口号张贴到行政院的醒目位置。他们在大门的匾额上写上"民瘦炮肥",在朱红色的门柱上写上"朱门酒肉臭,路有饿死骨",还在粉墙上画了一幅极具讽刺意味的《人瘦猪肥》。

5月19日,京沪苏杭十六校召开联席会议,一致决定于次日举行联合大游行。野马社的同学随即连夜赶绘漫画和游行标语,希望能够借此唤醒民众,制造舆论压力,达成请愿初衷。

5月20日,十六校师生从中央大学操场集合出发,发动了"反饥饿、反内战、反迫害"的"五二〇"运动。据中央大学法学院学生李方回忆,当天他们游行到国民政府行政院,用油墨将行政院的墙壁画上了满满的革命标语和漫画。在漫天遍地的画作中,给中央大学学生陈东林留下最为深刻印象的是"一个衣衫褴褛的人,高举着破碗,向大炮'要饭吃'"。

游行当天,正值国民参政会在国民大会堂开幕,外面部署有大批军警,学生的游行队伍行至中山路和珠江路交界处时,遭到军警阻挠。迎面而来的是警察的水龙喷射,宪兵的木棍殴打以及催泪瓦斯的荼毒。

为永远铭记这场伟大的爱国运动,野马社的同学配合中央大学"五二〇"血案处理委员会,开始着手整理漫画,编制纪念画集。画作整理完毕后,游允常与同学随即前赴上海联系印刷事宜。在上海学联战友和木刻家李桦的帮助下,在短短的一周内,他们不但克服了版面设计和制版印刷的难题,还补充了一部分上海学生运动的画稿,充实了画集内容。

"五二〇"运动的主要内容是"反饥饿、反内战、反迫害",漫画亦围绕这三个主题展开。反映"反饥饿"的漫画有《饥饿》《人瘦猪肥》《饥饿的人们》《官肥民瘦》《看谁吃得饱》《营养》《天将降大任于斯人也》等;《白米炮弹》《如何负担》《战歌》《你这个坏东西》《向炮口要饭吃》《反内战》等则以"反内战"

为主题;《在死亡包围中》和《被封锁的中央大学》以反迫害为主题,形象生动地展现了国民党黑暗统治下人们被迫害、被囚禁的悲惨境遇。

图 2 《在死亡包围中》和《犬视》

在人物形象上,漫画作者们还巧妙地将反动势力的形象动物化,以表现其凶残、横暴的特性。如《犬视》描绘出这样一幅画面:深夜,屋内油灯的照耀下,隐隐可见伏案而坐的两位爱国学生,一个在翻阅书本,一个在提着钢笔奋笔疾书;窗外,一头手持镣铐的巨犬,伸着长舌对着爱国学生虎视眈眈。

除漫画外,画集还采编了革命歌曲、游行照片、杂文、诗歌。6 月 2 日,画集在南京、上海、苏州、杭州等多地学校发行,大大增强了"五二〇"爱国运动的影响力。"五二〇"从南京始发,迅速扩展至全国 60 多个大中城市,汇成爱国民主运动的巨大洪流,强烈冲击着国民党的反动统治。

时间洗去了旧迹,然而,满怀敬意的悲哀却一直潜藏在这座城市的深处。在长江路与洪武北路交叉口南侧有一个 520 广场,广场中矗立着一座圆形拱门,上面镌刻着"1947·520"的字样,穿过这道历史的审视之门是三十六名爱国学生的雕像,他们高举着横幅,情绪激昂,神情肃穆,经行此处,依稀还能听到七十多年前的呼声。

历史不容忘却,爱国学生勇于斗争的革命精神和高度的民族使命意识,将永远流淌在中华民族的血脉之中。正如画集前言所讲:"为了珍惜这一线正在成长的'生机'和这一息正在求实现的'希望',并使它刻画下一个永恒、鲜明的影像,我们收集了几十幅漫画照片、几支歌曲和诗,在这里记下一段血淋淋的史实。让五二〇永远铭刻在你的心上,我们相信,智慧者决不会蒙受欺瞒!"

(供稿:东南大学档案馆)

农学泰斗金善宝的红色情结

张　鲲　高　俊　张　丽

　　金善宝,我国杰出的农学家、教育家、现代小麦科学主要奠基人;1952年全国高校院系调整,金陵大学农学院和南京大学农学院合并成立南京农学院,为首任院长;1955年当选为中国科学院学部委员(院士);第一至第六届全国人大代表,曾担任中国农业科学院院长、中国科协副主席、农业部科学技术委员会主任委员、中国农学会副会长、中国作物学会理事长等职。

从会稽山走出的农家子弟

　　1895年7月,金善宝出生于浙江诸暨会稽山一个普通农家,自幼聪慧,6岁始在父亲私塾里读书。13岁时父亲去世,使原本不富裕的家庭更加拮据。少年金善宝读书之余帮母亲采桑养蚕,上山打柴。朴实的山村生活,培育了他对一方故土的深情。

　　1917年,金善宝考取南京高等师范学校农业专修科。他的母亲卖掉积攒的蚕丝,并向亲戚借了路费,使他走进了大学校园。

　　1920年,金善宝毕业,经农业专修科主任邹秉文推荐,到"面粉大王"荣宗敬(荣毅仁父亲)资助的皇城小麦试验场任技术员,从此,他将自己的生命和小麦科学研

图1　金善宝(1895—1997)

究紧密地联系在一起。

在试验场,他改良了第一批小麦良种——"南京赤壳"和"武进无芒"。他从全国790个县搜集小麦品种900多个,分类整理,发表了中国第一部小麦分类文献《中国小麦分类之初步》。广泛的科学实践,为他丰富的农业科学知识奠定了坚实基础。

1925年,南京高等师范学校改名国立东南大学后,他重新入国立东南大学补读一年学分,完成大学本科全部学业。

赤子丹心报效祖国

1930年,他考取康奈尔大学研究生院公费留美生,1932年转到明尼苏达大学专攻小麦育种。虽身在异国他乡,但他的心里始终装着祖国人民。

1933年,他毅然回到祖国怀抱,任母校中央大学农学院教授。1934年,他出版了我国小麦史上第一部专著《实用小麦论》。

1937年,全面抗战爆发,中央大学迁往重庆。面对祖国危难,金善宝义无反顾地和广大爱国师生站在一起,他和同事经常交流对抗战时局的看法,积极支持爱国学生运动,参加共产党领导的各种进步活动。

祖国在灾难中呻吟,人民和前线抗日将士需要粮食生存,残酷的现实促使他尽快培育出更多的小麦良种。为搜集小麦良种,金善宝和助教深入四川北部农村调查,被怀疑是共产党密探,遭到非法扣留。但威胁和恐吓不能动摇他培育小麦良种的决心。1943年,他完成了两篇重要学术论文《中国小麦区域》和《中国近三十年来小麦改进史》。

1938年10月,大片国土沦丧,众人悲观苦闷之时,周恩来到中央大学礼堂发表《第二期抗战形势》演讲,分析抗战局势,阐述毛泽东的《论持久战》,严厉批

图2 抗战时期梁希、金善宝(右)摄于重庆

判亡国论和速胜论。金善宝听完演讲,难掩心中激动,他鼓励师生相信共产

党的号召,坚持抗战到底。1938年,他直接给重庆八路军办事处捐款,他说:"我相信共产党,我的心在八路军战士身上。"秋天,金善宝和梁希把寒衣款送到八路军办事处。10月,金善宝在新华日报馆观看《平型关大捷》影片,八路军在艰苦条件下不怕牺牲的英雄气概,使他懂得决定战争胜负的是人,而不是武器,抗日救国的希望在共产党身上。

抗战期间,他和梁希担负《新华日报》自然科学副刊编辑任务,普及科学知识,号召大家参与抗日救亡运动。他经常将《新华日报》上的有关消息讲给学生听,鼓励同学们将自己的命运和祖国的命运联系在一起。

1939年,国民党掀起第一次反共高潮,《新华日报》被迫"开天窗",或被查封。时任农艺系主任的金善宝通过秘密方式取得《新华日报》,这份报纸是中央大学校园内唯一一份,很多师生都悄悄来看这份"雾都"灯塔的报纸。

心系延安送麦种

金善宝暗中阅读了《西行漫记》,延安共产党和八路军的英雄气概及对抗战必胜的信念,使他对革命圣地延安产生了一种深切的向往。

1939年,金善宝两次到八路军办事处找林伯渠,要求前往延安参加革命工作,并办妥了一切手续,后因助手意外病故未能成行,以致他闷闷不乐。林伯渠鼓励他,"一个革命者,无论在哪里都可以为革命工作"。当他得知延安开展大生产运动时,立即将多年选育的小麦优良品种,请八路军办事处转送延安。半个月后的新华日报社茶话会上,邓颖超对他说:"延安已经收到你的小麦种子了,同志们都很感谢你。"他感到十分欣慰。

参与创建"九三学社"

1944年春,中共中央发出《关于宪政问题的指示》,周恩来发表《关于宪政与团结问题》的演讲。金善宝等遥相呼应,为争取民主、反对党治、加强全民团结、夺取抗日战争的最后胜利而奔走呼号。同年,在周恩来的帮助下,金善宝参加了由许德珩等人发起组织的"民主科学座谈会"。

1945年抗战结束后,国共重庆和谈期间,毛泽东接见了金善宝等8位教授。金善宝患有严重的胃溃疡,工作的劳累和战时生活的艰苦,使他不到五十岁已满头白发,毛泽东称他为"白发老先生",并鼓励他发言,实际上毛泽东比他还大两岁。毛泽东对"民主科学座谈会"表示赞赏,并勉励他们成立永久性的政治组织。

1945年9月3日,为纪念抗日战争和世界反法西斯战争的伟大胜利,民主科学座谈会召开扩大会议,并更名为"九三座谈会"。1946年5月4日,改建为"九三学社"。金善宝曾历任九三学社第二届中央理事会理事,第三、四届中央委员会委员,第五届中央委员会常委,第六、七届中央委员会副主席,第八、九届中央委员会名誉主席。

参加学生爱国运动

抗战胜利后,中央大学回迁南京。久经战乱的人民渴望和平、重建家园。面对国民党当局发起的内战,全国群情激奋。1947年,金善宝参加讨论《中央大学教授会宣言》,点燃了南京"五二〇"反饥饿、反内战、反迫害学生运动的火焰,得到全国呼应。他以病弱之身参与到学生运动中,呼喊口号,铿锵有力。

1948年,金善宝学术休假一年,他断然回绝台湾台中农学院的聘请,应荣毅仁之聘任无锡江南大学农学院农艺系教授兼主任。国民党见大势已去,准备将中央大学等重要单位迁往台湾。中央大学校务会议确定不迁校原则,并组织开展护校斗争。金善宝经常冒险返宁,与农学院学生一起商讨对策,积极斗争,并最终留在了南京。

"以农为本"情系母校

新中国成立后,中央人民政府先后向金善宝下达了五次任命:南京大学农学院院长、华东军政委员会农林部副部长、南京农学院院长、江苏省人民政府委员等。

1952年,中央大学农学院与金陵大学农学院合并成立南京农学院,金善宝任院长。在担任南京农学院院长期间,他坚持教学、科研、推广相结合的教育理念,深入农村、面向生产,注重实践环节和能力的培养,并亲自到农村去实地考察和调研。

1955年,金善宝光荣地加入中国共产党,实现了多年的夙愿。1957年3月,中国农业科学院在京成立,金善宝任副院长,1958年9月赴京任职。

他坚持"以农为本",始终牵挂着小麦科学研究和粮食增产。1977年,他参加邓小平主持的中央科教工作座谈会,积极为中国高等农业教育的恢复和发展献言献策。1978年的全国科学大会上,他作《为把我国变成世界第一个农业高产国家而奋斗》的发言。他一生从事农业教育与科研工作,努力践行"农科教结合"的办学思想,为中国农业科教事业作出了卓越的贡献。他始终对母校发展充满期待、对母校师生饱含深情。1994年,百岁老人最后一次回母校参加校庆,他坚持要以一个学生的身份站着发言,让数万学子无比感动。

1997年5月26日,金善宝因病住院,6月26日,他像一束成熟饱满的小麦,垂落大地。

（供稿：南京农业大学档案馆）

革命教育家孙蔚民

杨雨芝　王　琳　李惠庆

在扬州大学瘦西湖校区的花坛内,矗立着一尊铜像,他身着中山装,瘦削的脸上戴着一副圆框眼镜,身姿挺拔,目光坚毅,儒雅中透出英武之气,他就是著名革命教育家,中共八大代表,江苏省第一、第二、第三、第四届人大代表,苏北师范专科学校首任党委书记、校长,扬州师范学院首任院长——孙蔚民。

图1　孙蔚民塑像

凭学报国　投身抗战

孙蔚民,字斌,1896年出生在扬州一个贫寒之家。其父孙兆岐在泰州"扬由关"(清代户部所属之钞关)里当杂役,因积劳成疾,50岁时便离开了人世。1908年,12岁的孙蔚民进入白米镇一所小学堂读书。3年后,因母亲突患眼疾,双目失明,他不得不辍学回家,协助母亲养家糊口。1914年,他入省立扬州第五师范学校(扬州中学前身)艺术专修科。1918年,22岁的孙蔚民以优异成绩从第五师范学校毕业。因受到校长任诚(字孟闲)和业师吕凤子先生的赏识和器重,他得以留校担任附属小学艺术教员,从此一生与教育结缘。

239

孙蔚民是一个坚定的爱国主义者。五四运动期间,他带领学生走上街头,声援北京学生运动,抗议北洋政府卖国行径。他严谨治学,潜心育人,先后出版了《小学音乐》《中小学课外音乐集》《结绳图说》《中西图案画法集》等教学用书,成为江淮一带争相延聘的名师。他不畏强权,伸张正义。1926年北伐大革命时,他撰文抨击军伐政治;1927年至1930年四年间,他率领江都教职员开展"索欠""加薪"斗争,揭露国民党官僚腐败行为,先后推倒四任教育局长。"九一八"事变后,他积极投身抗日救亡运动,在安徽省立第三中学任教期间被推选为阜阳抗日救亡委员会的设计委员。

1937年7月7日,日本帝国主义发动卢沟桥事变,全面抗战爆发。12月14日,扬州城沦陷,日本侵略者疯狂屠杀无辜百姓,烧毁民房,抢劫财物,强奸妇女,其残暴行为令人发指。1938年,在扬州沦陷一周年的纪念大会上,时任江都郭村小学校长的孙蔚民,满腔义愤,慷慨陈词,要求师生铭记国恨家仇,坚决抗战到底,并创作了一首《纪念扬州沦陷一周年歌》:

又到十二月十四,这仇恨永难罢休!多少同胞遭屠杀,多少财产被没收!妇女投环井,志士宁断头!说不尽悲壮激烈,说不尽可泣可歌。军民携手,充实战斗力!政教合一,抗日大复仇!同胞!努力奋发!合力收复扬州!

追求真理　父女同心

孙锋,原名孙家璘,1921年出生,是孙蔚民的长女。1939年,在泰州求学期间,她与进步同学一起找到了新四军苏北挺进纵队(简称"挺纵"),坚决要求参加新四军。经"挺纵"政治部主任惠浴宇同意,孙家璘被安排到新四军教导队学习。得知女儿加入了新四军,孙蔚民写信勉励道:你已踏进你的理想园地,我们为你高兴。希望你努力学习、努力提高!同年5月,18岁的孙家璘光荣地加入中国共产党。为了表达自己参加无产阶级先锋队为实现共产主义理想而奋斗的决心,她将自己的名字改为孙锋。

1939年底,中共中央作出了"大量吸收知识分子"入党的决定,时任新四军苏北特委宣传部部长的俞铭璜找孙锋谈话:你父亲在教育界有威望有影响,你要多做你父亲的工作,争取他加入中国共产党。孙锋接受了这一任务后,经常给父亲邮寄抗敌报刊和时政小册子。那时,父女俩谈论最多的是《论持久战》。孙蔚民先生也对《论持久战》爱不释手,不仅自己看,还介绍给朋友看,向他们宣传其中的思想观点。

每次孙锋回家,父女俩总要谈话到深夜。孙蔚民先生感慨地对女儿说:我出身贫寒,曾希望努力凭借技艺养家糊口,成为有家有业的自由职业者。但在半封建半殖民地的黑暗社会里,连这一点企求也难实现,现在竟弄到要做亡国奴的地步。过去我不能理解,现在慢慢懂得,不从根本上改变社会制度,国家和个人的美好前程都不能实现!

1940年3月,春暖花开之时,孙蔚民对女儿说:"璘儿,我想了好几天,我决定加入共产党!"煤油灯下,孙锋和父亲紧紧地握着双手,孙锋轻轻地叫了声"爸爸同志",父亲也轻轻地叫了声"孙锋同志",父女俩都激动地流下了眼泪。

烽火岁月　抗敌育才

1940年5月,新四军挺进纵队移师江都郭村,待机东进。新四军进驻后,孙蔚民校长邀请新四军战士来校传授军事常识,成立郭村儿童团,大张旗鼓地开展抗日宣传活动,并发动大家募捐支前。6月28日,国民党顽固派纠集了13个团的兵力,向郭村"挺纵"部队发起进攻。面对10倍于我军的敌人,在地方党组织和人民群众的支援下,我军奋起自卫。经过7昼夜的激战,歼敌3个团,彻底粉碎了国民党妄图消灭我军的阴谋。郭村保卫战是我军开辟苏北的关键一仗,这次战斗的胜利,为我军东进黄桥、开辟苏中抗日根据地奠定了基础。

1940年7月7日,苏中地区的第一个县级抗日民主政府——江都县抗日民主政府成立,孙蔚民任教育科科长。之后,他又先后担任通、如、靖行政委员会教育处宣传科长、东台县政府宣教科科长、兴化县政府县长、苏中行政公署教育处主任秘书等职,为苏中、苏北抗日民主根据地建设作出了重要贡献。

1943年春,苏北根据地不断扩大,急需各种人才。孙蔚民根据苏中地委的指示,赴台北县(今盐城市大丰区)筹建创办"私立盐垦中学",同敌伪争夺知识青年,学生达数百人之多。1945年,日寇投降。盐垦中学也完成了历史使命。盐垦中学尽管存在的时间不长,却为新四军抗日前线输送了许多有知识、有理想、有朝气的热血青年。孙蔚民同志的女儿孙家玲、孙家琮正是在这里参加了新四军,走上革命道路。

倾心教育　鞠躬尽瘁

在革命和建设的不同历史时期,孙蔚民同志先后主持创办 10 所学校,在江苏革命史和教育史上留下了光辉的足印。

新中国成立后,中共中央、政务院制定了"以培养工业建设人才和师资为重点,发展专门学院和专科学校,整顿和加强综合性大学"的方针。1952年5月,经中共中央华东局、华东军政委员会批准,苏北区党委、苏北行政公署决定在扬州建立苏北师范专科学校(简称"苏北师专"),并任命孙蔚民为苏北师专校长兼党委书记。

创办一所师范院校,为中小学培养人民教师,让每个孩子都享有受教育的机会,是孙蔚民同志年轻时就立下的宏愿。为此,他愉快地接受了组织上的安排,以百倍的热情投身创建工作。

苏北师专是新中国成立后最早创办的高等师范院校之一。建校之初,孙蔚民同志虽身患疾病,但依然不辞辛劳一心扑在工作上。他当年在病床上亲手绘制的《苏北师专五年基建计划草图》,成为他留给我们的最为珍贵的"礼物"。他用独特的艺术眼光,在榛莽丛生的荒地上,营造了一幅林荫夹道、曲径通幽、楼台掩映、姹紫嫣红的图画。1959 年 4 月,原扬州师范专科学校并入苏北师专,学校升格为本科院校,更名为扬州师范学院,孙蔚民任首任院长。

图 2　孙蔚民同志绘制的苏北师专建设草图

1968年1月,孙蔚民同志在南京病逝,享年72岁。为了永久纪念这位中国共产党的优秀党员、教育家、学者,缅怀其人格风范,铭记其教育功绩,2012年5月,在扬州大学建校110周年之际,学校隆重举行孙蔚民同志铜像安放仪式。

碧血丹心先锋路,嘉言懿行昭后人。孙蔚民同志为党和人民的教育事业作出的贡献将永载史册!

（供稿:扬州大学档案馆、校史馆）

南京隐秘战线的开辟者朱启銮

张　鲲　张　丽　张丽霞

在南京农业大学 120 周年校庆前夕，我们在开展人物档案编研过程中，发现在抗日战争和解放战争期间，有一位战斗在敌人心脏里并为南京解放作出巨大贡献的优秀共产党员，他就是南京农学院（现南京农业大学）第一任党总支书记——朱启銮。

"一二·九"学生运动的重要参与者和组织者

1914 年 3 月，朱启銮出生在安徽安庆市。朱启銮童年时代家道中落，六岁时随寡母漂泊到南京。年轻时，他渴求知识，考上省立南京中学商科，不久转入天津南开中学。

1932 年，朱启銮在南开中学参加学生自治会和反帝大同盟，任执行委员会主席、团支部书记。他积极进行抗日活动，发动学生罢课，被校方和军警逐出校园。1933 年 2 月，他转入上海光华大学附属高中读书，参加左翼社会科学家联盟并加入中国共产党。

图 1　朱启銮同志纪念文集

1934 年朱启銮转到北平大学法商学院经济系读书并任团组织学生区委书记,在地下学联党组书记姚依林(曾任国务院副总理)的领导下,积极投身于革命激流,成为"一二·九"学生运动的重要参与者和组织者。

参与重建南京中共地下党组织

1937 年,朱启銮从上海新闻专科学校毕业后,任上海新闻报馆战地记者,奔波于"八一三淞沪会战"的枪林弹雨中。由于党中央 1933 年撤离上海后留下的组织屡遭破坏,直至 1937 年 5 月,中央委派冯雪峰到上海重建党组织,朱启銮是最早恢复党组织关系的人之一。他担任上海光华大学高中部党支部书记和文化界抗日救亡协会组织委员,后任中共江苏省委难民工作委员会党组书记,协助赵朴初工作。1938 年 8 月,朱启銮先后带领和组织多批"难民"通过重重关隘,到皖南加入新四军,到江南游击区参加抗日战斗,并输送近百名党员到各地开展党的活动和抗日救国运动,为抗日将士募捐大量物品和药品。

1939 年 10 月,朱启銮担任中共江苏省委青浦县工委书记、浙沪杭抗日游击队政委兼政治部主任,组织人民武装力量,坚持抗日斗争。

1940 年 4 月,中共江苏省委派朱启銮到敌占区南京负责党的重建工作,他只身闯进虎穴来到凄凉恐怖的敌伪中心南京,以私立培育中学英语老师兼教导主任的身份为掩护,恢复党的组织,开展群众工作,发展党的力量。1942 年 8 月,省委决定成立南京工作小组,朱启銮任副组长。他领导和安排中央大学农业专修科学生党员盛天任打入日伪修械所获取情报,又派中央大学农学院党员史正鉴和建村农学院党员张荣甫等人到孝陵卫农业试验所及其他单位从事地下工作,发展壮大党的队伍。

1944 年 5 月,中共华中局决定成立南京工作委员会,朱启銮任副书记,并兼任军事工作委员会书记。

冒死渡江传递情报

1946 年 4 月,国共内战爆发,中共华中分局决定重建南京市委,传奇女英雄陈修良任书记,朱启銮任市委委员。

1947 年,南京地下市委领导发动著名的"五二○"反饥饿、反内战、反迫害大游行,并迅速席卷全国,毛泽东高度赞誉继军事斗争之后对国民党反动派进行斗争的"第二战线"。朱启銮参与组织领导南京各地下党组织,发动群众积极开展反搬迁、反破坏和护厂、护校斗争,动员金陵大学校长陈裕光及各高校知识分子留在南京,为新南京的建设奠定了基础。1948年秋,上海局策反委员会副书记沙文汉(陈修良丈夫,新中国成立后曾任浙江大学校长、浙江省省长等职)在朱启銮家中召开秘密会议,传达部署迎接南京解放和保护城市。

1949年1月,朱启銮伪装成西药商人,冒险渡江到合肥的人民解放军总前委司令部,亲手将国民党江防最高指挥机关京沪杭警备总司令部《京沪、沪杭沿线军事布置图》等几份重要图纸情报和敌情资料交到华东野战军政治部主任舒同手里,为配合人民解放军横渡长江、解放南京作出了重要贡献。

创建南京农学院

1952年7月,全国高等院校院系调整,原南京大学农学院和金陵大学农学院合并组建南京农学院,朱启銮任建院筹备委员会委员、政治辅导处主任,并任建院后的第一任党总支书记。

初创阶段,工作十分繁重,师生来自不同的学校。他与院长金善宝一道,做好师生整合协调工作,完善行政工作系统。朱启銮组建了思想政治工作部门和马列主义教研组并兼任主任,亲自给本科生和研究生讲授政治经济学、哲学等课程。他十分重视教学工作,经常听课并参加教学经验交流会。他认真学习有关农业方面的知识,不断提高业务和管理能

图 2　朱启銮塑像

力,为学校初创时期的建设与发展作出了重要贡献。

朱启銮一生钟情于党的教育事业,被誉为革命教育家。1954年6月,朱

启銮调离南京农学院后,曾参与创办了我国第一所电子类中等专业学校——南京无线电工业学校(现南京信息职业技术学院),后历任南京市委常委、宣传部部长,南京市教育局局长,南京市教师进修学院院长。1977年,朱启銮到南京航空学院担任领导职务,1979年12月至1980年12月担任院长、党委副书记。1981年1月,朱启銮当选为南京市人大常委会副主任,1983年4月,任南京市政协副主席、党组副书记。

朱启銮是一位久经考验的革命战士,他"呕心沥血二十年,虎穴斗智,艰辛备尝;鞠躬尽瘁四十载,清正廉洁,楷模共鉴"。1990年8月,富有传奇色彩的革命功臣、教育家朱启銮同志因病在南京去世,社会各界给予了他很高的评价。

(供稿:南京农业大学)

把一生献给党的邮电事业的
老红军:秦华礼

熊豆豆

2020 年 3 月,老红军、南京邮电大学首任党委书记秦华礼与世长辞,享年 107 岁。按照秦老生前的遗愿,家人将工资卡上全部余额作为党费一次性交给了党组织,并将周恩来总理签发的南京邮电学院院长任命书、越南劳动党胡志明主席颁发的友谊纪念章等具有历史价值的遗物全部捐赠给学校。

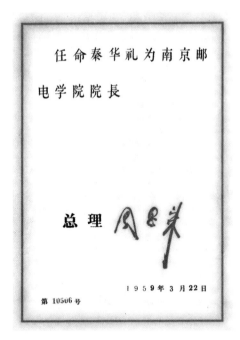

图 1　秦华礼任南京邮电学院院长任命状

投身革命　结缘"通信"

秦华礼 1913 年出生在四川省通江县大巴山脚下一户贫苦农家。1932 年 12 月 18 日,中国工农红军第四方面军进入四川,19 岁的秦华礼立即报名参加了红军,从此走上了革命道路。在经历了川陕会剿、强渡嘉陵江、千佛山战役等生死考验之后,秦华礼已逐渐成长为一名合格的红军战士,并于 1933 年 7 月加入中国共产党。

1935年11月,为了补充和发展红军部队的通信水平,组织上挑选了一批政治上可靠的中共正式党员去红军通信学校学习,秦华礼正在其中。当时物资条件相当困难,学习是在无固定场所、无教材、无设备的"三无学校"进行的,整个学习前后历经了八个月。1936年7月,在甘孜县一个名叫沙窝的小喇嘛寺,秦华礼终于完成了红军通信学校的学习,正式毕业。在那段学习的时间里,秦华礼和他的战友们经历了三过草地、雪山,他们靠着顽强的毅力和不屈的精神,在党中央的引导下,完成了伟大的长征。

英勇战斗 不辱使命

1937年7月7日的"卢沟桥事变"拉开了全国抗日战争的序幕。1937年10月至1941年1月,秦华礼任八路军129师师部电台台长,在对日的斗争中,大家都做好可能随时牺牲的准备,在必要时,将电台的密码吃下去。1940年百团大战开始,电台的工作相当繁忙,在一次战斗中,129师机关被冲散了,四周全是敌人,天上还有飞机轰炸,秦华礼一人守着电台完成了通信任务,获得全师"头等物质奖"。抗日战争后期,秦华礼先后任决死第一纵队司令部电台中队长、决死纵队第一旅司令部通信科科长,及太岳纵队司令部电台中队长。

1945年8月15日,日军正式宣布无条件投降,1946年4月至1947年7月,秦华礼任晋冀鲁豫第四纵队司令部

图2 秦华礼同志军旅照片

通信科科长,参加了上党战役、临浮战役等艰苦战役。在保卫延安的战役中,秦华礼除顺利完成通信任务外,还组织机关工作人员到前线阵地抢运伤员,荣获二等功。秦华礼自全国抗战开始,在前线工作已有十年的时间。

弃"武"从"文" 服务地方

1947年3月,全国战局发生巨大变化,当时部队学校最缺通信干部、通信骨干,为了给国家培养后备干部,秦华礼奉命调到晋冀鲁豫大军区通信学校任政治委员。1948年底,学校抽调干部到前线,秦华礼虽然极力争取,但却再也没有得到上前线的机会。1950年7月至1953年3月,秦华礼先后担任川东、川北邮电管理局副局长兼川东行署机关党总支书记,四川省邮电管理局副局长兼成都市邮电局局长、党委书记。1953年4月,为了加强边防通信建设,党组织派秦华礼去云南管理局任副局长、党组书记,当时云南的有线通信特别落后,而秦华礼他们要在荆棘丛生的瘴区思茅架设通信线路,尽管困难重重,但所有技术人员和工人同志们都认识到,这是新中国成立后我们自己架设的第一条边疆国防通信线路,意义重大。

1955年1月,秦华礼参加了北京邮电学院开办的老干部专修科,对于当时已经42岁、只有私塾小学水平的他来说,是一项不小的挑战,为了不拖后腿,秦华礼每天都会学习到深夜,星期天也从来没有休息过。1956年4月,在专修班学习了一年多以后,北京邮电学院需要加强领导干部班子,在组织的安排下,秦华礼赴北邮担任党委副书记。当时的北邮才刚成立不久,校区建设还没有竣工,有很多问题亟待解决,为了让学校尽快步入正轨,秦华礼带领全院党团干部全力以赴投身学校建设,深入开展调查研究,全面加强宣传思想工作,稳定新生思想情绪。

1958年8月上旬,邮电部党组书记范式人给秦华礼打电话:"南京成立一个邮电学院,部党组研究决定并经中央组织部同意,调你去任院长兼党委书记,8月下旬前去报到。"秦华礼去南京报到前夕,正值国庆大阅兵,他又被"特聘"为北邮民兵检阅团的总顾问,这是他在北邮最后的时光,也是他参加革命以来的最后一次临时调动。1958年10月6日,秦华礼独自一人乘坐火车来到南京,从此开始了他一生中最长的一段职业生涯。

扎根南邮 治校育人

1958年,南京邮电学院刚刚完成并校升格,学校从学科专业到管理制度都需要更新健全。凭着多年的学校工作经验,秦华礼到校就任以后,立即紧抓几项最迫切的工作：选校址、设机构、师资队伍、教学设施等。由于当时物质条件匮乏，教学设备奇缺，秦华礼通过在部队通信部门多年工作的"便利"，从部队弄来大批"退休"器材，后又发动师生自己动手制作教具，这一做法让当时的很多高校争相效仿。当时各高校思想都比较保守，缺乏交流意识，新起步的学校无法得到技术支持，秦华礼就亲自带队去部队通信部沟通交流，争取科研项目。就这样，靠着秦华礼多年在部队"打"下的关系和丰富的学校工作经验，南邮在建院后快速成长起来。

1966年，"文化大革命"席卷了全国各地，这对于跟随党一路走来的老红军秦华礼来说，无疑是巨大的打击。那段时间学校已全部停课，全国各地出现了抢档案的风潮，为了保证国家机密文件的安全，他组织几位同志把相关文件紧急送到南京空军司令部，谁知这成了"造反派"们的把柄，认为他盗窃国家机密。那段时间，"造反派"对秦华礼的看守特别严，每次批斗都至少有四个人看押。但是，在这混乱的年份，仍然有很多年轻的同学和教师们，一直暗中保护着他和他的家人。批斗和折磨一直持续到1970年4月30日，在汤泉镇中学礼堂召开的全院大会上，秦华礼被正式"解放"。

1971年，国家电信总局军管会向江苏省委革委会发来电报：南京邮电学院撤销，改办工厂。为了挽救学校，继续办学，秦华礼和学校其他两位领导干部一同去北京电信总局"打官司"。当时电信总局的领导、秦华礼的老战友热情接待了他们，但一连25天都没有给出任何答复，直到秦华礼他们决定向国务院、通信兵部和国家经委各呈一份大字报，电信总局才总算松口，恢复学校。最终，南京邮电学院被完整地保留了下来，这在那个特殊时期是非常不容易的。

1972年2月，秦华礼重新恢复工作，继续担任南京邮电学院党委书记。为了迎接新生，秦华礼带领全院的老师开展了轰轰烈烈的"重饰校园"活动，经过一个多月紧张而艰苦的劳动，学校主要教学和办公大楼焕然一新。为了尽快恢复教学秩序，秦华礼主持召开全院大会宣布"平反"决定，并将"反动"材料全部销毁。1983年9月，秦华礼正式离职退休。

退休后的秦华礼，经常来到高校和中小学面向师生讲述党的历史和革命故事，成为深受师生欢迎的一名红色宣传员，并连续两次被评为"全国教育系统关心下一代工作先进个人"。2016年，103岁高龄的秦华礼来到电视台制作《开学第一课》。2017年,《军旅人生》栏目邀请秦华礼讲述他的抗战人生。2018年,在江苏省慈善总会开展的"精准扶贫·慈善一日捐"活动中,秦华礼被授予"慈善之星"荣誉称号。汶川大地震、四川泥石流、印尼海啸等灾难发生后,秦华礼也都慷慨相助,除此之外,他还主动资助家乡贫困学生,捐钱捐物,资助多名失学儿童重回校园。

从一名红军战士,到担任八路军129师师部电台台长,再到成为我国邮电高等教育的开拓者和奠基人,秦华礼始终把"永远跟着共产党走"作为人生信条,把一生献给了党的通信事业,彰显了一名老红军、老党员的坚定信念、高尚品格和奉献精神。

(供稿:南京邮电大学档案馆)

永恒的瞬间

——红色摄影大师吴印咸的光影人生

张　倩　黄　萍

吴印咸（1900—1994），江苏沭阳人，中共党员，著名摄影艺术家。曾任延安八路军总政治部电影团摄影队长，东北电影制片厂厂长，北京电影学院副院长，文化部电影局顾问，中国摄影家协会副主席、名誉主席，中国电影摄影师学会副理事长、名誉主席，全国文学艺术联合会委员。

吴印咸1922年毕业于上海美术专科学校（南京艺术学院前身），在这里接受了西方绘画的透视、写生等训练，也是在这里生平第一次接触到了摄影。从此，他的人生就再也没有和相机分开过，在长达七十多年的摄影生涯中拍摄了上万张照片和13部电影以及纪录片。

抗战时期的延安是希望和灯盏的象征，吴印咸和无数进步青年一样，穿过敌占区和封锁线来到这里寻求革命的理想，在这里找到了他为之奋斗终身的崇高目标。在党中央的亲切关怀下，建立了由中国共产党直接领导的第一个电影制片、放映机构——延安电影团。在延安他不仅仅是一名摄影师、一个旁观的记录者，更是一位战士和革命者。从《延安和八路军》的拍摄，到新中国电影的创办，从一代摄影大师，到传道授业的师长，吴印咸拿着相机，记录下了六十多年的漫长历史，留下了他用光影书写的精彩一生。图1所示的这份照片档案是吴印咸拍摄的延安文艺座谈会的珍贵影像。

图 1　1942 年 5 月 23 日延安文艺座谈会合影

　　1939 年初,吴印咸随延安电影团离开延安,前往晋西北、晋察冀等边区。就是在那个时候,白求恩也作为战地医生,不远万里来到这里救死扶伤。吴印咸跟随着白求恩和医疗队,走过了白雪皑皑的七十里山路,拍摄了一个又一个战地手术室。其中,吴印咸拍摄白求恩大夫弯着腰,聚精会神地为一个腹部受重伤的战士做缝合手术的照片最为珍贵。也就在这次手术中,白求恩大夫划破了手指,感染病毒,不幸以身殉职。《白求恩大夫》这张照片成为白求恩大夫留在人民脑海中永恒的记忆。这张经典照片不仅以独特的纪实性和完美的造型手段赢得了长久不衰的生命力,而且为诸多表现白求恩大夫的文艺作品提供了权威的影像资料。图 2 所示的这份照片档案是吴印咸的摄影作品《白求恩大夫》。

　　还有一份照片档案,是吴印咸拍摄的毛主席给 120 师作形势报告的珍贵影像。当年吴印咸赶到会场时,毛主席正在作报告,细心的他捕捉到毛主席裤子上有两个大补丁特别醒目,于是专门把裤腿上的补丁也摄入镜头,记录了延安时期的毛主席艰苦朴素、睿智开朗而又平易近人的伟人形象。这也是吴印咸自己最喜欢的照片之一。

图2　白求恩大夫

　　1945年8月15日,日本侵略者宣布无条件投降,中国八年全面抗战结束,国共开始重庆谈判。1945年8月28日,毛主席与周恩来、王若飞一同飞往重庆。起飞前,登上飞机的毛主席突然转身,向送行者从容一笑,挥帽告别。这一瞬间,吴印咸按下了快门,拍下了《登机告别》这张照片,把政治家的气魄和风范完美地展现了出来。

　　生命可以凝固为不朽的影像,精神的火焰可以相传不息。吴印咸作为著名的摄影艺术家,为中国的革命历史留下了大量珍贵的档案资料。他那种关注现实、记录历史和对真善美的执着追求,依旧被今天的南艺学子继承和传扬。

　　(本文照片档案征集自吴印咸孙女、南京艺术学院设计学院原党总支书记吴含光女士)

　　　　　　　　　　　　　　　　　　　(供稿:南京艺术学院档案馆)

万里风雨路　一颗赤子心

——南京医科大学第一任党支部书记马凤楼

李茜倩　张　妍

终年九十六岁的马凤楼,1945年加入中国共产党,1948年发起成立了国立江苏医学院(南京医科大学前身)首个地下党支部,并任第一任党支部书记。

图1　马凤楼(1924—2020)

一

1924年4月,马凤楼出生在河北省安新县。1937年卢沟桥事变爆发,国难当头,民族危亡,正在河北省安新县读高小的马凤楼,在冀中边区政府和八路军的带领下,积极投身抗日救亡活动。她和同学一道走上街头开展演讲、演活报剧、走村串户募集废铜铁……白洋淀的各个水乡里,都曾留下她泥泞的足迹。

1938年底,家乡沦陷,马凤楼随家人逃难,投靠亲友。身处沦陷区,她坚持读书励志,探索真理,追求光明。1943年,在南京模范女中就读期间,她开始接触中共地下党员,并加入进步学生组织——南京市大中学生互助会。1945年6月,她怀着"我不下地狱,谁下地狱"的壮志豪情和"为解放全人类而奋斗终身"的革命理想,光荣地加入了中国共产党。

二

镇江北固山山脚下的江苏大学北固校区,是南京医科大学的起点,它见证着学校的诞生和辗转,也见证着师生们的赤诚和热血。1946年暑假后,已是中国共产党正式党员的马凤楼来到国立江苏医学院,一边求学,一边秘密开展革命工作。

当时的中国在内战的摧残下千疮百孔,光明与黑暗的斗争也愈发激烈。马凤楼曾回忆道:"当时当地尚无地下党的组织,而在这唯一的高等学校里,我是第一个有组织的党员,在南京地下市委学委书记王明远同志的单线联系下,根据他的指示,首先是要我熟悉环境、读书交友,根据时局形势动态发动群众、推动学运,同时注意培养发展党员。""沈崇事件"发生后,在中共党组织的领导下,马凤楼参与组织了镇江学生反美抗爆和"五二〇"的示威罢课运动,并在校内成立民歌合唱团、"拓荒社"读书会,出版"方生"壁报,物色积极分子,培养发展党员,壮大革命力量。

淮海战役大捷,国民党濒于崩溃,学校当局宣布停课,遣散学生,策划迁校。根据地下党的指示,马凤楼等组织进步师生发起了"护校运动"。他们动员同学坚持留校,成立留校同学应变委员会,并掌握领导权;组织江边医疗服务队,举办工友夜校,以团结同学、发动工友;改组院领导机构,争取德高望重的开明教授,成立全院应变委员会,开展合法斗争,抵制迁校阴谋。

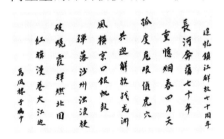
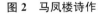

图2 马凤楼诗作

图3 1948年,解放前夕留校应变的同班同学

1949年元旦,国立江苏医学院中共地下党支部正式成立,马凤楼任支部书记,带领师生有组织地开展复课、护校斗争。她曾回忆道:"黎明前夕,枕戈待旦,应对层出不穷的阻挠与破坏。1949年4月23日镇江解放,我和我的战友们,保护了母校,使其完好地交到了人民手中,完成了'第二条战线'

上一个小小分队的历史使命。"

三

新中国建设伊始,百废待兴。为贯彻"预防为主"的卫生工作方针,国家号召应届毕业生中的党、团员带头报名参加公共卫生高师班的培训,马凤楼积极响应。她毅然放弃原来所学的儿科专业,改学公共卫生,并舍医从教。自1951被分配到北京中国协和医学院公共卫生高师班开始,即投身预防医学教育事业。

高师班结业后,应母校的要求,马凤楼被卫生部分配回国立江苏医学院执教卫生专业。由于师资紧缺,新中国高等教育机制正在不断摸索,她根据学校教学的需要先后五次更改主讲课程,从系统讲授营养卫生学,到一般卫生学、劳动卫生学、卫生毒理学以至"三防课"……1978年,又转岗回到营养学。在做好教学工作的同时,她编写了工具书《食品卫生工作手册》和《营养与癌》《营养与心血管疾病》《营养与免疫》等多部教材、教参,并开设多场专题讲座,得到了业内同行的好评。在三十余年的任教生涯中,她先后完成了卫生与医疗专业共约二十余届学生的教学任务,多次带领学生开展开门办学,并为江苏、安徽两省的基层一线卫生系统工作者讲课。1985年第一个教师节时,马凤楼被江苏省政府授予"优秀教育工作者"称号,1988年又获中国营养学会颁发的侯祥川教学奖。

马凤楼善于把握学科发展趋势,从实践中发现新课题,培育新型学科。1962年,她带领几人开展农药毒理学的研究工作,成为江苏省科委领导下的农药协作组的中坚力量,在服务地方经济建设上取得了显著成效。1978年,她主持完成的新农药二氯苯醚菊酯的毒性、毒理系统研究成果获江苏省科学大会的科技进步奖;1985年,她主持建立的毒理学实验研究被评为江苏省重点学科;1984年,她开始参与卫生部食品卫生监督检验所组织的国标研讨制定,并于1997年荣获卫生部科技进步二等奖。

四

1990年马凤楼离休后,并没有在家安然享受退休生活,而是满腔热情地投身各种社会活动,努力服务社会、奉献人民。她在《九十岁述怀》中写道:

"仔细算来,学习读书近二十年,近三十岁才上岗工作,六十五岁退休,实际工作只刚过三十年(动乱除外),我实在受益得太多,而付出得太少,服务的时间太短了,自然于心难安。"

出于对党和人民的感恩之情,她以"退而不休,无职有责"的态度,继续关注学科发展与学校卫生专业动态。她历任中国营养学会委员、江苏省生化学会常务理事兼营养专业组负责人、江苏省食品卫生学会主任委员等职务,主持筹建了"江苏省营养学会",并任第一届理事长;参与制定了《食品安全性毒理学评价程序和方法》国家标准;作为"中国居民膳食指南专家委员会"成员,她推动和参与了"中国居民膳食指南"的修改与量化工作。她利用出国探亲的机会,大量收集资料,写下《美国老年保健情况见闻》《近五十年来中国居民食物消费与营养、健康状况回顾》等多篇研究报告。1996年,马凤楼被评为全国科普先进工作者;2011年5月,荣获中国营养学会终身贡献奖。

她积极参与"关工委"工作,对青年进行革命传统教育,并获得江苏省教育系统"关心下一代工作先进个人"称号。她主动资助贫困学子,情系学生成长成才。1999年10月,在女儿下岗、家庭面临种种困难的情况下,她和丈夫戴汉民教授几乎捐出全部10万元积蓄,设立"马凤楼戴汉民奖学金"。2014年,年过九旬的老两口又再次捐赠毕生积蓄40万元,纳入他们所倡议成立的"公卫人励学基金",用于资助品学兼优的公卫学子。

从热血报国、风华正茂的青春少女,到杏坛名师、耄耋老人,岁月改变了容颜,但是植根于马凤楼心底的对党的无限忠诚、对祖国卫生教育事业的无限热爱,却从未改变。

(供稿:南京医科大学档案馆、校史馆)

华中鲁艺

——新四军的艺术摇篮

王妮娅　张　祥　孙　泉

"皖南事变"后,新四军在盐城重建军部,为了培养文化艺术人才,创办了"鲁迅艺术学院华中分院"(简称"华中鲁艺")。华中鲁艺作为新四军的艺术摇篮、华中抗日根据地的文化堡垒,在其短暂的办学时间里,吸引了无数中华好儿女从海内外奔赴盐城。他们传播革命真理,鼓舞抗战斗志,凝聚革命力量,用青春铸就了铁军的精神大厦,用热血谱写了一曲曲红色的生命之歌。

一座纪念碑铭刻一段历史

在位于建湖县庆丰镇东平村的华中鲁艺烈士陵园内,耸立着一座华中鲁迅艺术学院殉难烈士纪念碑,从南北两面看去,碑身近似五线谱,意为殉难烈士多为文艺战士。他们为何会牺牲在这里?为何牺牲的多是文艺战士?故事要从华中鲁艺的成立说起。

华中鲁艺是在刘少奇、陈毅等人的关怀和领导下创建起来的,于1940年秋孕育和筹建。当时,陈毅率领的部队在黄桥决战中取得胜利,新四军和八路军南下部队胜利会师,打开了苏北抗战的新局面。11月,刘少奇与陈毅在海安会面。为了推动华中地区抗日文艺活动的开展,刘少奇、陈毅采纳大家的意见,决定办一所像延安鲁艺那样培养文化艺术人才的学校,校名定为"鲁迅艺术学院华中分院",之后指定丘东平、刘保罗、陈岛、莫朴、孟波五人组成筹备委员会,丘东平为筹委会主任。

1941 年 1 月初,震惊中外的"皖南事变"发生,开学日期被迫延迟。新四军军部在盐城重建以后,刘少奇、陈毅听取筹委会汇报,决定在 2 月 8 日正式举行开学典礼,全院 400 余名学员参加。华中鲁艺行政上直属新四军军部领导,院长为刘少奇(兼),教导主任为丘东平。在教学体制上,全院共设文学、戏剧、音乐、美术四个系,又增设一个普通班。学院还创办了院刊,第一期用红色油墨印了刘少奇的题词:学习鲁迅,做坚持抗战文艺尖兵。

图1　华中鲁迅艺术学院殉难烈士纪念碑

华中鲁艺办学条件艰苦,设在贫儿院(今盐城市第三人民医院北院西北角)一幢砖木结构的二层楼房内,楼上是文学系的教室,楼下是院部和戏剧系教室。教学设备也很差,美术系甚至缺乏各种石膏模型和课桌椅,学员每人一张小板凳坐着听课,外加一块小木板记笔记。碰到敌机空袭,就带着板凳和木板到附近一个大坟场上课。学院生活艰苦,广大师生睡的是用稻草铺起来的地铺。

艰难困苦的学习生活条件磨不掉师生们抗日的热情,在不到一年的时间里,他们创作和演出了不少文艺作品,以艺术为武器抗击日寇。戏剧系教授许幸之在《新四军培训艺术人才的园地——关于鲁艺华中分院的回忆》一文中提道:"戏剧系成立虽然只有不到一年时间,却演出了不少战斗性质的抗战话剧,如《皖南一家》《反投降》《惊弓之鸟》和许晴自编自导的多幕剧《重庆交响乐》,颇得陈毅同志的好评。"

7 月到来的日伪军大扫荡打乱了师生们的校园生活,他们即将经历血与火的考验。为了反扫荡,全院师生根据军部指示撤出盐城。7 月 23 日,全院师生分成两个队,一队由院部、文学系、美术系组成,随军部行动;二队由音乐系、戏剧系和普通班组成,约 200 多人,由孟波、丘东平、许晴负责,为了安全,又组成一个战斗班。7 月 24 日凌晨,华中鲁艺二队师生在建湖北秦庄突然遭遇 200 余名配备重武器的日伪军并被包围,丘东平、许晴、李锐、王海纹等 30 多位师生不幸牺牲,60 多人被敌人抓走。

一桩悲壮事诉说不屈传奇

"北秦庄遭遇战中,牺牲的烈士们事迹可歌可泣,其中'九女投河'的故事尤为悲壮,她们的牺牲是华中文艺抗日力量的损失。她们分别是:戏剧系党总支委员李锐(河南商城人),戏剧系女战士班班长叶玲(浙江平湖人),戏剧系女战士班副班长王海纹(上海人),戏剧系学员方青萍(上海人)、李馨(上海人)、季慧(江苏南通人)、宋莹、姚瑞娟(江苏南通人),第九位是女记者高静。她们中的一些人放弃优越的家庭,从大城市跑到当时的苏北农村参加文艺抗战。"党史资料上这样记载着"九女投河"的悲壮事迹。

1941 年 7 月 23 日傍晚,二队师生打算取道北秦庄,向楼王庄转移。不幸的是遭遇了敌人,从西南方向传来一阵阵汽艇的马达声。原来这是一个小队的日军和一个中队的伪军,分乘几只汽艇从皮岔河上岸后直扑过来。二队师生紧急集合,准备撤离北秦庄。丘东平、许晴有手枪,立即带领战斗班阻击日寇,掩护师生们后撤。两位烈士相继遭难,而八位女学员则不幸被日寇以机枪火力堵在了桥头。前面是河,她们又不习水性,无法撤退。日寇边狞笑狂叫,边向她们逼近,想要活抓她们。为了不被日寇抓到身受侮辱,更为了中华民族的崇高气节,她们相继投河牺牲。这时,藏身于芦苇中、从广西桂林来的《救亡日报》女记者高静见"八女投河",深受感动,毅然挺身怒斥敌人,随后也跳水赴难。敌人见状十分恼怒,把九女的尸体打捞上来,残忍地用刺刀挑破肚皮,曝尸田野。

英烈们的事迹不会被历史淹没,红色的土地会永远记得她们的青春与精神。盐城新四军纪念馆展橱内,一件银灰色旗袍十分醒目:丝质面料素雅纯净,黑色锁边针脚细密,裙摆褶痕清晰可见。参观者都忍不住驻足沉思,想象着它的主人生前的英姿。"这是'九女投河'中的王海纹最喜欢的衣服。王海纹,原名俞中和,戏剧系女战士班副班长。"陈宗彪介绍,著名戏剧家刘保罗、许幸之认为她是最有前途的演员,陈毅军长多次称赞她的舞台表演。

图2　王海纹烈士遗像及生前穿过的旗袍

很多年后,王海纹的家人才知道她去世的消息。1986年,俞启英(王海纹的大姐)将自己珍藏了几十年的王海纹穿过的旗袍捐赠给盐城新四军纪念馆。王海纹的妹妹俞芷青说:"希望把二姐的事迹记录下来,让后辈知晓铭记,传承革命先烈们的红色基因,从他们身上汲取前进的力量。"

2022年3月30日上午,清华大学民政科和居委会的同志,将王海纹烈士的《烈士证明书》送到俞芷青家中。4月3日,盐阜大众报社记者接到来自北京的快递,其中含有华中鲁艺王海纹烈士的《烈士证明书》、王海纹烈士妹妹俞芷青写给姐姐的信,以及捐赠烈士证书的委托书。

作为华中鲁艺的唯一传承学校——盐城鲁迅艺术学校2005年底并入盐城高等师范学校,2016年盐城幼儿师范高等专科学校的音乐专业在此基础上组建而成,为苏北地区,甚至全省培养了的大批艺术人才。

(供稿:盐城幼儿师范高等专科学校)

追寻红色足迹

——南京农业大学革命斗争史略

朱世桂　陈少华　张丽霞

南京农业大学前身可溯源至 1902 年建立的三江师范学堂农学博物科，一直是我国高等农业教育和科研的重要组成部分。1921 年中国共产党成立后，南京高等师范学校、国立东南大学、金陵大学和中央大学农科（农学院）的学生教师参加进步运动和革命活动，有着可歌可泣的红色发展历史。

抚今追昔，从中国共产党创立到中华人民共和国成立这段岁月，南农仁人志士的革命进步精神和红色历史记忆，为南农发展提供源源不断的精神动力。

追求真理　投身革命（1921—1927 年）

1921 年中国共产党创立后，南京高等师范学校和国立东南大学以及金陵大学农科的师生员工纷纷参加进步运动和革命活动，他们有的英勇牺牲，有的在艰难困苦的环境下不断成长为后来的共产党员。

谢远定，湖北枣阳人。早年曾加入恽代英倡办的"互助社""利群书社"等进步组织。1920 年考入南京高等师范学校工科，不久即改读农科生物系。入学后，博览群书，密切注视社会动向。1921 年 5 月加入社会主义青年团，组织"马克思主义研究会"。1922 年加入中国共产党。1923 年 8 月，担任青年团南京地委书记，并作为南京团地委代表参加了社会主义青年团第二次全国代表大会。10 月，被任命为南京市第一个党小组组长，组织进步学生开展反帝反封建反军阀的斗争。1924 年夏毕业后,继续党务工作和革命活动。1928 年 8 月,在汉口被捕,英勇就义。[①]

国立东南大学农艺系学生成律,北伐开始后,放弃学业,专职从事革命工作,迎接北伐军的到来。1927 年 3 月 14 日,直鲁联军执法处军警搜捕国立东南大学时,在成律宿舍中查出大量进步书籍和宣传品,遂逮捕之。3 月 17 日下午,成律被反动军阀以"赤化党"的罪名残忍杀害。

金陵大学农科学生也有爱国进步的事迹。1922 年的"非基督教学生同盟"号召抵制外国宗教课程。1925 年,上海五卅惨案时期,金陵大学学生积极参加罢课游行等,有些学生还参加共青团、共产党,1926 年金陵大学中共支部成立。

抗日救亡　共赴国难(1927—1937 年)

1927 年 4 月 12 日,蒋介石发动反革命政变,大肆抓捕和屠杀中国共产党人和革命群众。在白色恐怖中,南京高校党的地下组织遭受严重破坏。金陵大学农场工人地下党员孙明忠等被国民党反动派逮捕,英勇就义于雨花台。

1931 年"九一八"事变后,南京的各高校开始有学生参加请愿游行,反日救国。中央大学农学院和金陵大学农学院的师生中涌现了进步的力量和共产党员,星星之火,可以燎原。金陵大学农学院三年级学生王至培刺血宣誓,参加上海援助马占山抗日团,师生集体欢送,爱国救亡气氛高涨。金陵大学学生还组织抗日救国会与各校师生示威游行。

1935 年北平爆发"一二·九"爱国学生运动。12 月 18 日,中央大学和其他学校有 4 000 多人游行声援北平学生。金陵大学农业经济系学生胡畏(1938 年加入中国共产党)积极参加南京"一二·九"爱国学生运动,是当时南京秘密学联的骨干成员。12 月 19 日,他带领南京市大中学校学生数千人,从金陵大学操场出发,游行到行政院请愿,抗议出卖华北。

西迁办学　团结抗战(1937—1945 年)

1937 年 11 月,南京沦陷,中央大学、金陵大学等学校迁到四川。1938

---

① 《六朝松下南京青年运动的精神地标》,《东南大学报》第 1397 期。参见东南大学校史馆(网页)·南雍人物。

年后中共在中央大学成立两个地下党支部,学生党员3人,其中有中央大学农学院曹诚一。1940年,中央大学教师中有党员8人,其中有畜牧兽医系熊德邵,学生党员6人,其中有农业经济组的杨静和刘毓泉。

中央大学在重庆期间,中国共产党和中央大学民主党派进步组织为了共同的政治目标,紧密合作。1939年中央大学农学院教授梁希、金善宝和潘菽等组织"自然科学座谈会"(我国民主党派中的重要一支九三学社的发展源头),请新华日报社潘梓年社长参加活动,还到新华日报社参加形势报告会议,受到周恩来接见。

图1　1945年6月重庆沙坪坝中央大学农学院农学系全班同学毕业照

梁希、金善宝等教授一起向新华日报社捐赠寒衣费200元(当时从社长到勤务员每月仅有8元津贴),还为延安提供农业技术资料和作物优良品种,成为中共的知心朋友,影响和带动了一批进步师生,当时农学院森林系多数师生心向进步被称为"红色系"。

1945年,在中央大学农学院农学系读书的沈丽娟等同学参加了重庆"一·二五"大游行,到国民政府所在地,向政协会议要求反对内战,团结抗日。周恩来同志出来接见了学生,指出中国共产党主张国共合作,团结所有民主力量,一致抗日,争取民族解放。

发展党员　迎接解放(1945—1949年)

1945年,中央大学进步同学自发成立了"新民主主义青年社",该社以

"团结全体同学,坚持抗日,反对投降,坚持团结,反对分裂,为实现和平、民主、自由、幸福的新民主主义的新中国而奋斗"为宗旨,成为中共团结和领导进步青年的重要外围组织。1947年初,中共南京市委书记陈修良、朱启銮①领导发动著名的"五二〇"反饥饿、反内战、反迫害大游行,并迅速席卷全国,形成被毛泽东同志高度赞誉的继军事战线之后对国民党反动派进行斗争的"第二战线"。"第二战线"中,不乏中央大学、金陵大学地下党支部以及新民主主义青年社、民主青年协会等外围组织的身影。金陵大学在"五二〇"运动中培养与锻炼了一大批学生干部。7月,金陵大学地下党支部建立,党支部书记先为李文升,后为华擎甫,支委有农学院许复宁、钱树柏等。

　　1948年11月,金陵大学地下支部传阅延安电报指示,要求城市积蓄和发展力量,迎接解放。12月,农艺系一年级新生陆庆良奉命与上届支部留下的党员李洪元(园艺系学生)、吴洪新(农专学生)和回校的冯世昌等同志取得联系,重建党支部,由陆庆良任支部书记,并在学生会积极分子中发展了新党员。1949年1月,支部发动组织师生学习毛主席的《新民主主义论》等文章,开展应变与护校活动,反对学校迁往台湾。

图2　1948年中央大学农学院校联会同志和进步群众合影

<hr>

　　① 朱启銮(1914—1990),"一二·九"学生运动的重要参与者和组织者之一。1940年到南京开辟地下工作,南京高等院校也在工作范围之内。新中国成立后,任南京市军管会副秘书长、南京市人民政府副秘书长等。1952—1954年参与南京农学院建院筹备,担任总支书记。

中央大学青年师生中倾向进步的人较多,为此,党组织决定在教师中建立一个相当于"新青社"的秘密外围组织,时任农艺系助教的黎洪模受命负责这一工作,1947年下半年正式成立"中大校友联谊会"(简称"校联")。1948年2月,中央大学校友联谊会农学院小组成立,由黎鸿模、宋览海、夏祖灼、朱克贵、沈丽娟、朱立宏、钱继章、陈建仁等人组成;又正式组建中大教师党支部,由黎洪模任支部书记,兽医系助教宋览海为支委。从此,中央大学教师中的进步活动就在党的直接领导下展开。

中央大学根据地下党组织的部署,反迁校斗争以助教会为主力。在农学院以"校联"成员为骨干,发动各系讲师、助教分头走访所有教授,与他们交换意见,动员绝大多数师生护校。当时农学院院长邹钟琳教授果断决定,召开全院教师大会,助教会沈丽娟(农艺系助教、党员)作为代表,作了一个态度明朗、很有说服力的发言。会议决定发表全院教师公开声明,坚决反对迁校。与此同时,还发动青年教职工拒绝将仪器、设备、图书装箱。在新中国成立前夕,为防止反动当局在撤退前对学校进行破坏,农学院教师又与全校师生员工一起参加了应变护校工作。到南京解放时,中央大学被完整地保存了下来,物资毫无损失,全校教师绝大多数都留了下来,投入为人民服务的新社会建设之中。

1949年2—4月,中央大学地下党支部在迎接解放斗争中发展了一批新党员,农学院教师中的新党员有干铎、夏祖灼、朱克贵、沈丽娟等9人,农学院学生支部也先后发展了新党员,还发展了一批新青社社员。地下党组织团结了广大师生,应变护校,迎接解放。

南京农业大学已经有一百廿年的历史,耕烟犁雨,办学不辍,在党的引领下,与国家民族共度时艰,追求进步,薪火相继,书写了红色篇章。新中国成立后,学校的党员干部和师生,在党的坚强领导下,赓续红色基因,不堕先辈之志,在不同岗位,或成栋梁英才,或担当大任,各呈风采,植根沃土,开枝散叶,立德树人,桃李满园。

(供稿:南京农业大学)

校史人物

一代宗师任中敏

杨芝雨　孙剑云

在扬州大学瘦西湖校区的东门旁,有一方荷塘与瘦西湖相通,春天岸边杨柳依依、桃花灼灼,夏日池中荷叶田田、莲花飘香。著名词曲学家、敦煌学家、教育家,唐代音乐文艺学奠基人,原扬州师范学院教授——任中敏先生晚年即寓居于此。

图1　任中敏(1897—1991)

热血少年　五四先锋

任中敏,名讷(曾用名乃讷),字中敏,号二北,又号半塘,扬州人。1897年6月出生于淮安县城,此后举家迁回扬州,居住在毓贤街牛录巷,与一代名儒阮元的故宅为邻。

1912年,他考入"常州府中学堂"(常州中学前身),与瞿秋白、张太雷、李子宽等是同学。1915年,身为学生会理事的任中敏因不满校方决定,仗义执言,结果被开除学籍。离校前,他将刻有"涤梅玩此,讷赠"字样(瞿秋白自号涤梅)的菊花蟹纹漆盒赠送给好友瞿秋白,瞿则回赠一幅自己父亲所绘的山水画和一套晚清赵之谦的印谱。

1916年任中敏从江苏省第八中学(扬州中学前身)毕业后,考入北洋大学预科,1917年夏,他转而考入北京大学文科国文门,同期考入北大文科的还有朱自清、邓中夏(邓康)、郑天挺、罗家伦等。这一年,俄国"十月革命"取得成功,新文化运动风起云涌,刚刚执掌北大的蔡元培先生秉持"思想自由,兼容并包"的办学理念,大刀阔斧整饬陈腐学风,《新青年》主编陈独秀应邀担任文科学长,李大钊、鲁迅、胡适、刘师培、黄节、吴梅等任文科教授。此时的北大,可谓鸿儒荟萃、英才云集。

1919 年 4 月 30 日,英法美意日等列强不顾中国政府的正当诉求,在"巴黎和会"上将德国在山东的权益让给日本。消息传来,激起了北大学生的强烈爱国义愤。5 月 3 日晚,北大学生会主席许德珩召开临时紧急大会,任中敏作为学生会理事之一参加了会议,会议决定次日在天安门举行集会。

5 月 4 日,任中敏、瞿秋白(时为北京俄文专修馆学生代表)与北京 13 所院校的 3 000 多名学生一道,高呼"外争国权,内惩国贼"的口号,在天安门集会示威,其后又参加了火烧赵家楼行动。据任中敏晚年回忆,两人都曾遭到反动军警的抓捕,并被监禁在北大法科校舍中。

五四运动是一场划时代的反帝反封建的伟大爱国运动,是一次民族的精神大洗礼。在五四精神的熏染和鼓舞下,任中敏秉承教育救国理想,走上了凭学报国、弘道树人的人生道路。

"一切为民族"

翻开这本 1932 年出版的《民族文选》,首先跃入眼帘的便是任中敏先生的《抗日·满江红》:

还我山河,指落日胸椎泣血!存一息,此仇必报,子孙踵接。魂魄萦回辽海阔,精诚呵护榆关密。抚金瓯缺处几时完?心如蓺。

公里胜,何能必;头颅好,宁虚设!便空拳赤手,也挠强敌。我有男儿三百兆,人人待立千秋业。听神狮雄吼亚东时,君休怯。

1930 年,任中敏先生出任镇江中学校长。1931 年,日本帝国主义发动"九一八"事变,抗日战争爆发。任中敏先生将"一切为民族"立为校训,并亲自撰制校歌:

时日曷丧,时日曷丧,予及汝偕亡!

还我河山,还我河山,永固我金汤!

一息尚存,此仇必报,铁血撼扶桑!

时日曷丧,时日曷丧,予及汝偕亡!

清晨,他率领师生高呼校训,高唱校歌,跑步出操,声震三山,镇江市民无不为之感动。学生领袖蒋南翔等带领数百人走上街头,游行请愿,查封日货,时任省教育厅厅长的周佛海勾结地方警察当局企图抓人,任中敏先生把蒋南翔等藏在校园予以保护。

为了振奋民族精神,培养临难不苟、忠勇报国之青年,任中敏先生组织镇江中学的国文教员编写了《民族文选》。90年后,当我们再次捧读这本令人热血沸腾的《民族文选》,仿佛仍能听到北固山下、鼓楼岗前的震天呐喊:一切为民族!

以身垂范　从严治校

1937年,全面抗战爆发后,任中敏先生"以培养三千救国青年,壮大御侮力量为职志"在南京栖霞山筹办"汉民学院"(因受战事影响,后改办汉民中学)。开学仅七周,上海失陷,日寇进逼,他率全校师生跋涉8 000余里,西迁广西桂林,在穿山脚下复校招生。

任中敏先生十分注重学生品格教育。他要求学生做到"聪明正直,至大至刚""严格考试,严正做人""清白鲜明,临难不苟,刻苦耐劳,牺牲奋斗"。抗战期间,为了砥砺师生意志,表达抗战到底的决心,任中敏先生带头"灭此朝食",全校师生每天只开两餐,直到抗战胜利,才恢复进食早餐……每每谈起这段往事,汉中学子无不流露出对老校长的敬仰之情。

有一次,一位学生的毛衣丢了,他在集会上严厉斥责盗窃行为,并号召作案者勇于认过,但无人承认干了此事(也许并非学生所为),任中敏先生连呼,教育失败,学校之耻。随后,他下令在学校标语牌上悬挂黑纱,以志校耻;自己则在校长办公室绝食一日,反省悔过。

1940年端午节前后,他的独生子任有愈所在的教室的纸篓里被发现有粽叶。因为汉中校规规定,教室里不能吃零食,学校决定追查。任有愈虽主动承认是自己丢弃的,但作为一校之长,任先生还是毫不犹豫地将他开除出校,并公开致函任有愈所在的初四全体同学作了深刻检讨。

任中敏先生就是这样一位治校者。

“六斤一两之室”

1949 年,桂林解放。

鉴于汉民中学校风严谨,校长任中敏在政治上“抗日反蒋”,还“掩护”过中共人士,口碑较好,因此,桂林军管会决定,在汉民中学基础上创建“桂林市第一中学”,并请任先生继续担任校长一职。然而,此时任中敏因听信谣言,已辗转来到四川,一边做学问,一边靠上街卖熏豆谋生。

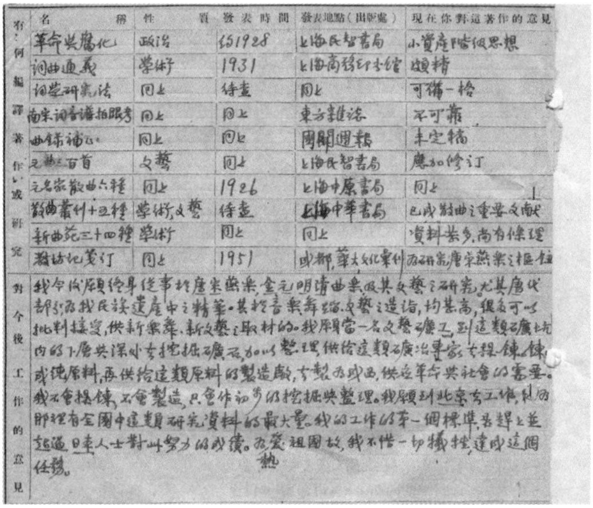

有何編譯著作或研究	名稱	性質	發表時間	發表地點(出版處)	現在你對這著作的意見
	革命與腐化	政治	約1928	上海民智書局	小資產階級思想
	詞曲通義	學術	1931	上海商務印書館	頗精
	詞學研究法	同上	待查	同上	可備一格
	南宋詞音譜拍眼考	同上	同上	東方雜誌	尚可靠
	曲錄補正	同上	同上	國聞週報	未定稿
	元曲三百首	文藝	同上	上海民智書局	應加修訂
	元名家散曲六種	同上	1926	上海中原書局	同上
	散曲叢刊十五種	學術、文藝	待查	上海中華書局	已成散曲之重要文獻
	新曲苑三十四種	學術	同上	同上	資料豐多,尚有條理
	教坊記箋訂	同上	1951	成都,華大文化叢刊	為研究唐宋燕樂之樞紐

對今後工作的意見:我今後願終身從事於唐宋燕樂、金元明清曲樂及其文藝之研究。尤其唐代部分,為我民族遺產中之精華,其於音樂舞蹈文藝之造詣,均甚高,很多可以批判接受,供新樂舞、新文藝之取材的。我願當一名文藝礦工,到這類礦坑內的下層與深處去挖掘礦石,加以整理,供給這類礦冶專家去提煉,煉成純原料,再供給這類原料的製造廠,去製成成品,供應革命與社會的需要。我不會提煉,不會製造,只會作初步的挖掘與整理。我願到北京去工作,因為那裡有全國中這類研究資料的最大量。我的工作的第一個標準,是趕上並超過日本人士對此努力的成績。為熱愛祖國故,我不惜一切犧牲,達成這個任務。

图 2　1951 年,任中敏先生填写的《教师登记表》

不久,任中敏在成都卖熏豆的消息,传到了北京柳亚子先生的耳朵里。任中敏先生与柳亚子先生相识于 20 年代的上海大学(该校是中国共产党最早参与创办的高校之一)。抗战期间,两人寓居桂林,交往甚多。每逢有四川同志来北京,柳亚子先生都会问及任中敏,并称他是“词曲大家”。1951 年,经中共中央西南局文教部门介绍,任中敏先生进入四川大学中文系文化研究所任职。

作为学者,任中敏先生从不把做学问仅仅看成是个人的事情,而是把学问与国家、民族联系在一起。1951 年,他在《教师登记表》上写道:“我今后愿终身从事于唐宋燕乐,金元明清曲乐及其文艺之研究。尤其唐代部分,为我民族遗产中之精华……我愿当一名文艺矿工,到这类矿坑内的下层与深处去挖掘矿石,加以整理,供给这类矿冶专家去提炼……我的工作的第一个标准,是赶上并超过日本人士对此努力的成绩。为热爱祖国,故,我不惜一切牺牲,达成这个任务。"1957年,他被划为右派分子、历史反革命分子(后彻底"平反"),并判行政管制,校内控制使用,工资也降到副教授级的最低水平。面对得失毁誉,他淡然处之,整日沉浸于"唐艺"研究。有人用怀疑的口吻说:你所研究的东西有多少"分量"? 先生找来一杆秤,称了称《唐戏弄》手稿,刚好"六斤一两",于是让人题写一横幅贴在书房中。这就是"六斤一两之室"的由来。

在任中敏先生看来,学术的"分量"在于其对国家、民族的意义和价值,对于个人而言,只是"六斤一两"之物而已。1958年,《唐戏弄》一书在北京作家出版社出版。1982年,《唐戏弄》修订版在上海古籍出版社出版,海内外学者将这部唐代文艺巨著视为中国文化人类学的典范之作。

回顾任中敏先生的一生,他总是把满腔的爱国热情融入学术研究和治校育人之中。他苦心孤诣、皓首穷经数十载写下《敦煌曲校录》《敦煌曲初探》《敦煌歌辞总编》等学术巨著,改变了世界敦煌学研究的格局。他是新中国首批中国古代文学博士生导师,也是最早获得国务院颁发的特殊津贴的学者。

"指挥文府才思盛,冠冕人师道德尊。"1991年12月13日,九十四岁的任中敏先生驾鹤西归。为铭记先生为弘扬中华文化所作出的卓越贡献,学校将他故居旁的荷塘命名为"半塘",并在此处树立铜像和石碑,以供后人瞻仰。

(供稿:扬州大学档案馆)

我国衰老生化研究学科的奠基人：郑集

陈丹丹

在南京大学档案馆的名人全宗档案里，保存了南京大学生命科学学院郑集教授生前留下来的各种档案材料，其中有两件档案非常特别，一件是一根破旧的布带，一件是一张"每天作息安排"手迹。透过这两件档案，我们可以略窥郑集教授的养生秘诀和长寿之道。

郑集（1900—2010），号礼宾，四川南溪人。生前系南京大学教授，中国著名的生物化学家，衰老生化研究学科的奠基人，也是生物化学和营养学研究的先导者之一，国家一级教授。2010 年 7 月 29 日去世，享年 110 岁，是目前世界上最长寿的教授。

郑集出生于四川一户贫苦的农家，由于生活困苦，自幼就体弱多病，休学在家和住院不下十次，17岁才小学毕业，22 岁考上了国立东南大学（后改名为国立中央大学，即南京大学的前身）。由于自幼体弱多病，郑集对自己身体的健康状况

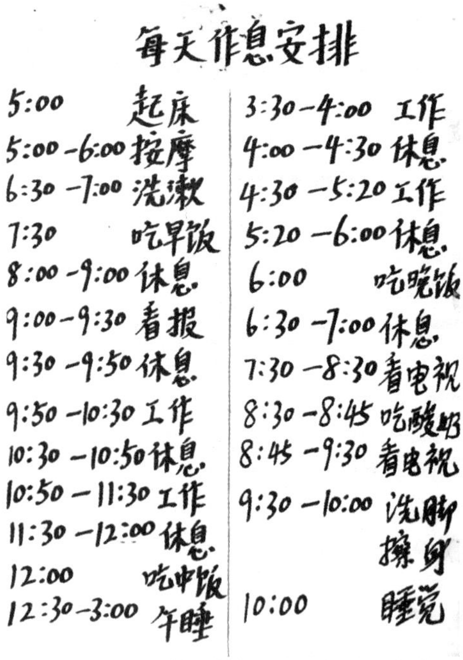

每天作息安排	
5:00 起床	3:30-4:00 工作
5:00-6:00 按摩	4:00-4:30 休息
6:30-7:00 洗漱	4:30-5:20 工作
7:30 吃早饭	5:20-6:00 休息
8:00-9:00 休息	6:00 吃晚饭
9:00-9:30 看报	6:30-7:00 休息
9:30-9:50 休息	7:30-8:30 看电视
9:50-10:30 工作	8:30-8:45 吃酸奶
10:30-10:50 休息	8:45-9:30 看电视
10:50-11:30 工作	9:30-10:00 洗脚
11:30-12:00 休息	擦身
12:00 吃中饭	睡觉
12:30-3:00 午睡	10:00

图 1　郑集教授的每天作息安排

格外关注,并在青年时期逐渐对生命活动中的化学变化产生了浓厚兴趣。他公费赴美深造,选择了攻读营养学专业,获得博士学位。他带着满腹最新的生物化学和营养学知识以及一腔报国热情回到祖国,在南京大学从事生化教学工作,培养了中国最早的一大批生化专业人才。

改进我国人民的健康状况和延长人类的寿命,是郑集教授一生的愿望。幼年多病的经历,使他对中国人的孱弱体质有切肤之痛;"东亚病夫"的轻蔑称谓,更让他深受刺激。他立志研究营养学,实现"科学救国"的理想。1978 年在中国生理学会青岛学术会议上,郑集教授提出了研究人体衰老机制的倡议,得到了广泛的重视和响应。老年时期的郑集教授将研究的重点转向了人体的"衰老与抗衰老",在全国率先倡导"衰老生化"的研究,并倡议成立"中国衰老生物学会"。1976—1978 年间,郑集教授还完成了对 70 岁以上健康老人的调查,这一调查在全国尚属首次,反映了当时我国 70 岁以上老人的真实健康状况。

郑集教授不仅致力于抗衰老的研究,而且还身体力行践行长寿之道。他曾说:"人人都可能健康长寿;100 多岁,我能坐能站能写;我的眼睛、耳朵都可以,保持生活规律于长寿而言非常关键。"郑集教授的长寿得益于他坚持不懈的锻炼和长期规律的生活。郑集教授每天早晨起床,第一件事就是做一套自己设计的健身操,几十年如一日,从未间断,那根看似破旧的布带,即是他健身的工具,伴随老人很多年,一直也舍不得换。"每天作息安排"清楚地写着早上 5 点起床,22 点睡觉,其间洗漱、吃饭、工作、休息都安排得非常具体,井井有条,可以看出老人每天起居有常,工作、运动、休息和睡眠都按规律进行。据了解,这张作息安排表曾贴在郑集教授家的墙上,时刻提醒着他保持规律的作息。郑集教授还根据自己对人体衰老原因、机制和抗衰措施的理解,总结出了"健康长寿十诀",多年来一直按照"十诀"规律进行生活。健康长寿十诀包括了全部养生规律,具体有:(1)思想开朗,乐观积极,情绪稳定。(2)生活有规律。(3)坚持体力劳动和体育锻炼。(4)注意休息和睡眠。(5)注意饮食卫生,切戒暴饮暴食。(6)严戒烟,少喝酒。(7)节制性欲和不良嗜好。(8)不忽视小病。(9)注意环境卫生,多同阳光和新鲜空气接触。(10)注意劳动保护,防止意外伤害。其中,他认为乐观是十诀之首。

郑集教授把生活和科研相结合，以自己为实验对象，按照自己的科研设计来进行长寿实验。他强调合理营养、饮食搭配、注意卫生、不暴饮暴食。他每天加服适量国产维生素片，每天只需几角钱，从不服用市场上推销的保健食品或口服液。他十分重视防病治病，特别警惕伤风感冒，预防肺炎，疲劳时及时休息，气节更替时注意加减衣服，少去公共场所。小病早求医，大病少焦急。108岁时，他把自己的实践和理论整理成书，把自己的营养饮食配方和健身法、按摩操毫无保留地详尽记录下来，出版了专著《鉴证长寿：百岁教授的养生经》。

图2　郑集教授著作
《鉴证长寿：百岁教授的养生经》

郑集教授的长寿得益于他在长期的工作中，始终保持乐观稳定的情绪、规律健康的生活、科学合理的饮食以及适合自己的锻炼方式。他一生淡泊名利，生活简朴，把生活当作科研，根据自身实践总结了一套完善的养生方法，不仅促进了"衰老生化"的研究，也对普通人的日常保健起到了很好的借鉴作用。

（供稿：南京大学档案馆）

金陵大学农学院院长：章之汶

陈少华　朱世桂　陈海林

在修编《南京农业大学发展史·人物卷》过程中，收集整理南京农业大学前身金陵大学农学院章之汶院长的生平著述档案资料，感佩其对农业教育全方位的谋划和坚守，以及对我国农业推广事业的开拓和推动，尤其是他的敬业精神和报国之志。[①] 为缅怀章之汶先生对我国近代农业教育与农业推广所发挥的历史性作用和对南京农业大学发展的重要贡献，特撷取几份人物档案资料予以展现，以期纪念。

章之汶(1900—1982)，字鲁泉，安徽省来安县（隶属滁州市）相官乡板桥村人，著名的农业教育家和农业推广学家。

1920 年就学期间，章之汶一边读书一边参加金陵大学棉作改良部主任郭仁风教授主持的棉花选育与推广工作，在实践中熟悉棉花生产运销的全过程。1923 年毕业留校任教农业特科。1924 年兼农业专修科主任，并负责乌江农业推广实验区工作。1925 年担任农学院推广刊物《农林新报》主编。1929 年 8 月，章之汶创建金陵大学农林科农林研究会，宗旨为"改良农业，解决民生，增进人民幸福"。1930 年秋兼任乡村教育系代理主任。1932 年秋获美国康奈尔大学农业教育硕士(专攻农业推广)学位。曾任金陵大学农学院院长十余年(1937—1948)，使金陵大学农学院教学、科研、推广事业相互促进，协调发展，在 20 世纪前半期成为中国高等农业教育的典范。同时兼任教育部农业

① 李扬汉主编：《章之汶纪念文集》，南京农业大学金陵研究院，1998 年。

教育委员会负责人,中央农业推广委员会专门委员,倾力于全国的各级农业教育、各层次农业推广事业规划和人才培养,发展农业,以应战时粮棉之需。

1943—1945 年,章之汶与时任中华农学会理事长的邹秉文一起,结合征询各方建议,殚精竭画战后农业建设,主编出版《我国战后农业建设计划纲要》,探索改变农业落后面貌的出路。1948 年任联合国粮农组织副总干事,兼任世界稻米协会执行秘书。1949 年后,在联合国粮农组织和菲律宾大学农学院担任农业推广和教育工作,是世界知名的农业推广专家,积极推动亚洲农业发展。1974 年赴美国定居期间,他仍然关心祖国大陆的农业建设,建言献策,冀望民富国强。

人生初心　农民富强

近百年前,行将毕业的金陵大学农林科学生章之汶在校刊《金陵光》上发表文章《改良农作物之方法》(《金陵光》1923 年 6 月第 12 卷第 4 期),介绍"植物改良之道",即"选择良种、采用现有之改良农具、除去病虫害",则"设有人焉,晓之以如何去旧法之所短,取新法之所长,则种植法,必臻完美,产量定可丰登",并阐释他的人生初心——希冀"农民富强,全国富强矣"。

推广先锋　著书立说

章之汶是最早参与金陵大学农学院在安徽和县乌江建立农业推广实验区的学生之一,毕业后为金陵大学《农林新报》撰写文章,致力于宣传棉花推广。1920 年金陵大学农林科棉业推广部主任、美国专家郭仁风与还是学生的章之汶担任改良棉业职务,订立合约,保证他参加棉花育种与推广,熟悉棉花生产和运销的全过程,践行学中干、干中学的理念。

在丰富实践经验的基础上,章之汶赴美国进修农业推广,1932 年秋获康奈尔大学农业教育硕士学位,农业推广在某种意义上就是农业教育的一种。回国后与李醒愚合作撰写《农业推广》,在理论上对农业推广进行凝练、总结,是"我国农业大学

图 1　译著《农学大意》,
1935 年初版

第一本农业推广教科书"。

章之汶撰写出版的中英文文章、书籍很多，早期著作有大学教科书如《植棉学》《农业推广》《农学大意》等，还有各类期刊论文和报纸文章等。《农林新报》是金陵大学农学院创办的报刊，章之汶两度任主编，在此刊发各类文章达近百篇之多。

寄望青年 农教育人

章之汶1936年为金陵大学青年学生题词"青年是一张白纸，这上面的文章如何做法，一定要自己设计，自己动手，方有最大的成就"，对当下青年教育仍有积极指导意义。章之汶先生充分认识农业教育、培养人才与农教师资的重要性，在各种场合和著述中呼吁社会、政府重视，并身体力行，他担任我国最早的农业教育系系主任达14年之久，他认为农业教育应分为高等、中等农业教育和农民补习教育，对于高等农业教育坚持实行教学研究推广的"三位一体"，提出农业教育的目的就是"灌输农业知识，训练农业技能，增加农业生产以改善农人生活"，反映了他对我国农业教育的真知灼见。

在抗战时期金陵大学农学院西迁成都期间，章之汶在艰苦环境下，"敬慎勤勉，未敢或懈"，认为大学好似家庭，师生校友之间，息息相关，休戚与共。研究、教学与推广三者并重，尤为战时后方农业举办多种推广人才培训及教育研究。

图2 1939年金陵大学农学院农业推广部暑期农业推广讨论会留影

毕生躬耕　嘉惠亚洲

　　1949 年之后章之汶应联合国之聘，担任联合国粮农组织远东办事处顾问，兼任世界稻米协会执行秘书，常驻泰国曼谷，服务于拓展东南亚国家农业教育推广与农民组织。1966 年，他从联合国粮农组织退休，后任菲律宾大学农学院农业教育客座教授，致力于亚洲农业和农村发展。在联合国任职期间，他先后用英文撰写了《农业教学、研究、推广综合体制》《农业推广的理论与实践》《迈进中的亚洲农村》《亚洲农业发展新策略》四部具有国际权威的农业著述。这些著述在美国、加拿大和亚洲一些国家出版发行，还被台湾省农林厅译为中文出版发行，贡献了丰富的世界农业工作经验与宝贵见解。

　　1974 年赴美国定居期间，章之汶仍然不忘祖国大陆的农业建设，将早年写成的《我国战后农业建设计划纲要》进行修改再版，供农界参考。章之汶先生一生学农爱农、强农报国，总结的农业教育与推广思想成为后辈的精神财富。

（供稿：南京农业大学）

巾帼英雄　女中君子:史良

高青倩

　　史良同志的一生是不断追求进步、不断追求真理的一生,她把毕生的精力献给了祖国和人民,史良同志的历史功绩将永远铭记在人民心中。

——《人民日报》1985 年 9 月 12 日

　　史良,字存初,1900 年 3 月出生于有着悠久历史的文化古城——江苏常州,在兄弟姐妹中排行第四。史良的父亲史子游是一个学识广博并具有一定新思想的清贫教师,史良自幼跟父亲习字读书,听父亲讲历史故事,秉承了父亲倔强的品格和母亲干练的气质,在与父亲的谈天说地里萌发了初步的民族意识和爱国思想。1913 年史良进入武进县立女子师范附小读书,小学毕业后进入武进县立女子师范学校学习。

　　学生时代史良积极阅读进步书刊,受到了新文化的熏陶。1919 年五四运动爆发,史良积极投身五四运动,她身上的先进性在当时受到了许多学生的拥护,除了担任常州女师同学会的会长,她还被推选为省立第五中学、常州男师和女师三校学生联合会的副会长兼评议部主任,参加了学界联合会。为了查禁日货、鼓动商界和工人罢市罢工,她经常在外进行宣传演讲,撰写了许多函电文告。女师学生的正义行动,使顽固保守的地方当局决定以撤销女师来平息学生的爱国行动。史良带头撕掉"告示",起草《敬告各界》公开信,争取社会舆论,迫使当局撤销了原有的决定。史良成了万众瞩目的奇女子。她作为组织者、策划者,带着许多学生一起走上街头进行示威游行,高呼反对帝国主义、打倒卖国贼和革新思想、民主爱国的口号，以致被捕，一天后被释放。她还主编了一个叫《雪耻》的刊物，宣传民族独立、反对列强侵略。

1922年史良从武进女师毕业后，在好友的资助下，进入上海法政大学学习政治，但她感到在旧中国妇女参政是遥远的事情，学法律可以为受欺压的老百姓帮点忙，所以半年后她转专业学习法律，她的这一决定也奠定了后期上海滩一位叱咤风云的女律师的诞生。

1927年史良毕业后分配到南京国民革命军总政治部政治工作人员养成所工作，因其生性倔强正直，被上司陷害，以莫须有的罪名被捕入狱。在狱中史良目睹了一些慷慨就义、宁死不屈的共产党人，也看到了旧中国监狱对待犯人的非人道罪行和国民党的种种黑暗。两个月以后，她的父亲通过其老师董康请蔡元培出面，才把她营救出来。

1930年史良到青岛国民党特别市党部任训政科主任，半年以后回到上海，同年领到了律师证明。1931年她开业任律师，任上海律师工会执行委员，还加入了共产党设在上海的外围组织"革命人道互济总会"。史良办理了不少的妇女案件，其中比较多的是婚姻案件，在办理妇女案件的过程中，她了解了当时中国妇女所承受的压迫，这些亲眼所见的一桩桩实例，成为她日后工作中的宝贵资料，促使她进一步认识到，一个社会只有妇女解放了，才能称得上是真正解放的道理。她要做一名不出卖灵魂的政治律师，和那些呻吟在黑暗压迫下的苦难人民一同痛苦、一同斗争。

1935年8月1日，中共中央发表了《为抗日救国告全体同胞书》，号召全国团结起来，停止内战，一致抗日。在中国共产党抗日民族统一战线政策的影响下，上海的抗日救亡运动蓬勃发展。上海妇女界救国会率先成立，史良作为发起人之一，被推选为理事。上海文化界救国会成立后，史良被选为执行委员。

1936年，日本帝国主义侵略气焰更加嚣张，民族危机进一步加深。5月31日，全国各界救国联合会正式成立，选举宋庆龄、沈钧儒等40余人为执行委员，史良也是其中重要一员。为了推动国民党抗日，她曾同沈钧儒、章乃器、沙千里作为救国会的代表，到南京请愿，并积极参加抗日救亡的宣传活动。国民党政府实行"攘外必先安内"的方针,于11月22日逮捕了救国会领导人沈钧儒、章乃器、邹韬奋、李公朴、沙千里、王造时、史良,制造了震惊中外的"七君子"之狱。史良是"七君子"中唯一的女同志,她在狱中拒绝敌人的诱降阴谋,坚持爱国无罪的正义立场。直到全面抗战开始后,在中共中央的敦促、全国人民的声援和国际友人的援助下,才被宋庆龄、何香凝、胡愈之等营救出狱。在狱中史良并没有消沉,她积极向上,她手叉腰、摸耳垂的拍照姿势已经成为经典,也体现了她无比自信乐观的心态。

图1 1937年8月史良(前排左2)
与沈钧儒等爱国民主人士合影

图2 史良在狱中

新中国成立后,史良历任司法部部长和政务院政治法律委员会委员,还被选为全国妇联执行委员、副主席,全国政协常委会委员、副主席,全国人大常委会副委员长;1950年史良在民盟四中全会上被选为常委;1953年开始担任民盟中央副主席。

民国女律师、救国"七君子"之一,新中国第一任司法部部长,民国十大才女之一,史良拥有一系列头衔,但对于中国女性来说极其重要的是,她是我国婚姻法最早的推动者和建设者。1950年中国第一部婚姻法面世,规定男女平等,婚姻自由,一夫一妻,保护妇女和子女合法权益,从此女子权利又向前进了一步。而促成这些的正是史良。作为中国妇女界的代表人物,她倾注大量心血,参与制定《中华人民共和国婚姻法》,废除了包办强迫、男尊女卑等封建主义婚姻制度,为广大妇女做了一件大实事。

史良于 1913—1922 年间就读的武进县立女子师范附小、武进县立女子师范学校最早成立于 1906 年,是江苏省武进师范学校的前身,后经江苏省政府批准与江苏省常州师范学校等合并成立了常州师范专科学校(筹),于 2003 年并入常州工学院。史良同志作为我们的杰出校友,是学校每一位师生学习的榜样、前行的力量。在中国共产党建党百年之际,我们学习史良同志一生为人民而战的光辉佳绩,感受她严于律己、全心全意为人民服务、为社会主义建设事业砥砺奋斗的高尚人格力量,让"史良精神"永远激励我们前行。

(供稿:常州工学院档案馆)

矢志躬行著"胡线" 初心归处六朝松

——著名地理学家胡焕庸

刘业群

在东南大学档案馆信息技术与编研部的名人档案库房,收藏着胡焕庸后人捐赠的胡焕庸系列档案材料。其中有在中央大学西迁重庆期间时任地理系主任的胡焕庸编写出版的中国第一部《气候学》教材,也有同时期出版的著作《缩小省区草案》《经济地理》等,还有 1990 年出版的晚年著作《胡焕庸人口地理选集》。

提起胡焕庸,人们首先就会想到"胡焕庸线",一条连接黑龙江瑷珲(今黑河)与云南腾冲的虚拟的人口地理分界线,其指出两边人口密度差异显著:东南边,全国 96% 的人口生活在全

图 1 胡焕庸工作照片

国 36% 的面积上;而西北边,在 64% 的面积上只生活着 4% 的人口。却鲜有人知道"胡焕庸线"之外这位老先生和东南大学的学术情缘与交集。

胡焕庸(1901—1998),字肖堂,江苏宜兴人,我国著名的地理学家、地理教育家、人口学家、当代中国人口地理学的创始人,早年求学于南京高等师范学校文史地部。1921 年,南高师扩建成国立东南大学,成立我国第一个地学系,竺可桢任主任。1926 年,胡焕庸于国立东南大学毕业后赴法国深造。其后,国立东南大学经历了第四中山大学、国立中央大学两次更名,胡焕庸

于 1928 年回国之后,任中央大学地学系教授兼中央研究院气象研究所研究员,成为竺可桢最为得力的助手。竺可桢 1929 年起离开中央大学专任气象研究所所长。一年后,中央大学地学系分成地理系和地质系,地理系含地理和气象两个专业,胡焕庸任地理系主任。自此,当年由竺可桢承担的培养地理和气象专业人才的工作,全部转移到胡焕庸的身上。

从 1927 年到 1937 年的十年,是中央大学地理系(包括此前的地学系)蓬勃发展的时期。在这十年中,特别是 1930 年以后的七年,胡焕庸在培养地理和气象人才方面的功劳是不可磨灭的。气候学与自然地理的绝大部分教学任务压在胡焕庸的肩上,包括地理通记、气候学、天气预报、地图投影以及亚洲和欧洲自然地理。其中,1931 年,应江苏省教育厅多次要求,胡焕庸在担任中央大学地理系主任的同时还兼任了省立苏州中学校长两年。此外,教材编写、挂图编绘以及中国地理研究会的组建都离不开他的卓著贡献。日本发动“七七事变”后三个月,中央大学西迁重庆。在抗战最艰难的时刻,胡焕庸仍结合教学工作完成《中国地理》《经济地理》等一系列专著并公开出版。1942 年 8 月,国民政府教育部聘请胡焕庸为全国唯一一位(地理科)部聘教授。1943 年起,胡焕庸任职中央大学教务长长达一年半时间。其时中央大学有重庆沙坪坝、柏溪、成都、贵阳四处校址,全校教职员和学生近六千人,按照教育部的规定开具课程近千种。在当时极为艰苦的战争年代办好这样规模的一个大学,教务长压力之大、困难之多可想而知。

1945 年《台湾与琉球》一书出版,他在书中大声疾呼:台湾琉球系国之领土,必须收复!在南京解放前夕,胡焕庸以拒收赴台飞机票的实际行动,表达了他在政治上追求进步的决心。

1998 年新华社上海 5 月 3 日电:将一生无私奉献给祖国地理、人口、气象等科研事业的著名东南大学校友、华东师范大学教授胡焕庸因病于 4 月 30 日在上海华东医院逝世,享年九十八岁。闻此消息,四海同仁无不潸然泪下,悲恸良久。

2009 年,中国地理界在推出“中国地理百年大发现”中,“胡焕庸线”被业界评价为近百年来国家地理成就大发现之一,现在中国地理学会也宣布“胡焕庸线”是 1934 年学会成立至 1949 年期间中国地理界唯一重要代表性成就。

　　"胡焕庸线"之所以经久不衰、不断被赋予新的意义，不仅是因为其指出两边人口密度的显著差异，也因为近年来在各行业的研究中逐渐演变成了研究中国经济现象的基线，包括中国人口、地貌、气象等综合自然要素。除了发现瑷珲—腾冲线，胡焕庸在探索国内移民方向、揭示人口—粮食关系、治理淮河水利事业、普及气象气候知识、引进海陆演化理论等方面都有显著成就。

（供稿：东南大学档案馆）

一份失而复得的博士学位证书

——记南通学院医科科长瞿立衡

万久富　费鸿虹

这是一张瞿立衡教授所获的德国柏林大学的医学博士学位证书。瞿立衡是南通大学百年校史中的重要人物,他既是南通学院医科的科长、教授,又是南通大学的杰出校友。也可以说,瞿立衡是目前所知的南通大学医科校友中最早的海归博士,因此这张博士学位证书显得尤为珍贵。

这张博士学位证书有着南通大学校史资料征集史上的一段佳话,是学校创始人张謇重视人才培养的写照,也证明了瞿立衡对母校的眷眷深情。

瞿立衡(1903—1987),南通人,1917年考入南通医学专门学校①,是当时班上年龄最小的学生。在张謇先生"祈通中西,以宏慈善"教育理念的引导下,瞿立衡先后完成了四年中医、四年西医学业,获得

图1　瞿立衡柏林大学
医学博士学位证书

---

① 1912年张謇创办的南通医学专门学校,是国人最早创办的私立医学高等院校之一。张謇,字季直,号啬庵,中国近代著名爱国实业家、教育家、立宪运动领袖。习近平总书记称赞张謇是爱国企业家的典范、民族企业家的楷模。

双医学学士学位。中西医兼修的瞿立衡是张謇先生教育理念的成功实践者之一。1925年本科毕业后，在张謇先生的资助下，他负笈远游，辗转前往德国柏林大学继续深造。1930年获得医学博士学位的瞿立衡，出于对祖国的眷恋，选择回到祖国，他乘国际列车回国，途经沈阳，持博士名帖拜访了少帅张学良，二人交谈投机，相见恨晚，张学良有意挽留他服务军队，任命他为少将军医处长，兼陆军医院副院长，军饷丰厚。瞿立衡一心惦记家乡，眷念母校，第二年借故省亲南归。当时张謇已去世，其子张孝若继任私立南通医科

图 2　瞿立衡(1903—1987)

大学校长。张孝若前往上海为他接风，接他回南通，并任命他为南通学院[①]医科第十任科长，兼附属医院院长。当时医科缺乏师资，一些西医课程无人开教。瞿立衡招贤纳才，想方设法把在德国贝耳药厂实习时相识的杨立任[②]、贝贡新[③]（Bergonzini）夫妇聘请到了学校，又把在杭州工作的著名寄生虫学专家洪式闾教授，日本帝国大学医学硕士、外科专家黄竺如教授等名师聘请到学校。在瞿立衡的努力下，南通学院医科的教学科研、附属医院的医疗事业逐渐兴旺发达。张学良又来信，请瞿博士回东北军营，又派四位副官来南通，为瞿父花甲寿辰祝寿，并又再捎信请他去东北。瞿立衡心系母校医科事业，总是婉辞。由于过度劳累，1936年瞿立衡肺结核病复发，只好离任休养，由洪式闾接任。1946年春，瞿立衡在上海行医。南通学院院长继任者张孝若堂兄张敬礼恳请瞿立衡回南通任医科第十三任科长。抗日战争后的学校已经被日军破坏殆尽，没有资金，没有设备，没有教师，没有学生，残留的校舍也破败不堪。在母校办学如此艰苦的时刻，瞿立衡毅然决然地接下重任，可谓赤手复校。首先是物资，瞿立衡申请到了两千件面纱作资金，又去上海申请战胜国对战败国日本的物资接收。负责分派物资的官员是武汉

---

①　私立南通医科大学、私立南通纺织大学、私立南通农科大学于1928年合并组建私立南通大学，1930年以南通学院为名在教育部立案。

②　杨立任，吉林人，德国医学博士。

③　贝贡新，意大利人，法国、德国双医学博士学位。

大学前任校长王世杰,他敬仰瞿博士,对南通颇多照顾,多次拨给各种物资。再有就是师资,除聘请到南通地方的部分师资外,他又亲自到上海的高校聘请教授、讲师来南通学院兼职,当时戏称为"跑单帮"。通过瞿立衡的不懈努力,中辍八年的医科在这年秋季招生开课。瞿立衡身体羸弱,但为了南通学院医科的事业兢兢业业,殚精竭虑,直到1952年8月全国院系调整,南通学院医科改设为苏北医学院,江苏省省长把他调到省政府,任省政协委员和省红十字会副会长等职。

瞿立衡还耗费十五年心力,撰写了巨著《结核病的诊断与治疗》,文稿厚达一米半,存放在办公室,且已与北京一家出版社联系好出版事宜,并打算待书印成,赠送给母校和附属医院,供师生参考。岂料"文革"来临,"造反派"四处冲击查抄,瞿博士怕有不测,请工友把书稿挑回家中。"造反派"追到家中,当着他的面,把书稿全部烧毁。他心如刀绞,从此休笔。

1971年秋,瞿立衡夫妇被下放到南通金沙镇,暂住招待所。前景未卜,他把一些重要文件随身携带,其中包括自己的德国博士学位证书副本。有领导在大会上公开宣布:"地主家庭出身的瞿立衡已经下放到我们这里。"这是在向"造反派"放风声。瞿立衡为自己的处境深深忧虑。中秋节前夕,有只乡下小船撑到招待所旁,上来五条汉子寻找瞿立衡。招待所工作人员以为来了冤家,可见面后,其中一位老人紧紧握住瞿立衡的手,含着泪说:"你是我的大恩人!二十多年前,我病重将死,家人把我送到南通学院附属医院,你帮我治好了,见我穷,还帮我垫付了部分药费。今天我带着四个儿子特地前来道谢。"老人还送上了农产品。招待所的工作人员都被感动到了,对这位下放的老人,由猜疑转为敬重。中秋节后,瞿立衡准备到南通看望久违的母校,但临行前他突然尿血,裤子都染红了,只得离开金沙,回南京治疗,从此与母校南通学院遗憾永隔。离开金沙镇时,有人来告知:瞿博士的毕业证书在某某商店里,要他花大笔钱去赎。原来是证书被窃。瞿立衡说:"我没有这么多钱。我自命难保,不要这证书了。"此后这张证书副本下落不明。

2004年,当年的南通学院已经发展为南通大学。南通城一家古玩商店老板蒋先生拿着一个旧镜框到南通大学瞿焕忠老师家请他鉴定,瞿焕忠虽不懂德文,但能辨认出"瞿立衡"三字的拼音,再请市图书馆梁战先生鉴定,他是瞿立衡的邻居,曾见过这个镜框,他确定这是瞿立衡的博士学位证书。瞿焕忠老师建议将这张毕业证书交给南通大学保存,蒋先生说只要以一张画交换即可。南通大学副校长沈启鹏教授得知此事,了解到该博士学位证书对于南通大学校史的价值后,毫不犹豫挥毫作画,以一幅大气磅礴的《观瀑图》换回了瞿立衡的博士学位证书,交由学校档案馆永久保存。

2012年,南通大学百年校庆之际,校史馆建成开馆,这张珍贵的博士学位证书在校史馆展出,记录着一段瞿立衡教授雁回衡阳、眷恋母校的感人故事。如今南通大学的"医科"作为全国首批硕士学位授予单位之一,已具有四个一级学科博士点,各项事业正蓬勃发展,这与学校发展史上每一位像瞿立衡教授这样眷恋母校,为地方医学事业不懈努力的仁人志士密不可分,值得铭记。

（供稿:南通大学档案馆）

高山仰止——匡亚明与"835 建言"

胡菁羚　王　洁

匡亚明（1906—1996），江苏省丹阳人。作为著名的马克思主义理论家、教育家和社会活动家，匡亚明早期投身革命，参与了创建人民共和国的伟大实践，是中国共产党在革命年代培养出来的高级干部，后主动提出到教育战线工作。

匡亚明在"文革"前后曾两度执掌南京大学帅印。1963 年 5 月起任南京大学党委书记兼校长，"文革"中备受迫害。1978 年复出，再度担任南京大学党委书记兼校长。1981 年，已经 75 岁的匡亚明递交了辞去南京大学党委书记兼校长

图 1　匡亚明（1906—1996）

的辞呈。1982 年起担任南京大学名誉校长。1991 年被任命为国家古籍整理出版规划小组组长，晚年主持编写《中国思想家评传丛书》200 部，著有开篇第一部《孔子评传》等。

匡亚明作为两次执掌校政的老校长，在南京大学发展史上留下了一串串深刻的印记。博大精深，自成一家；高瞻远瞩，追求卓越；实事求是，倚重教师、人才强校；创建良好校风，始终坚持艰苦奋斗等等，都是他教育思想的精髓。

在高校领导岗位上，匡亚明努力探索社会主义大学的办学规律，积极推

动高等教育的改革与创新,大力倡导"敢为天下先"的精神,不断为我国高等教育发展开拓出崭新的局面,作出重大的贡献。

四位名誉校长提出"835 建言"

1983 年 5 月中旬,教育部在武汉召开全国高等教育工作会议。与会的南京大学名誉校长匡亚明和浙江大学名誉校长刘丹、天津大学名誉校长李曙森、大连工学院名誉院长屈伯川"四老"在听取教育部长何东昌《关于调整改革和加速发展高等教育的若干问题》的报告后,共同讨论并起草了一份给中共中央书记处的建议书。这份 5 月 15 日寄出的材料题为"关于将 50 所左右高等学校列为国家重大建设项目的建议"。

匡亚明等"四老"分析了教育、科技和人才对于国家发展的重要性,建议"从全国 700 余所高等院校中选出 50 所左右基础较好、师资力量较强、教学质量和

图 2 匡亚明等写给中共中央书记处《关于将 50 所左右高等学校列为国家重大建设项目的建议》

科学研究水平较高……规模也较大的院校,作为高教育建设的战略重点",并列为国家重点建设项目,除正常的教育经费外,五年内每所高校另增加重点投资 1 个亿。建议书还进一步论证了这项被称为"建设'重中之重'"对策的理论和政策依据。一方面,这样做"符合国务院关于像抓重点经济建设项目一样抓教育建设的指示精神";另一方面,"作为智力投资的总效益是长远的,其意义是难以估量的",对若干高校的重点投资所创造的价值,"绝不是任何一个重点经济建设项目所能比拟的"。

匡亚明专门上书小平同志

1983 年 5 月 19 日,匡亚明专门给邓小平同志写信。在这封信中,匡亚明建言献策:"冒昧向中央提出像抓重点经济建设那样,选定顺应现代科学

技术与高教发展趋势的 50 所左右高等学校,列入国家重点建设项目,集中投资,争取 1990 年前建成为高水平的多学科、综合性大学的建议,从根本上改变现在各大学经常不安定状态,建立稳定的教学和科研秩序(即两个中心),以带动整个高教战线稳步发展,培养以后十年以至 2001 年后长期经济建设和文化建设所需要的各类高级人才。"

"835 建言"影响了中央决策,"七五"开始建设"重中之重"

四位老教育家的建议和匡亚明的信引起了邓小平同志的高度重视。5 月 20 日,他在匡亚明的信上明确批示:"请紫阳、依林同志考虑,提出意见,交书记处一议(这是一个很重要的问题)。"中共中央书记处和国务院经过研究,采纳了四位老教育家的建议。1984 年,国务院决定对北大、清华等 5 所高校进行重点投资,并列入国家"七五"重点建设项目。"努力办好一批重点大学"的设想转化为国家的战略性决策,后来又进一步发展为 90 年代付诸实施的"211 工程",以及 1999 年启动的重点建设"若干所国际一流

图 3　1983 年 5 月 19 日,匡亚明写给邓小平同志的信

大学"的"985 工程",对我国高等教育的发展产生了深刻而久远的影响。"211 工程""985 工程"的建设实施,正是匡亚明等老一辈教育家们当年建议的进一步发展和完善。

"835 建言"充分反映了匡亚明等老教育家的远见卓识和高度责任感,它最终为中央领导所采纳,又体现了小平同志及中央领导集思广益、民主决策的精神。

(供稿:南京大学档案馆)

"昆仑万象一代诗豪"钱仲联

钱万里　王凝萱

钱仲联(1908—2003),原名萼孙,号梦苕,浙江湖州人,生于江苏常熟。著名诗人、词人、古典文学研究专家,国学大师,苏州大学博士生导师、终身教授。钱先生以博闻强记、学富五车而著称。钱先生取得的成就除了因为天资聪颖与刻苦好学之外,家学渊源,双亲培养亦是不可忽视的原因。钱先生祖父钱振伦,字楞仙,道光十八年(1838)二甲进士,与三甲进士曾国藩为同年,曾任翰林院编修、四川乡试正考官、国子监司业等职。他是晚清著名骈文家,曾从《全唐文》中选出骈文编纂成十大册《唐文节抄》,自著

图1　钱仲联(1908—2003)

有《示朴斋骈体文》,张之洞《书目答问》予以"今人《示朴斋骈体文》用唐法"之好评,曾注《鲍参军集》。后来钱仲联先生又著《鲍参军补注》,祖孙同注一书,珠联璧合,堪称文坛佳话。祖母翁端恩,字璇华,亦非一般女流,乃大学士翁心存之女、协办大学士翁同龢之姐,擅长诗词,乃一代才女。叶恭绰编《全清词钞》选入其《花阁词》,徐世昌编著《晚晴诗汇》,亦选入其《花阁诗钞》多首佳作。

297

　　17岁的钱仲联师范学院毕业后考入了无锡国学专修馆,从此走出了常熟,开始了人生新的里程。在无锡国专,钱先生遇到了日后对其学术生涯有重要影响的人物:中国近代著名的理学家、古文家、教育家,原交通大学校长——唐文治先生。虽然唐先生是教理学的,但他非常开明,学生喜欢作诗的就让学生去作诗,学生喜欢注解的就让学生去注解,学生喜欢考据的就让学生去考据。

　　唐先生办的国专主要讲授五经、四书、宋明理学、桐城派古文、旧体诗、唐集、《说文》、《通鉴》和先秦诸子,在此环境下,更加激发了钱仲联对中国古典文学的兴趣。唐先生对学生除教授学问外,尤为重视道德的教育,并以身示范,校园中"栽培树木如名节"的话深深地印在了钱仲联的心中,他以此作为他日后几十年教学生涯的准则。在"文革"十年动乱的岁月里,钱先生的家也曾遭受过查抄,还受到过不公正的待遇,但所有这一切并未影响他对中国古典文学的热爱。正是在这如此艰难的条件下,钱仲联校注了学术史上具有重要意义的《剑南诗稿校注》。此集卷帙巨大,正集有85卷,外加题外诗,钱先生又另外做题校、补录轶诗,剔除误入陆游集的他人诗作,并将诗文中的典故、人物、篇词、地理、背景等一一注释。由于陆游诗全集向来无注本,钱先生的这部巨型校注,是一个创举,工作之艰难、工程之浩大,无人能及。1981年,江苏师范学院明清诗文研究室成立,已经73岁的他又带领一帮研究人员在清代诗的海洋中遨游,开始了《清诗纪事》的编撰工作。

　　改革开放之后,中国教育重新走上了正轨。1981年,钱仲联被国务院学位委员会确定为全国首批博士学位研究生导师。当时苏州大学的前身江苏师范学院是一所普通的省属高校,没有报博士点、博导的资格,因此钱仲联教授申报的是硕士生导师,国务院学位委员会审批时,材料经评委钱锺书看过,他感到异常惊讶,对在座的评委感叹说:"钱仲联教授只申报硕导,我们这些人可是没有资格申报博导的啊!"在座的评委感到很为难,钱锺书又说:"如果钱仲联先生只带硕士生,那么,我也只能带硕士生,我是没有资格在他面前做博导的。"钱锺书一言九鼎,钱仲联先生被破格定为博士生导师。苏州大学中国古代文学成了恢复学位制度以后的首批博士点之一。

　　范培松先生回忆,在他担任中文系主任期间,苏州大学校长交给他一个任务,就是一定要把钱仲联这只"老母鸡"照顾好。校长在全校干部大会上对"老母鸡"作了如此解释:20世纪80年代苏州大学获得首批博士学位授予权,多亏了钱仲联教授,因为他为我校争取了古代文学博士点。正因为有了这个博士点,苏州大学才不断生长出其他博士点,所以说,钱先生是"老母鸡"。

范培松回忆道,钱仲联是饱学之士,博闻强记,晚年尚能背诵《红楼梦》中的诗词,他曾亲身感受到钱先生学养的深厚。20世纪90年代,中国社会科学院要范培松教授主持《中国散文通典》的编纂。当条目初定后,由于对从先秦到清末的近700条古典散文条目有些吃不准,于是想到了钱仲联。一天上午11时左右,范培松带着王尧去见钱先生,把条目交给他,请他抽空审定。谁知他立即审阅,叫王尧念,王念一条,他定一条,每一条都定得非常干脆,或是"行——定",或是"平庸",或是"伪作——删"。毫不含糊,前后近两个小时,共审定了680条。不得不让人惊叹:什么叫博古通今? 钱仲联是也! 如此渊博的学识,直让后人汗颜。

2002年9月26日,在钱仲联先生94岁寿辰之际,国内外学术界的专家云集苏大,为钱先生从事学术活动74周年举办了专门的研讨会。时任文化部部长的孙家正特地发来贺函:"感谢钱老为国学作出的杰出贡献!"一代宗师、在国际学术界享有极高声誉的著名学者、抗战时期曾在无锡国学专修馆任教的饶宗颐在香港挥毫泼墨"昆仑万象"四个大字相赠。王元化先生作寿序:"吾民族所承受之文化,为一种人文主义之教育,贤者多以文学创造为旨归,而传统文学创造之主流,端在诗歌一脉,虞山梦苕庵钱公仲联先生,一代诗豪也!"

钱先生去世以后,他的家人把铜像捐赠给苏州大学校史馆,希望钱先生仍能注视着他生前热爱的学校,也注视着从苏州大学走向世界各地的一代又一代栋梁之材。

2003年9月,央视国际《一代名师:钱仲联》中有这样一段话:汉代的辞赋、唐宋的诗词以及清代的诗作,都随着时光的流逝凝聚成祖国文化遗产中的瑰宝。在古老宁静的苏州古城,钱仲联老人,这位被海内外学术界公认的国学大师,却一直在为这些文化遗产注入新的生命力,履行着作为一代名师的责任。

(供稿:苏州大学档案馆)

著名工程力学家徐芝纶

黄芮雯　王　清　眭　菁

　　徐芝纶(1911—1999)，字君素，江苏江都人。中共党员，我国著名工程力学家与教育家，第三届全国人民代表大会代表，第五、六、七届全国政协委员，首批中国科学院资深院士。河海大学一级教授、博士生导师。

　　1911年6月，徐芝纶出生在江都邵伯镇一个知识分子家庭，他自幼好学，勤奋努力。1930年考入清华大学土木工程系，1934年毕业留校任教。1935年，他以优异成绩考取公费留美。1936年，在美国麻省理工学院获土木工程硕士学位，1937年又获哈佛大学工程科学硕士学位。此时，全面抗战爆发。他

图1　徐芝纶(1911—1999)

谢绝了麻省理工学院的恳切挽留，放弃了继续攻读博士学位的机会，毅然归国，共赴国难。同年，他到浙江大学任教。1943年，徐芝纶离开浙江大学，到重庆任资源委员会水力发电勘测总队工程师兼设计课长。1944年，在中央大学任教授。1945年转到交通大学任教授，后又兼任交通大学水利系主任。

　　新中国成立后，徐芝纶积极响应党的号召和国家的需要，于1952年来到南京参与创建新中国第一所水利院校———华东水利学院。建院初期，徐芝纶任学院筹建委员会的委员、教授、工程力学教研室主任等职。1954年，

任华东水利学院教务长。1956年,被任命为华东水利学院副院长。

徐芝纶长期从事工程力学、弹性力学的教学和科研工作。共编著出版教材11种,翻译出版教材6种。1974年,他编著出版了中国第一部关于有限单元法的专著《弹性力学问题的有限单元法》,引起了我国学术界和工程界的强烈关注。他所编写的《弹性力学》教材,获得了全国优秀科技图书奖和全国优秀教材特等奖;他的《弹性力学简明教程》,是全国弹性力学教材中发行量最大的一本书,成为国内的通用教材。

1980年,69岁的徐芝纶当选为中国科学院学部委员(后改为中国科学院院士)。1985,其研究成果获评国家科技进步特等奖。1995年获得"中国科学院院士荣誉奖金"。1998年,当选为首批中国科学院资深院士。

徐芝纶毕生坚持在教学和科研的第一线,他教授过应用力学、材料力学、结构力学、弹性力学、高等结构、结构设计、桥梁设计、土壤力学、基础工程、水力学、水力发电工程、水工设计、坝工设计等10余门课程,精心指导和培养了数十名硕士、博士研究生以及骨干教师。

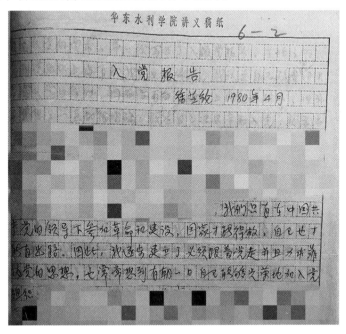

图2　徐芝纶院士的入党报告

19世纪60年代,已是九三学社社员的徐芝纶,第一次表达了自己加入中国共产党的愿望。1978年后,他从改革和开放的伟大成就中看到了国家美好的未来,看到了高等教育事业的发展前景,更加热爱党、信赖党。1980年,徐芝纶再次向党组织表达了自己强烈的入党愿望。他在入党报告中写道:"我们只有在中国共产党的领导下参加革命和建设,国家才能得救,自己也才能有出路。因此,我逐步建立了必须跟着党走并且力求靠拢党的思想,也常常想到有朝一日自己能够光荣地加入党组织。"学校十分重视徐芝纶的入党工作。1980年6月26日,经工程力学党支部大会讨论通过,报学校党委批准,徐芝纶加入中国共产党,成为预备党员。1981年9月,经学校党委讨论同意,转为中共正式党员。

　　1999年8月26日,徐芝纶因病医治无效在南京逝世,享年88岁。斯人已逝,风范长存。徐芝纶爱党爱国的高尚情怀、锲而不舍的学术品德、无私奉献的敬业精神,将激励河海师生在实现中华民族伟大复兴的征程上谱写新的时代华章!

(供稿:河海大学档案馆)

中国青霉素先驱樊庆笙

张 鲲 代秀娟 王俊琴

在南京农业大学校史馆里，静静地存放着一支老式玻璃管，这是该校最珍贵的实物档案。它是我国著名的农业微生物学家、农业教育家、原南京农学院（现南京农业大学）院长樊庆笙教授从美国带回来的存放盘尼西林菌种的沙土管，从中孕育出了我国第一批青霉素。樊庆笙个人的部分档案资料被收录到江苏省档案馆，他带回的另一支沙土管菌种捐赠给了南京大学保管。2021 年 11 月，南京大学出版社出版发行了《飞越驼峰航线——樊庆笙的科学报国之路》。

图 1　樊庆笙
(1911—1998)

贫寒学子的求学之路

樊庆笙，出生于 1911 年 8 月，江苏常熟人，自幼生长在家境贫寒的农村，目睹了军阀混战、民不聊生，积弱积贫的中国受到列强欺凌，从而萌发了发奋读书，立志科学救国、教育救国的志向。

1929 年，樊庆笙以优异成绩考入南京金陵大学农学院，1933 年毕业时获得最高奖——金钥匙奖，并留校任教。1937 年，樊庆笙随金陵大学西迁至成都华西坝。

1940 年夏，樊庆笙被选送至美国威斯康星大学攻读农业微生物学研究生,一年后获科学硕士学位,一位从事细菌研究的教授看中他的才华和勤奋,资助他攻读博士学位。他几乎每天都在实验室和图书馆度过,积累了广博的学识,开拓了视野,练就了精湛的实验技术,为他日后的厚积薄发打下了坚实的基础。在此期间,他在美国《细菌学》等期刊上发表两篇论文,并成为美国细菌学会员。

1943年5月,樊庆笙获哲学博士学位,并又一次获得颁发给卓越学生的金钥匙奖。此时,如留在美国,他可以获得丰厚的待遇,可他担忧着日寇铁蹄践踏下的祖国的安危,毅然回国。

盘尼西林的发明

1943年秋,盘尼西林在美国研制成功,并投入临床使用,挽救了成千上万伤病员的生命,迅速扭转了盟国战局。这是一种高效、低毒的重要抗生素,是当时美国微生物学界最辉煌的成就,而樊庆笙就读的威斯康星大学正是盘尼西林研制中心,他的导师是负责筛选菌种的主要科学家之一,他不仅参与了菌种分离等工作,而且广泛收集和研究盘尼西林研发和生产的最新技术资料。

樊庆笙意识到,正在艰苦抗战的中国人民太需要盘尼西林了,必须赶快回祖国制造出盘尼西林。他归心似箭,想立刻回到祖国,投身到中华民族抗日救亡运动中,但由于太平洋战争的影响,交通受阻而归国无路。他心急如焚,只能暂到美国南方的西格兰姆发酵研究所工作。他边工作边学习发酵技术,积极为回国研制盘尼西林的发酵生产做准备。

曲折艰辛的回国路

1943年,美国医药助华会为支援中国抗战,捐助了一套血库设备,并邀请樊庆笙参加细菌学检验工作。他欣喜万分,终于获得了报效祖国的机会,他辞掉研究所工作,到纽约担任"华人血库"检验主任,并做好回国研制盘尼西林的准备工作。

樊庆笙回国前,四处奔波求助,用自己在研究所工作的收入,采购研制盘尼西林所需仪器、设备和试剂,并设法搞到三支宝贵的盘尼西林菌种(其中威斯康星大学赠送一支)。

1944年1月,樊庆笙和美国医药助华会"华人血库"人员及67吨医疗设备和物资启程回国。归途充满险情,日本军舰和飞机围追堵截,他们冒着生命危险历尽波折,险死还生,突破日军层层封锁,飞越死亡航线的驼峰航线喜马拉雅山,耗费半年时间,辗转多个国家,终于回到了祖国。艰难回国路,他把随身携带的三支盘尼西林菌种沙土管看得比生命还珍贵。

战火中的伟大实验

回国后,樊庆笙担任美国医药助华会捐助的中国第一座血库——昆明血库的检验主任,负责检验血液、制造血浆,专供正在为打通滇缅公路浴血奋战的军民,挽救了许多受伤兵民的生命,受到中国战区参谋长史迪威将军的赞扬。

1944 年 9 月,昆明西山脚下极其简陋的实验室里,樊庆笙带领研究小组不断摸索,对从美国带回的三支试管盘尼西林菌种不分日夜进行研制,改进提纯方法,加强溶液富集和浓缩,终于研制成功第一批 5 万单位/瓶高效、低毒的盘尼西林试剂,经过临床使用,效果很好,在抗日战场上挽救了千百万军民的生命,增强了中国人民抵抗细菌性感染的能力。战乱中的中国成为世界上能研制盘尼西林的七个国家之一,这一令人瞩目的成就得到了世界的公认。

1945 年,抗战胜利后,樊庆笙回到成都金陵大学任教,次年随校迁回南京。为使盘尼西林早日投入批量生产,提高效价、降低成本,逐步让国产盘尼西林占领市场,造福于中国人民,他请正在美国留学的李扬汉(我国著名植物学家、南京农业大学教授)回国时,把新的一代菌种带回来。

1946 年冬,樊庆笙受聘于上海中央生物化学制药实验处简任技正,继续进行盘尼西林的研制工作。他每周往返沪宁两地,负责生产的关键环节——盘尼西林菌种的提纯复壮、发酵提取,尤其是用李扬汉带回的新一代菌种研制的盘尼西林效价又有了很大的提高,为批量生产打好基础。

“青霉素”的命名

1948 年,樊庆笙考虑到盘尼西林应该有一个中国广大老百姓接受的名字。他根据微生物学分类和形态上的特征,认为这种霉株形态上泛青黄色,所以取其“青”;盘尼西林英文词尾“-in”在生物学上常翻译为“素”,两者合一,给盘尼西林药剂起名为“青霉素”,得到学术界广泛认可,并沿用至今。

积极参加护校运动

1948年,樊庆笙对国民党黑暗统治非常不满,对爱国学生倍加爱护。他利用担任金陵大学农学院植物病虫害学系主任的条件,积极保护师生的人身安全,并坚持筛选抗生素菌种的科研课题。他积极参加金陵大学地下党组织的护校运动,与陈裕光校长等坚决主张留守南京,阻止国民党迁台的各种破坏行为,保护学校财产,以极大的热情迎接南京解放。

新中国成立后,青霉素工业化生产变成了现实,我国分别建立了南北两个生产基地,源源不断生产出来的青霉素造福于人民,并为抗美援朝战争的胜利提供了物质基础。

积极开展教学科研工作

1950年,樊庆笙任金陵大学教授和教务长,兼任华东药专(中国药科大学前身)细菌学教授。1952年院系调整后,任南京农学院教授、副教务长、学术委员会副主任,中国微生物学会理事,江苏省微生物学会理事长,江苏省民盟副主委,兼任中国科学院南京土壤研究所研究员。

樊庆笙是我国农业微生物学的奠基人之一,率先建立了全国第一个土壤微生物学教研组和实验室,招收了中国第一批土壤微生物学研究生,为我国农业微生物学的创建和发展作出了卓越的贡献。他与陈华癸院士合作完成了我国第一部农业院校通用的《微生物学》教材,数次重版,被评为全国高等院校优秀教材,成为被广泛使用的经典教材。

樊庆笙在共生固氮菌的生理生化研究,紫云英、大豆根瘤菌的应用研究和紫云英北移等方面均作出了突出贡献。

坚定共产主义信仰

1956年樊庆笙申请入党。1957年,樊庆笙错划为"右派",被撤销行政职务和降低教授级别;"文革"中,又受到很大冲击,下农村劳动,但他没有悲观失望,身处逆境却始终坚信党的领导,追求真理,爱党爱国。他顶着巨大压力,历经磨难,奋斗不止,继续从事党的教育科研事业。

十年动乱后,樊庆笙从逆境中走出来,久藏在心底的入党愿望日益强烈,古稀之年再次向党组织敞开了心扉。1980年,他光荣地加入中国共产党,誓把余生献给党和人民,并将落实政策补发的工资全部交了党费。

担任学校主要领导职务

1981年4月,70岁高龄的樊庆笙担任南京农学院复校后的院长,担负着重建学校、整顿教学、振兴科研的繁重任务。他不计较个人得失,宽以待人,严于律己,廉洁奉公,艰苦朴素,以身作则,上下班不要专车接送,密切联系群众,不搞特殊化;为加强学科建设与发展,他多方筹措资金,努力为知识分子创造良好的教学科研条件;他用多次率团出访的津贴买了仪器和资料带回学校。80岁高龄并身患绝症,他依然牵头筹建金陵研究院,完成了金陵大学第一任华人校长陈裕光的遗愿。他带病坚持工作,拒绝使用进口药物,不住高干病房,时刻想着国家和学校事业的发展,充分体现了中国知识分子爱国、敬业、勤奋、严谨的美德和共产党人的伟大胸怀。

樊庆笙忠于党的教育事业,杏坛耕耘六十年,博大精深,治学严谨,诲人不倦,爱生如子,桃李满天下,深受广大师生的爱戴和尊敬,是当之无愧的一代宗师。

(供稿:南京农业大学)

一个人 一座碑 一把梯

——化学工程专家时钧院士

冯桂珍 张 烨

时钧(1912—2005),出生于江苏常熟。化学工程学家、教育家,中国水泥专业、化学工程专业的创导者和开拓者。1980年当选为中国科学院学部委员(院士)。2001年2月16日下午,在89岁高龄时成为一名中国共产党党员。2009年9月光荣当选"新中国成立以来感动江苏人物"。"他是一座山,是一座丰碑;活着影响一批人,走后感召世代学子;毕生严谨治学、甘为人梯,成就满天桃李、如云弟子。"

图1 时钧(1912—2005)

意气风发求学路

时钧于1912年12月13日出生于江苏省常熟县的书香之家。1917年,时钧入本乡小学读书,1924年小学毕业,跳级考进孝友中学初中二年级。1926年,入读苏州工业专科学校附中。1927年,该校并入苏州中学高中部,文理兼优的时钧就读于理科班,却同时被《吴县日报》聘为业余编辑。

1929年高中毕业,时钧被保送入东吴大学。1930年改考清华大学和中央大学,同时被两校录取。时钧选择了清华大学化学系。在清华4年,所学课程大多为"优"或"优＋",曾荣获"裴克"奖学金。1934年大学毕业,随即报考清华第二届公费留学生,被录取。发榜时规定学习造纸工程,先在国内实习1年,后由导师指定进美国当时唯一设有造纸专业的缅因大学深造。1935年8月赴美,在缅因大学仅1年时间便获造纸专业工学硕士学位,硕士论文《关于机械木浆的筛分和性能的关系》,由导师分成两篇论文发表在美国的造纸专业杂志上。随后又赴麻省理工学院专攻化学工程。

娃娃教授的卓越成就

"七七事变"后,身在异邦、心系华夏的时钧怀着"天下兴亡,匹夫有责"的抱负,婉言谢绝了导师怀德曼教授的盛情挽留,毅然携妻带子回到了灾难深重的祖国。铁蹄之下,他选择了执教生涯,谋求教育救国。

时钧先后在中央工专、兵工大学、重庆大学、中央大学等校任教。他学识渊博、风度潇洒,加之受聘教授时年仅27岁,就有了"娃娃教授"的美誉,深受学生的敬重和爱戴,成为弟子们效尤的楷模。

他是中国水泥专业、化学工程专业的创导者和开拓者。1952年,新中国高等院校调整,时钧任南京工学院化工系教授、系主任。同时受命创建我国第一个硅酸盐专业,培养出了新中国第一代水泥专业毕业生,为我国无机非金属材料专业的发展作出了重要贡献。1956年秋,时钧与汪德熙、汪家鼎等教授联名上书高教部,建议在化工系设置化学工程专业。1957年初,建议得到批准,同时高教部指定时钧负责制订教学计划,筹划创建化学工程专业。当年,天津大学、华东化工学院(现华东理工大学)开始招生。

作为科学技术专家的代表,时钧院士参加了由周恩来总理亲自主持的《1956—1967年科学技术发展远景规划纲要(草案)》的制订工作。然而,1957年在政治运动中他被定性为"极右分子"。教授当不成了,只能当实验课辅导员。从1957年至1979年长达22年的艰难岁月里,时钧天天坚守在自己的岗位上,在极其简陋的条件下从事科学研究,不断发表不能署名的论文。

从1979年起,时钧着手重建南京化工学院化学工程系,并担负起系主任的繁重任务。在他的带领下,学校建成了化学工程博士点,并建成了具有一定规模的化学工程研究所。他在化学工程学科领域组织和开展了系统的科学研究,在"流体相平衡和基础物性测定""膜科学与技术"这两大领域取得了重大而丰硕的成果。他本人先后获得了"全国化工有重大贡献的优秀专家"称号、"何梁何利科技进步奖"、第二届"刘永龄科技奖"以及其他多项国家和省部级科技进步奖,并成为我国首批享受政府特殊津贴的专家学者。1998年,86岁高龄的他还主持完成了《化学工程手册》新版以及《大百科全书》(化工卷)的编撰工作。

耄耋老人高龄入党

时钧早年留学海外,专攻化学工程,未能加入中国共产党一直是他最大的遗憾。他曾对身边的人说,党是自己的一面旗帜,自己的心漂泊了一辈子,进不了最后的港湾将会遗憾终身。

早在1956年初,他第一次向党组织提交申请,之后虽在一系列政治运动中,他受到了不公平的待遇,但没有动摇入党的信念和对事业的追求。2001年初,耄耋之年的时钧再次向党组织递交了入党申请书。2001年2月16日,89岁高龄的时钧终于光荣入党。他动情地说:"有生之年,能够实现入党的夙愿,是我最幸福的事情。这是党和人民多年来对我培养和教育的结果,我将为党的教育事业奉献出我所有的智慧和才能。"

图2　2001年2月,时钧教授89岁高龄入党

甘为人梯育得桃李满园

60多年来,时钧院士在化工高等教育岗位上辛勤耕耘,桃李满天下,他的学生有不少是蜚声中外的科学家,两院院士就有16位。他们分别是:中国科学院院士陈家镛、梁晓天、彭少逸、闵恩泽、张存浩、陆婉珍、楼南泉、朱起鹤、胡宏纹、陈懿,中国工程院院士时铭显、唐明述、陆钟武、曹湘洪、江东亮、徐德龙。

最让时钧院士欣慰和自豪的,正是他的一大批弟子,从只比时钧小两岁的老门生,到虎虎有生气的新弟子,可谓"桃李满天,弟子若云"。据统计,时老的学生中获得高级职称的数以百计。有人说他是培养院士的院士,培养教授的教授。时老自己说:"我一生中最快乐的事情就是不断地收到礼物——学生们的研究成果,这比什么都令我高兴。"

不朽精神激励后人

时钧院士是南工大人"忠、诚、精、实"精神的真实写照和实践楷模。2009年9月当选新中国成立以来感动江苏人物。他热爱祖国、一心向党的坚定信念,严谨治学、甘为人梯、对事业不断追求的崇高品质激励着一代又一代的师生。

2000年,时钧捐资设立"时钧奖学金",每年颁发一次,至今已有400多名研究生获得该项荣誉。

为进一步继承和弘扬时钧先生追求真理、严谨治学、不断创新的科学精神,校党委于2009年3月下发《南京工业大学"时钧班"创建与评定条例》,明确了"时钧班"的导向与示范作用,"时钧班"陆续开展了一系列校园文化活动——学习时钧事迹,弘扬时钧精神,争做时钧传人。

为纪念时钧院士,南京工业大学在江浦校区专门选址修建了"时钧园",并于2006年5月20日办学104周年暨合并组建5周年之际,举行了隆重的"时钧园"落成揭幕仪式。"时钧园"是我国高校第一座为已故科学大师修建的纪念园,已经成为学校爱党爱国爱校教育基地、师德师风教育基地和学术创新教育基地。

（供稿:南京工业大学档案馆）

著书育人　守正拓新

——农业教育家李扬汉教授

张丽霞　代秀娟　陈少华

李扬汉（1913—2004），植物学家、杂草学家、农业教育家。中国最早从事杂草及其防除研究与教学的学者之一。1939年毕业于成都金陵大学农学院，并留校任教。1945—1946年在美国耶鲁大学林学研究院学习，回国后历任金陵大学农学院植物系副教授、教授。1949年新中国成立后，担任南京农学院教授兼生物教研组主任、农学系副主任、系主任，江苏农学院农学系教授兼系主任，南京农业大学农学系教授兼系主任、杂草研究室主任等。[①]

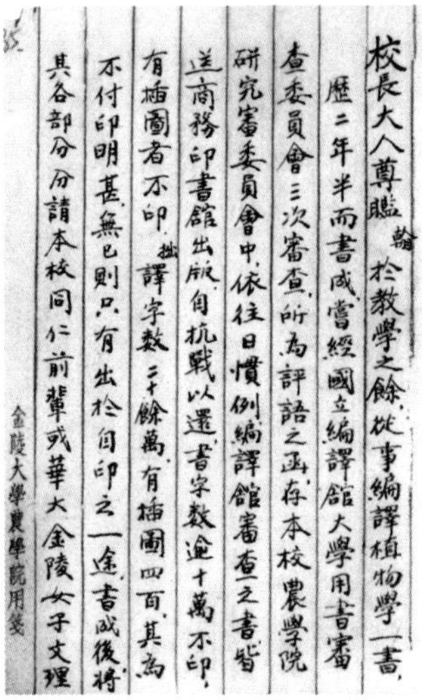
校長大人尊鑒 於教學之餘，從事編譯植物學一書，
歷二年半而書成，嘗經國立編譯館大學用書審
查委員會三次審查，所為評語之函存本校農學院
研究審委員會中，依往日慣例編譯館審查之書皆
送商務印書館出版，自抗戰以還，書字數逾十萬不印，
有插圖者不印，拙譯字數二十餘萬，有插圖四百，其為
不付印明甚，無已則只有出於自印之一途，書成後將
其各部分分請本校同仁前輩或華大金陵女子文理
金陵大學農學院用箋

图1　李扬汉致信金陵大学陈裕光校长(1943年3月28日)

我们在南京农业大学120周年校庆前夕编研人物档案过程中，收集、整理李扬汉教授相关资料，并调阅有关档案。抚今追昔，让人体会到1943年李扬汉教授编译出版《普通植物学》时的艰辛和开创事业的重要意义。在查找资料的过程中，我们发现李扬汉教授1943年3月28日写给时任金陵大学校长的陈裕光的信函，信中提到书稿出版得到校方支持，对此表示感谢，还

① 《南京农业大学发展史・人物卷》，中国农业出版社，2012年，第285页。

特别提到当时金陵大学农学院章之汶院长的具体协助事务,让我们对当时的情形有更深的了解,丰富了历史的记忆,体现了档案的历史文化价值。

1943年李扬汉教授写给时任金陵大学校长陈裕光的一份信件如下。[①]

校长大人尊鉴:

翰于教学之余,从事编译植物学一书,历二年半而书成,尝经国立编译馆大学用书审查委员会三次审查,所为评语之函,存本校农学院研究审查委员会中,依往日惯例,编译馆审查之书皆送商务印书馆出版。自抗战以还,书字数逾十万不印,有插图者不印,拙译字数二十余万,有插图四百,其为不付印明甚。无已则只有出于自印之一途。书成后,将其各部分分请本校同仁前辈或华大金陵女子文理学院教授为之补订:果实种子及幼苗请胡昌炽主任,菌类请魏景超主任,天演与遗传请靳自重主任,下册低等植物请焦启源主任,土壤与植物之关系请黄瑞采教授,藻类植物请胡应秀教授,被子植物请梅籀芳教授,裸子植物请王一桂先生,花之一章请汪菊渊先生,植物生理请彭佐权先生。补订后,翰又送至本校农学院研究审查委员会请求列为农学院丛书。为印刷事,蓉新印刷千本,须费十万元,四万元即可开始动工。翰自己购建国纸厂纸二十令,约值二万六千元,如此仅付印刷所二万元,即能动工。现已由友人处借得一万九千元(年息五厘),复函毕小姐请求帮助,借予二万,毕小姐覆函允予考虑,事成则开始付印矣。前此当翰送稿至国立编译馆审查时,章院长忽召翰至其办公室,以李舜司教授所编植物学大纲见示,乃李君请章院长为之定名者也。章院长即征翰意,翰立提二名供章院长选择,即 General Botany or Practical Botany,章院长即以此二名转知李君。本校农学院三十周年纪念时,章院长自重庆归,告翰云:尝晤邹秉文先生谓翰书在国立编译馆大学用书审查委员会可望顺利通过,而李君之作则颇有困难,该非译非编,不成体例。邹先生审查委员也。此翰当编译此书之详情,翰既为本校卒业生,且服务母校敢不据实呈报校长之前,此外并付呈预约告白一纸,以其于拙译有说明处,有渎清听,不胜悚惶并叩教安。

学生李约翰顿首三月二日[②]

---

① 此份档案出自中国第二历史档案馆"私立金陵大学"卷宗,在南京大学档案馆查阅获得。

② 这封书信署名李约翰,系李扬汉的原名,缘于其父亲笃信基督教。根据李扬汉的人事档案,1940年之后使用李扬汉这一姓名。

李扬汉教授 1935 年 9 月甫进金陵大学农学院就学农艺系（主系），辅修园艺系，因学习优异获得奖学金。因喜爱生物学，一年后转入植物学系（主系），辅修植物病理学系。这一选择，直接影响了李扬汉一生的事业。1937 年"七七事变"后，李扬汉随学校西迁成都。三年级时，被系主任聘为见习助教，承担普通植物学和植物生理学的实习课。1939 年冬大学毕业后留校任助教。此后数十年里，李扬汉为中国农业院校编写符合实际需要的植物学教科书付出了大量心血。

过去金陵大学的植物学课程长期由美籍教授讲授，采用美国贺尔门（R. M. Holman）与鲁滨斯（W. W. Robbins）合著的《普通植物学》作教材。李扬汉留校任教后，征得原著者同意进行中文译书工作。在编译成书后，将其各部分分请金陵大学农学院同仁前辈或华大金陵女子文理学院教授为之补订。完成文字翻译的同时，对书中图版采用石印制版，延请精工木刻。时值抗战，后方纸张紧缺，印刷昂贵。在院长章之汶、母校中学校长熊祥煦的资助和系主任焦启源的鼓励与支持下，终得以付梓，列为金陵大学农学院丛书，满足了当时国内高等院校教学的需要。1947 年准备再版时，已有 20 多个院系使用。

1946 年，李扬汉留美回国前，在加州大学与《普通植物学》原著者鲁滨斯晤面，得知原著不再重版，决定另编新书。他回国后，以初版译本为骨干，从事改编增修，并参阅斯密士（Smith）等六人 1945 年合著之《普通植物学教本》，福勒（Fuller）1945 年编著之《植物世界》及其他有关书籍多种，结合中国实际，重加编制《普通植物学》（上下册）。该书经教育部审定，列为大学丛书，1948 年由商务印书馆出版。1972 年时，该书在台湾省连续发行至 7 版。

因为有之前编辑教材的经验，1956 年起，李扬汉受农业部委托，主编和修订

图 2　李扬汉编译的《普通植物学》
（商务印书馆 1948 年出版）

历届全国统编植物学教材。他精心主持编写的《植物学》于 1958 年由高等教育出版社出版,1988 年修订出版第二版。2006 年新版《植物学》继续由高等教育出版社出版,主编改为李扬汉学生强胜教授,短短几年间有 70 多所院校选作教材。将半个世纪的各种版本罗列,很好地反映了学科发展,如书中插图,早期版本为人工线描,而新版本加入高清实物照片和显微照片。整本教材现在还有网络教程版本,用于在线学习。

　　李扬汉教授在植物学领域著书育人之余,守正拓新,以植物学为基础,研究杂草生物、生态学,探寻防治的技术。率先在农业院校农学和植保专业开设杂草科学课程,并早在 1981 年就编写出版《田园杂草和草害——识别、防除与检疫》作为杂草学课程的教材,为我国杂草科学的教育作出开创性的贡献,实现将植物学基础研究应用到农业生产实际的目标。南京农业大学如今的杂草研究主要有杂草生物生态学及可持续治理、生物除草剂、转基因作物环境安全、外来植物入侵生物学等 4 个主要研究方向,前 2 个方向就是李扬汉教授开拓的研究领域,而外来植物入侵生物学也是先生最早开展的检疫杂草的拓展并赋予其新的生物学意义。[①]

（供稿:南京农业大学档案馆）

---

① 强胜:《追忆先生——纪念李扬汉教授诞辰 100 周年》,《杂草科学》,2014 年第 32 卷第 1 期。

倾心教育的张维城

张　鲲　张丽霞　张　丽

在南京农业大学档案馆里,保存着历届党代会卷宗。1960 年 1 月,中共南京农学院第三次党员大会召开,大会选举张维城任党委书记。

张维城,1957 年 10 月任南京农学院副院长。1958 年 9 月,中央批准张维城兼任南京农学院党委书记。1959 年 2 月,中央批准张维城担任南京农学院党委书记兼院长。1963 年 5 月,张维城调离南京农学院后,曾先后担任中国农业科学院分党组书记、副院长,农业部党组成员,北京农业大学负责人,党的核心组组长,中国水产科学研究院负责人等职务,是第二、第三、第四、第五届全国政协委员,享受副部级待遇。

一

1915 年 10 月,张维城出生在河北藁城。

1936 年 9 月,在燕京大学新闻系就读时,受到进步思想的影响,加入中华民族解放先锋队,并积极参加进步活动和抗日救亡运动,从此投身于革命事业。

1937 年"七七事变"后,张维城随流亡学生辗转到武汉,经中华民族解放先锋队组织介绍,参加新四军黄安训练班,并于 1938 年 2 月加入中国共产党。

抗日战争时期,张维城南下到大别山,参加新四军第四支队做联络工作,历任鄂豫皖立煌县委宣传部部长、苏区党委宣教科科长、霍邱中心县委组织部部长、县委书记,皖北特委、淮北市委宣传部部长;1941 年 6 月后任淮北边区泗东、泗阳县县委书记,华中七地委民运部部长,淮北抗日联合救国总会党组副书记等职务。

在党的领导下,他坚持对敌斗争,建立和壮大抗日地方武装,坚持统一战线,积极宣传党的抗日主张,贯彻执行党的各项方针政策,发动群众,组织农会,开展减租减息,以优秀的组织才能和斗争才能,为建立和巩固抗日民主政权、巩固和壮大抗日民主根据地作出了重要贡献。

抗日战争胜利后,张维城接受组织的安排,1946 年后历任华中地区总农民联合会主席、华中地区党委委员兼农运部部长、华中总农民联合会主席、苏北区党委委员兼民运部部长、苏中区民运部部长、华中工委民运部部长、苏北总工会主席等职务。他认真贯彻执行党的土地改革的方针政策,在解放区发动群众,组织农民,开展土地改革,发展生产,为巩固民主根据地做了大量的工作。在解放战争期间,他坚持敌后斗争,在恶劣的环境下开展党的工作,保存发展党的组织和地方民主政权。在淮海战役和渡江战役中,他积极发动群众,组织民工队伍有力地支援前线,为解放战争的胜利作出了贡献。

二

新中国成立后,张维城历任华东局农村工作委员会委员兼秘书长,华东军政委员会土地改革委员会委员兼秘书长,华东局农村工作部秘书长、副部长,宿县地委第一书记,中央农村工作部华东地区工作处处长等职务。1957 年 10 月 18 日,国务院第五十八次会议通过任命张维城为南京农学院副院长。1958 年张维城担任南京农学院党委书记,1959 年兼任院长。

张维城非常重视农业教育和科研工作,他尊重知识、尊重人才,团结、依靠和爱护知识分子。他主持起草的南京农学院《关于学校整改的报告》被农业部转发至全国农业高校。他积极吸收高级专家入党,受到江苏省委的重视和肯定。

在校档案馆的老照片中,保存着一组让人印象深刻的照片。1958 年春季,时任党委书记的张维城号召师生一起劳动植树。他带领师生从黑墨营农场拖来松柏种在了主楼北门道路两侧和学生宿舍附近,如今的南京农业大学校园,树木苍翠,成为学校美丽的风景线。

图1　张维城(右2)与时任院长的金善宝(右3)
深入农村开展调研和指导农业生产

他调任中国农业科学院后,组织科技人员深入生产第一线开展科学研究,把科学技术与生产紧密结合,促进了农业科研工作和农业生产的发展,为组建中国农业科学院新的专业研究机构以及中国水产科学研究院的建设等方面做了大量工作。

"文革"期间,张维城遭受"四人帮"代理人的残酷迫害。在逆境中,他始终坚信中国共产党的领导,对党的事业充满必胜的信心,表现了一个共产党员坚强的党性和宽广的胸怀。

三

1978年12月,党的十一届三中全会召开,张维城衷心拥护和贯彻执行党的路线、方针、政策;坚决拥护邓小平同志建设有中国特色社会主义理论,并身体力行,认真学习领会;坚决拥护以江泽民同志为核心的党中央领导集体,关注党的事业、国家经济建设、改革开放、农业生产和农业科学事业。

张维城离休以后,仍孜孜不倦地学习、研究农村和农村政策。他不顾年老体弱,多次深入农村,了解农业生产和农业科技工作的情况,积极提出自身的意见和建议。

"文革"期间,南京农学院被迫取消建制,1971年迁往扬州,与苏北农学院合并为江苏农学院。在中央有关部门,特别是农林部有关司局领导以及金善宝、张维城、刘锡庚、朱启銮等在京、在宁原南京农学院老领导的积极支持下,中共中央终于在1979年1月作出了恢复南京农学院的决定,并由中共中央办公厅用加急电报发给中共江苏省委、农林部党组。

张维城在半个多世纪的革命历程中,对党的事业忠心耿耿,无论在什么情况下,从未动摇过对共产主义的信念;他对工作极端负责,贯彻党的方针政策一丝不苟;他密切联系群众,团结同志,平易近人;他几十年如一日,刻苦好学,勤于探索,刻意钻研,养成了朴实严谨的好作风;他为人正派,襟怀坦白,光明磊落,一生廉洁奉公,生活俭朴,对子女严格要求,严格教育,表现了一个老共产党员的高尚品德和情操,受到干部职工的尊敬。

1994年7月23日,张维城病逝,享年79岁。

(供稿:南京农业大学)

一生只为"铸剑"来

——从黄纬禄的笔记本说起

李宇青

2016年3月26日,东南大学档案馆收到黄道群女士捐赠的她父亲生前的笔记本。黄道群女士说:"我父亲对母校怀有深厚的感情,这是迄今为止发现的父亲大学期间唯一写有他名字的笔记本,虽然全家很不舍,但还是存放在他的母校东南大学更好。"

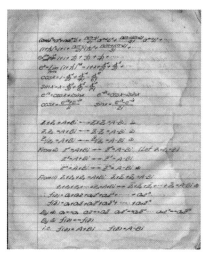

图1　黄纬禄英文数学笔记

这是一本全英文数学微积分方程式笔记。翻开笔记本,工整如同印刷体般的字迹和运算符号,让人惊叹笔记本主人止于至善、追求完美的品德。

笔记本的主人，就是"两弹一星"功勋奖章获得者黄纬禄。

1936 年 8 月，黄纬禄考入国立中央大学，进入工学院电机工程系学习。一年后，全面抗日战争爆发。1937 年 10 月 10 日，黄纬禄和 3 000 多名师生一起从汉口乘船进川，随学校西迁重庆。在重庆沙坪坝校区，日寇飞机频繁轰炸，躲过一次次空袭后，虽然师生们坚持上课、做实验，教学秩序井然，但理工各系通常使用的原版英文教材根本无法买到，大多数老师只能以英语口述、在黑板上手书的方式来传授知识。这本"微积分方程式笔记"应该是中央大学西迁重庆沙坪坝校区，黄纬禄就读大学二年级时在战乱的间隙，在用灯芯草做油灯的微弱光线下整理出来的。

翻阅这本珍贵的笔记，回望黄纬禄的一生，让我们想起俄国革命家、哲学家车尔尼雪夫斯基所说的："生命，如果跟时代的崇高的责任感联系在一起，你就会感到它永垂不朽。"

1957 年 11 月，黄纬禄奉命调入国防部五院二分院，开始了献身国防、矢志报国、呕心沥血、默默奉献的一生。

1960 年 7 月 18 日，就在苏联政府照会中国政府中断协定、撤走专家的第三天，毛泽东主席在中央北戴河会议上说："要下决心搞尖端技术。"此时，黄纬禄被任命为"东风一号"导弹副总设计师兼控制系统总设计师。在聂荣臻元帅的领导勉励下，黄纬禄和同志们攻坚克难、努力钻研。同年 11 月 5 日上午 9 时 2 分 28 秒，我国自己制造的第一枚导弹"东风一号"首次飞行成功，这枚导弹也被誉为"争气弹"，实现了我国军事装备史上导弹武器零的突破。

与此同时，黄纬禄还担任"东风二号"导弹控制系统设计师小组组长。"东风二号"导弹第一次发射失败，黄纬禄经受了无比的心痛和巨大的压力，他与全体研制人员共同努力，终于解决了弹体弹性振动等 158 项问题。1964 年 6 月 29 日，他主持控制系统设计的我国第一枚中近程地地导弹"东风二号"发射成功，翻开

图 2　黄纬禄工作照

了我国导弹史上自主研制的新篇章。

1966年10月27日,饱含黄纬禄和全体研制人员汗水和心血的"东风二号甲"导弹核武器发射成功,标志着中国成为世界核俱乐部的正式成员,从此"东风二号甲"正式装备部队,成为为祖国"站岗放哨"的第一代战略核导弹。

同年12月26日,黄纬禄担任副总设计师设计的"东风三号"首飞试验基本成功;1968年10月定型并装备部队。这是我国地地导弹发展史上的重要里程碑,为我国进一步研制中远程和洲际导弹奠定了基础。

黄纬禄领导控制系统研制的"东风四号"飞行试验成功后,由它改型研制的"长征一号"运载火箭,于1970年4月24日首次发射我国第一颗人造地球卫星"东方红一号"并一举成功,中国从此进入空间时代。

这之后,黄纬禄担任"巨浪一号"技术总负责人兼固体潜地导弹总体设计部主任。1981年担任地空型号武器系统系列总设计师。1982年10月12日,我国固体潜地导弹发射成功。黄纬禄和整个型号研制、试验团队的忘我付出,换来的是中国具有了第二次核打击的能力。

"巨浪一号"导弹发射成功后,66岁的黄纬禄体重少了11公斤,落得一身的病:十二指肠球部溃疡、输尿管结石、心脏病……可黄纬禄自己却说:"11公斤相对于动辄以吨计算的导弹来说算不了什么,但是将这血'补'在导弹上,成就的却是一个民族的希望和骄傲。"

1985年,"巨浪一号固体潜地战略武器及潜艇水下发射"项目获国家科技进步特等奖。1986年11月,黄纬禄当选为国际宇航科学院院士;1991年12月,黄纬禄当选为中国科学院学部委员(院士);1999年9月18日,黄纬禄荣获中共中央、国务院、中央军委授予的"两弹一星"功勋奖章。

2011年11月23日,黄纬禄因病去世,临终时,他留下这样一句话——"如果有来生,我还想搞导弹研究"。

(供稿:东南大学档案馆)

苟利国家生死以　岂因祸福避趋之

——程开甲人生中的两次学术转向

杨小妹

南京大学档案馆收藏着一张老照片，照片中有个笑得特别灿烂的年轻人，就是后来获得中国六项最高荣誉的"两弹一星"元勋——程开甲。

图1　程开甲（左2）在南京大学工作期间与同事合影

程开甲曾说："我这辈子最大的幸福，就是自己所做的一切，都和祖国紧紧地联系在一起。"这正是他一生两次学术转向的思想支点和动力源泉。

1918年，程开甲出生在江苏吴江盛泽镇，在这里度过了他的童年时光。1937年他考入浙江大学物理系，后又于1946年到英国爱丁堡大学，师从著名物理学家、量子力学的奠基人之一 M. 玻恩教授，开展理论物理的研究。学习期间，他与导师共同提出了超导电性的双带理论模型，1948年获哲学博士学位,受聘为英国皇家化学工业研究所研究员,年薪750英镑。

科学无国界,但科学家有祖国。1949年4月,英国的"紫石英"号等四艘军舰阻挠我人民解放军渡江作战时,遭受重创。消息传来,程开甲的民族自豪感油然而生,他感慨地说:"就是从那一天起,我看到了中华民族的希望。"这件事改变了他的人生,1950年,他谢绝了导师玻恩教授的盛情挽留,毅然回到祖国。当时的新中国百废待兴,钢铁、材料是稀有之物,他特意在国外收集了很多这方面的书籍和样品材料带回祖国,也正是这些观察和积累,为以后在南京大学创立金属物理教研室奠定了基础。从在英国研究的超导理论,转向更具应用性的金属固态物理,是程开甲第一次在专业方向上的转变。

1952年高校院系调整,程开甲从浙江大学调任南京大学物理系副教授,与施士元一起创建了南京大学"金属物理教研室",开创了热力学的系统内耗理论研究。1958年,他又与施士元教授一起创建了"核物理教研室",带领年轻教师研制出我国第一台双聚集β谱仪,而1959年出版的

图2　程开甲编写的我国第一部固体物理学教材

《固体物理学》专著,是我国在这个专业方向上的第一本教材,填补了高等院校固体物理学教材的空白。

1956年,党中央在知识分子会议上提出"向现代科学进军"的口号后,著名的"十二年科技规划"出台,原子能研究被提到国家科学发展的日程表前列。而这一年,程开甲如愿以偿地加入了中国共产党,成为南京大学第一位入党的高级知识分子。他曾经对同志们说"党叫干啥就干啥",他心里想的是,科学家最重大的责任应该是为国家建设服务,正是抱着这种精神,程开甲又经历了人生中的第二次学术转变。

1960年7月的一天,程开甲从时任南京大学校长的郭影秋手中,接过一张仅写有报到地址的字条,他没有多问,第二天就打着铺盖到北京报到。第二机械工业部第九研究所(简称"九所"),位于北京北郊元大都土城附近。

程开甲来到这里时,根本不知道要做什么,副所长吴际霖告诉他:"要你来,是搞原子弹的,与南京大学商调你,南大不放,你先两边兼着。"这期间,程开甲只回过南京大学一次,他在写给时任物理系副主任吴文虬的信上说:在北京一切都好,只是工作很忙,以后可能还会更忙,请系里做好思想准备。

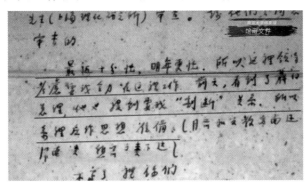

图3　程开甲赴北京工作期间给南大系主任的信函

1961年,程开甲正式调入九所,开展原子弹方面的研究。南京大学接到调令,一开始不想放人,核物理教研室的党员向系党总支申请,要学校出面申请免调令,还找到校长郭影秋。郭校长说:"你们要服从国家需要,以后会知道程开甲调去从事的工作。他今后工作的成就,也是南京大学的光荣。"而开篇提到的照片,正是1960年8月程开甲离开南京大学时,他所在的物理系核物理教研室党支部的一张合影,当时大家正在欢送他。

当时,原子弹的研制是国家的最高机密。程开甲深知参与这项工作就要做到保密、无私奉献,包括不参加学术会议,不发表学术论文,不出国,与外界断绝联系,不随便与人交往。而更加重要的是,他将要面对一个与之前又不相同的科研方向。

被调集加入原子弹研究队伍后,他更是将自己的科学追求完全融入国家建设中去。在最初的探索工作中,程开甲的任务是分管材料状态方程的理论研究和爆轰物理研究。那段时间,他总是没日没夜地思考和计算,满脑子除了公式就是数据。有时在吃饭时,突然想到一个问题,他就会把筷子倒过来,蘸着碗里的菜汤,在桌子上写公式帮助思考。有一次去吃饭,更是闹出了笑话:排队买饭时,他把饭票递给窗口卖饭的师傅,说:"我给你这个数据,你验算一下。"弄得卖饭师傅莫名其妙。当时排在他后面的邓稼先提醒说:"程教授,这儿是饭堂。"终于,经过半年的艰苦努力,程开甲第一个采用合理的 TFD 模型,计算出原子弹爆炸时弹心的压力和温度,即引爆原子弹的冲击聚焦条件,为原子弹的总体力学设计提供了依据。

1964 年,中国第一颗原子弹在罗布泊炸响,中国核工业发展隆重拉开序幕。以程开甲为代表的核工业先驱们,经年淹没于茫茫戈壁,隐姓埋名、无私奉献,这一切终于有了让人欣慰的结果。

正如习近平总书记在 2020 年 9 月科学家座谈会上所说:希望广大科技工作者继承和发扬老一辈科学家胸怀祖国、服务人民的优秀品质,弘扬"两弹一星"精神,把自己的科学追求融入建设社会主义现代化国家的伟大事业中去。从超导物理转向固体物理,再从固体物理转向核物理,程开甲先生用一生诠释了这种精神,就是他对于祖国最深沉的爱和奉献。

(供稿:南京大学档案馆)

"戎马书生"常春元

纪逸群

常春元(1918—2010),江苏泰兴人。1937年,全面抗战爆发,常春元在家乡组织大、中学生,组成了"救亡服务团"开展抗日宣传活动。1940年,新四军东进到泰兴,取得了黄桥战役大捷,成立了抗日民主政府,常春元任泰兴中心小学校长。由于暴露了革命身份,蒋伪军抓住了常春元的父亲并将其杀害。然而,这不仅没有动摇他的革命信念,反而更加坚定了他投身革命的愿望。

1941年,常春元任泰兴县政府督学。1944年4月,车桥战役胜利后,新四军解放了苏中大块地区,成立了苏中公学,常春元是第一批被派去学习的同志。随后在苏中行政公署调查研究室工作期间,常春元被派去苏中第一个解放的城市——沙沟(今江苏省兴化市沙沟镇)调查敌、伪、顽组织关系网,后任沙沟市文教科长。在与敌伪政权的数次血战中,常春元与战友们视死如归,顽强战斗。

1945年5月5日,在中共沙沟市委书记胡少鸣、市长周奋于的介绍下,常春元光荣加入了中国共产党,并兼任市委宣传部干事。1946年6月,苏北大部分地区被我军解放,常春元被调到苏皖第二专区任督学,后调至苏皖边区第二建设干部专门学校任教导主任,兼教育行政干部科主任。

苏中七战七捷后,解放军大踏步后撤,不计一城一地的得失,以歼灭敌人有生力量为主。常春元负责带领一批文教干部转移到山东。此后他担任了华东战场《支前报》的总编辑,继又率领华东干部大队随着部队到达豫东、鄂北,直抵大别山,参加负责筹办中原大学,从事基础党政工作和担任政治教师。

新中国成立后,他进入华中师范大学工作,兼中共中央中南局的马列主义讲师团工作。20世纪50年代初期,常春元作为新中国选派的第一批留苏学生,在莫斯科担任中国留学生联合党支部书记。

1958年毕业回国后,常春元仍回到华中师范大学任教,在学院教育系任职并承担教学工作,后又

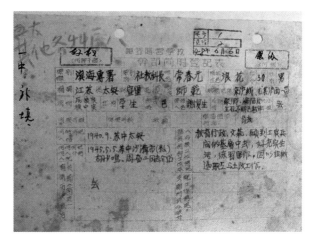

图1　常春元于1948年填写的
华野随营学校干部简明登记表

任副教授、教授,带研究生。此后,常春元又前后在甘肃省委文教办、武汉测绘学院、安徽师范大学等单位的行政领导和教学岗位上工作过。1983年,常春元同志调往江苏教育学院(今江苏第二师范学院)工作,直至离休。在此期间,他写了不少教育学著作,如《新民主主义教育教程》《中国社会主义教育学》等。

离休后的常春元始终情系教育发展,关注青年成长。他根据自己的亲身经历,创作出长篇革命军事历史题材小说《沂蒙山下》,小说反映了解放战争的全过程,史料翔实,故事生动,深受读者喜爱。他于1995年发表的《中国二十一世纪教育展望》得到了国家教委负责同志的赞许。1998年,常春元给国务院写了《中国二十一世纪教育与国际竞争》的建议书,引起了时任总理的朱镕基的重视。

2010年11月22日,常春元同志因病在南京逝世,享年92岁。回顾常春元的一生,战争时期他以笔为枪,为革命事业奔走呼号;和平时期他笔耕不辍,著作等身,情系教育,尽显"戎马书生"本色。

(供稿:江苏第二师范学院综合档案馆、校史馆)

沧海一声笑

——金庸先生的苏大情缘

王凝萱

金庸,本名查良镛,生于1924年,一支笔写武侠,一支笔纵论时局是对他一生的概括。但对于更多人来说,还是更熟悉金庸先生笔下由"飞雪连天射白鹿,笑书神侠倚碧鸳"这十四个字筑起的如梦江湖。因此金庸先生也常被读者们称呼为"金大侠"。

图1　金庸(1924—2018)

金大侠祖母是苏州人,很小的时候就吃过祖母做的苏州菜,也经常听祖母说苏州话。1947年金大侠辞去《东南日报》工作,进入上海东吴大学法学院国际法专业学习。也就是这段学习经历,让他与东吴大学产生了难解的情缘。

虽然金大侠早年便赴香港定居,但母校一直是他心中的牵挂。2000年,早已由上海迁回苏州并改名苏州大学的母校时逢百年校庆,金大侠被聘为苏州大学客座教授,并亲临校园为学生们演讲,还为母校题贺词:"养天地正气,法古今完人,季札伍员陆逊范仲淹皆吴人中之可法者也。"这份贺词现珍藏于苏州大学博物馆。

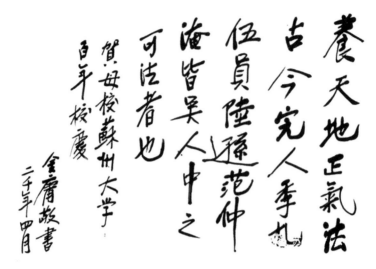

图 2　金庸先生为母校苏州大学题字

2007 年,金大侠荣膺苏州大学首位名誉博士,并受邀来到存菊堂做讲座。当得知自己是苏州大学有史以来第一位名誉博士时,他特别高兴。他说:"我得过很多学校的名誉博士、名誉教授,但像这样的第一个还是我第一次获得。"

这一次踏入苏州大学时,金大侠已是一位耄耋老人。83 岁高龄的他身着博士服、头戴博士帽出现在苏州大学存菊堂的讲台上。他亲切地将台下的苏大学子称作小师弟、小师妹,并热情洋溢地说:"回到苏州大学,我就好像回到了家一样,特别高兴!"面对师弟师妹们的热情掌声,金大侠动情地说:"我想你们的掌声是用来欢迎老同学的,我今天也是以老同学的心情来见你们这些小师弟、小师妹的。在有生之年里,我对苏州大学的'爱情'不会改变。"

在题为"中国大势记"的讲演中,金大侠展示了自己深厚的历史文化功底和素养,从秦汉谈到隋唐,再说到清朝,中国历史的发展进程尽在金大侠的描绘之下。对于自己作品中早先体现的"大中国"观念到后来放弃这一观念,金大侠表示,自己也是在不断学习和总结中得来的。

他寄语苏州大学的同学们,快乐源泉在于活到老学到老。他告诉同学们,尽管今年自己已是 83 岁高龄,但是现在还正在攻读英国剑桥大学的博士学位,正所谓学无止境,他希望,同学今后从大学毕业后,同样也要继续学习,充实自己的人生。

"有不少人都在问我,你的养生之道是什么。"金大侠在讲演会上透露了自己身体好的秘诀,"我的秘诀就是向苏州人学习,把一切都看得很清淡,任何事情都不要看得太严重,心要放宽"。他表示,苏州人淡泊的生活态度让他很受用,保持了心境的愉快,那么年纪越大自己也越愉快。

如今母校所在的苏州,也是金大侠一直牵挂的地方,他称苏州是"从童年就开始喜爱着的城市"。尽管在母校就读时,东吴大学法学院在上海,金大侠并没有长期在苏州生活过,但他在谈及自己最喜欢的城市时,从来不会漏掉苏州,他说他喜欢苏州的粉墙黛瓦,喜欢苏州的园林建筑,也希望能够常常来苏州。他将这份牵挂放进了字里行间,留在了传世著作中。

金大侠在《天龙八部》一书"段誉初入姑苏"一章中,多次提到苏州话的温软动人,甚至在阿朱和阿碧的对话中,使用了大量的苏白。当然以书面文字去表现方言的特点是不可能如何精当到位的,但懂苏州方言的读者还是能从苏白中找到一种浓浓的苏式特色。

阿朱和阿碧的待客之道也很符合姑苏风格。就说采莲剥菱,姑苏水乡湖泊众多,河道纵横,采莲本是极寻常之事,偏是文人多事,将其视为风雅之举。红菱亦是江南土产,在苏州以城东娄葑水面的为佳。红菱的食用益处《天龙八部》中也有记述。根据书中描述推断,燕子坞是虚构的地名,采莲之处或许是以苏州城东黄天荡为蓝本的。还嫌不过瘾的金大侠索性将"端庄略带稚气,神清骨秀,端丽无双,惊世绝艳,清丽绝俗"的王语嫣设定为苏州人,足见对苏州爱之深。

正因对苏州的热爱,2007年金大侠苏州行的重要行程之一就是评弹版《雪山飞狐》的正式开播。此前,金大侠的武侠小说曾改编成电影电视,并广受欢迎,与苏州评弹牵手的奇妙创新,源自对苏州评弹和武侠都情有独钟的香港著名实业家、慈善家、苏州市首批荣誉市民、多年来一直致力于家乡经济社会和慈善公益事业发展的周文轩,其实,也源自金大侠内心对苏州、对苏州话的深厚情缘。在当天的开播仪式上,当著名评弹艺术家邢晏春、邢晏芝兄妹现场表演评弹版《雪山飞狐》精彩段落时,听着自己的作品用自己最喜欢的苏州话表现出来,金大侠激动得热泪盈眶。

这一次意义特殊的改编,金大侠仅象征性地收取一元版税,这也颇有些侠气。2016 年 5 月 6 日,周文轩、周忠继家族将这部由评弹名家邢晏春、邢晏芝兄妹改编与演绎的《雪山飞狐》47 回全集评弹版碟片捐赠给了苏州大学博物馆。

就像金大侠所说,对苏州大学的爱永不会变,每一位苏大学子、每一位读者对金大侠、对金大侠笔下江湖的爱也永远不会变。2018 年 10 月 30 日,在姑苏城初初飘下金黄色银杏叶的时节,金大侠驾鹤西游杳然而去。但是金大侠教给我们的浮沉随浪,只记今宵;教给我们的侠之大者,为国为民将永远成为一代人的信条。

纵有再多不舍,我们也当抱一抱拳,拱一拱手。大侠慢走,待他日江湖再相逢,把酒仍唱沧海一声笑。

（供稿：苏州大学档案馆）

一生献给祖国核事业的陈达院士

鲍芳芳

陈达 1937 年 7 月出生于江苏南通县东社镇一个贫困的家庭。当时正值中华民族陷入深重灾难的年代，日本侵略者的烧杀抢掠让这个本来就穷困不堪的家庭变得一贫如洗。在组织和老师的帮助下，陈达才得以完成小学和中学学业，并于 1957 年脱颖而出考取清华大学工程物理系。在党和国家的资助和培养下，陈达得以安心学习，1963 年以优异的成绩完成大学学业。

图 1　陈达（1937—2016）

"我不去最艰苦的地方，谁去？"

陈达清华大学毕业之前，时任清华大学工程物理系主任，同时也是他班主任的何东昌老师几次做他工作，想动员他留校任教，在填写毕业分配志愿时，他说："我学的是核科学，就应该到搞核研究的地方去，边远不边远，无所谓。我完全是国家培养出来的，我不去最艰苦的地方，谁去？"就这样，为报答党和国家的培养，陈达毅然放弃留校工作的机会，"到祖国最需要的地方去"，成为地处戈壁荒漠的中国核试验基地的一员，决心把自己所学的知识奉献给生他养他的祖国，也从此开启了投身"干惊天动地事，做隐姓埋名人"的漫漫人生征途。

七八月的戈壁滩骄阳似火，地表温度达 70 多摄氏度，穿军用球鞋都烫

脚。空气温度 40 多摄氏度,每个
人都鼻子出血,嘴唇干裂。夜间有
时狂风大作,飞沙走石,甚至连帐
篷都被吹倒了。每每提及,他也不
禁感叹,那个时候真急啊,每个人
都是玩命地干,每天累了就趴桌子
上睡一小会,醒来后继续干,就是
为了抢时间。

图 2　陈达院士在外场试验中

　　每每说到我们国家进行了 45 次核试验,他参加了其中的 41 次,陈院士
都会很得意地说:其实我们国家搞了 46 次,其中一次搞了双响弹,美国人没
分辨得出来,咱们也就不说了。他的一生中,为我国国防事业立下了不朽功
勋,很多的功绩因为涉密,至今无法公开,但他对党忠诚、热爱祖国、献身国
防的光辉事迹必将永远被后人铭记。

用一生践行对党忠诚、热爱祖国、献身国防

　　20 世纪 60 年代,恰逢我国进行第一次核试验,就在核试验烟云还在翻
腾之际,在放化研究室工作的陈达和他的战友们便穿上厚重的防化服登上
卡车,不顾个人安危,奋不顾身冲向爆心取样。为了攻克燃耗测试技术,陈
达连续半年夜以继日地工作,最终成功创建"增长法"诊断技术方法。为了
改进用放射化学测定核爆威力的精度,1976 年,陈达和同事们研究出了一种
校正分凝影响的数据处理方法,最终形成了分凝研究成果。后来,陈达又率
领团队攻克了中子剂量测试威力的难题,创立了中子剂量放化测试方法。
1993 年,陈达负责起我国第一座军用铀氢锆脉冲反应堆工程设计建设,提出
军用堆模拟设备规模和设计规格书,确定物理方案,组织各项技术审定及评
审,并完成全部带核调试任务,直到反应堆投入运行。

　　2001 年 5 月,陈达从研究所退休后,来到南京航空航天大学(简称"南
航")。在 60 多岁后,陈达将核医学研究作为最重要的目标,这是陈达年轻时
理想的延伸。对于陈达而言,核研究从来不是为了伤人,而是为了保护自己的
国家和人民,陈达希望将核医学研究造福于全人类。2010 年,陈达又积极响应
中央军委号召,以为国防事业献终生的豪情再披戎装,投入他为之钟情的国防

科技事业,用一生践行了他对党忠诚、热爱祖国、献身国防的坚定信念。

做事做人,做人是第一位的

陈院士 2001 年上半年来南航,半年后就当选为中科院院士,有数家大学提出优厚条件来聘请他,连母校清华大学也有意高薪聘请。陈院士说,南航在我还不是院士的时候看上了我,请我来南航工作,这一点南航于我有恩,我此生绝不负南航。做事做人,做人是第一位的。当年南航受聘仪式上姜澄宇校长给他佩戴的一枚校徽,一直保存在他办公桌的第一个抽屉中。

进入南航后,陈达创建了"核科学与技术"新学科,并逐步建成了完整的学科专业体系。陈达说:"这是一门关怀人类的科学,是为民谋福祉的事业,一定要有人去做。"2012 年,陈达跑遍大半个中国,走访联合多家单位,启动了国家重大科学仪器专项的申报工作。2013 年 2 月底,他放弃春节假期,一头扎进申报书的撰写工作中,亲自制定任务书的主体结构,前后一共完成了十多个版本的申请书。2013 年 6 月,陈达身体出现状况,经过医院会诊,急需手术治疗,但由于 6 月 29 日是该项目的最后一关——视频答辩,为了参加视频答辩,陈达坚决推迟手术时间,带病参加了科技部组织的视频答辩会,最终作为 5 个优胜项目之一,突出重围,获得了工信部的指标名额。当年 9 月,捷报传来,由陈达领衔申报的国家重大科学仪器设备开发专项"工业物料成分实时在线检测仪器的开发和应用"获批,这对南航的核科学与技术学科以及其他相关学科的发展产生了极其重要的带动作用。

做科学研究我在行,讲课艺术我还要提高

陈达同志具有严谨治学、潜心育人、淡泊名利的师德风范。来到南航之初,不少人都怀疑这个 65 岁的老人是否还有精力在大学做出新的成绩。然而,陈达凭借不服老的坚韧劲儿,在南航大有作为。在学校的支持下,陈达将核科学与医学、材料学等其他学科的交叉领域研究作为南航核科学学科的发展方向,经过十余年的发展历程,由陈达作为学科带头人的南航核科学专业已经逐步发展、壮大、成型,拥有了完整的学科专业体系。在这次"创业"初期,面临着师资队伍不到位的情况,陈达亲自上阵,给本科生讲授"核反应堆物理分析"课程。陈达说:"核反应堆物理师资稀缺,我要亲自上阵来教。老师给学生上课是一件非常重要和严肃的事情。教书育人一定要兢兢

业业,每堂课都要讲好,'差不多,没啥大毛病'可不行。习惯了带博士和硕士,给本科生上课好比手把手教,这个讲课艺术我还要不断提高!"

陈达还主持编写了《应用中子物理学》等规划教材,录制并获批了《核科学技术应用漫谈》国家视频公开课,主持多项教改研究课题,探索高校、科研院所、企业合作培养人才。陈达一直强调,大学最重要的任务就是培养人才。要培养好学生,就要把课程安排好、把课上好。他经常参加系里的教学研讨会,与大家一起讨论教学计划、课程大纲等等,提出明确要求和很多建设性意见。每次调整专业培养方案,他都认真阅研,提出意见和建议,对培养方案反复修改,不断完善。

2013年以来,陈达身患重病,在家接受治疗和休养,他经常向前去探望的领导和老师询问:我现在不能上课了,导论课是怎么组织的? 学生人数多了,实习是怎么解决的? 新开设的课程,学生反馈效果怎么样? 学生找工作情况如何? 教学上有没有什么困难? 陈达不辞辛劳,为核医学学科搭建平台,开辟了新的教学领域。而做这些工作,虽然意义深远,可是由于种种原因,并不能在短时间内体现出价值。对此,陈达既深感忧虑,又极富信心。他经常说:"对于得失,个人不应看得太重、计较太多。"

在陈院士办公室的私人物品中,数量最多的是他的笔记本,有2003年给全校本科生上的公选课"人类生存发展与核科学"的备课笔记、2005年给研究生上的"应用中子物理学"的备课笔记、2007年给本科生上的专业课"核反应堆物理分析"的备课笔记、2012—2014年给大一新生上的"专业导论课"的备课笔记,其次还有他上课期间与学生们的亲切合影。那些年,陈院士坚持备课,备课笔记本写得密密麻麻;上讲台,他从来都是西装领带出场,不坐板凳,不用PPT,而是用粉笔一个一个公式进行推导,满黑板地写板书。70多岁的老人家,那份对教学工作的认真和执着让人无不动容,他却自谦地说:"做科学研究我在行,教书育人是半路出家,讲课艺术我还要提高。"

陈达的一生以突出的业绩、高尚的品格、无私的情怀,践行了为祖国核事业奋斗终身的崇高志向,表现出了一名共产党人和高级知识分子对党的无比忠诚、对祖国的赤胆忠心、对人民的深挚热爱和对事业的执着追求!

（供稿：南京航空航天大学档案馆）

一生筑坝为人民

——三峡工程总设计师郑守仁院士

王 慧

　　这不仅仅是个故事,更是实实在在的记录,是郑守仁院士的真实写照。今天就让我这个河海大学档案馆的一员,给大家讲讲校友平凡而伟大的故事吧。

　　郑守仁(1940—2020),中共党员,全国五一劳动奖章获得者,河海大学杰出校友。1997年当选为中国工程院院士,2017年获得国际大坝委员会终身成就奖,2019年被评选为"最美奋斗者"。他是河海大学培育出的千千万万莘莘学子中的一员,如汇入海河的一道细流,如浩瀚银河中的一颗星星,然而,它又是如此的清澈、耀眼!

图1　郑守仁在母校河海大学校庆典礼上讲话

郑守仁 1940 年 1 月出生在安徽颍上，1963 年毕业于华东水利学院（现河海大学）河川枢纽及水电站建筑专业，毕业后如愿来到长江流域规划办公室（现长江水利委员会）工作。他先后负责乌江渡、葛洲坝导截流设计，隔河岩现场全过程设计，以及三峡工程设计工作。

从葛洲坝二期工程、隔河岩工程到三峡工程，56 年的水利生涯，郑守仁院士成功挑战截流长江这一世界难题，荣获 40 余项省部级以上奖励，为我国水利水电建设和科学技术进步作出重要贡献，被业内称为"大坝的基石""当代大禹""工程师的脊梁"。

一辈子与水利结缘

出生在淮河岸边的郑守仁，从小就目睹连年的水患给老百姓带来的灾难。由此，他立志成为一名水利工程师。这不仅是他儿时的理想，更是他一生的志向。

1963 年，郑守仁大学毕业，如愿以偿地来到了长江流域规划办公室工作，这是一个管水的地方。从此他与水结下了一辈子的缘分。

为了尽快融入工作，郑守仁与工人同吃同住同劳动，虚心向工人学习，把祖国的大江大河、青山绿水当作一本无字书，从实践中吸取营养，把在学校学到的专业知识，通过实践加以应用和发挥。

十年磨一剑，郑守仁参与了葛洲坝工程设计。他负责导流围堰及大江截流设计。他先后设计 8 座围堰，对设计方案进行了大量分析研究，并通过水工模型试验验证，最终选定了上游围堰堵截流和"钢筋石笼"龙口护底方案，确保了葛洲坝工程大江截流的一举成功。后来，葛洲坝工程圆满竣工，发电效益显著，这与郑守仁等的杰出贡献是分不开的。

在完成葛洲坝工程任务之后，郑守仁又带领一批设计人员义无反顾地奔赴条件艰苦的隔河岩工地，完成了号称"亚洲之最"的隔河岩导流设计工程，为隔河岩工程提前建成和发挥效益奠定了基础。郑守仁总是说："水利工程利在当今，功在后世。"

转战三峡工程

"更立西江石壁，截断巫山云雨，高峡出平湖。神女应无恙，当惊世界殊。"站在气势雄伟、巍然屹立在长江之上的三峡大坝面前时,不禁会想到毛主席这首著名的诗句,心中的自豪感都会油然而生。

在这座大坝面前,你不得不慨叹人的渺小,也不得不赞叹人的伟大。没有建设者们夜以继日、呕心沥血的战斗,哪会有这"高峡出平湖"的壮美? 而在数千名奋战在三峡施工第一线的建设者中,总有一位年逾花甲、衣着朴素却又精神矍铄的老者永不疲倦地指挥着工地的设计和施工。

三峡(瞿塘峡、巫峡、西陵峡)工程是举世瞩目的大工程。身经百战的郑守仁临危受命,转战三峡。此时郑守仁已经 54 岁,年过半百的他以长江水利委员会总工程师的身份参与并主持三峡工程。虽然职务升迁了,但他坚实的脚步依然踏在施工第一线上。"不积跬步,无以至千里;不积小流,无以成江海。"正因为郑守仁在长期的实际工作中积累了丰富的理论知识和实践经验,才能力挽狂澜,才可运筹帷幄决胜千里。

作为三峡工程现场总指挥的郑守仁并不以专家自居,在遇到技术难题时,他总是博采众长,虚心听取各方意见,广泛采纳合理化建议。三峡工程号称"世界上第一"的水利枢纽工程,必然会遇到一系列挑战,如高边坡开挖,长江截流,高强度混凝土施工,特大型机组金属结构的制造、安装等,这些在以郑守仁为首的团队攻关下都一一圆满地解决了。

图 2 郑守仁在三峡工程指挥现场

郑守仁的日历上,没有节假日,甚至没有白天黑夜。他的家虽然就在宜昌,但却很少在家吃饭。在工地上,几乎所有的人都能说出几段郑守仁"老黄牛"的故事。

老黄牛发威

郑守仁为人厚道,极少对人发脾气,但"老黄牛"也有"发威"的时候,他对工程质量极为挑剔,不怕得罪人,只要有足够的理由证明是不合格的,绝不马虎,绝不通融。该讲的就讲,该批评的就批评,他一直对下面人说,做工程来不得半点草率,差之毫厘,失之千里。三峡这样的大工程,关系到千千万万人的生命财产安全,来不得半点失误。

1898 年新年第一天,左岸 13 号坝段基础即将验收。当时,参建各方现场代表都已表态同意,施工单位也准备开仓浇筑混凝土,郑守仁指出基岩面处理尚未达到设计要求,强调要不折不扣地按照设计要求将基岩裂隙和松动石块等地质缺陷处理好。他一丝不苟的精神打动了在场的各方代表。最后,施工单位按照他的要求连夜整修,将地质缺陷全部处理妥当后,他才签字验收。

最美奋斗者

郑守仁是一位名副其实的"最美奋斗者",几十年的辛勤耕耘,几十年的重任在肩,黑发染上了白霜,额上的皱纹也越来越深,但他依然坚守在施工第一线,不知疲倦地工作着。

一次,有人问郑守仁对母校有什么寄语,他沉思了一会儿说:"希望母校能多为国家培养些人才,为建设我们的祖国多出一份力。"面对主持人白岩松的采访,他谈得最多的还是长江,是工程,而对他自己,则说得很少……

这就是我们可敬可爱的校友——郑守仁的故事。2020 年 7 月 24 日,郑守仁因病在武汉逝世,享年 80 岁。他是一位为国家为人民作出伟大贡献的人,一位忠诚的党和人民水利战士,一位不忘初心、秉性守仁、热血筑坝、泽被后世的人,更是一位值得为我们永远歌颂和学习的人!

(供稿:河海大学档案馆)

情系家国

荣毅仁与公益图书馆

李蕙名　徐　军

　　江南大学档案馆珍藏着一组荣毅仁为学校公益图书馆亲笔题写馆名的手迹和视察公益图书馆的照片档案,这背后蕴含着荣老悉心支持家乡高等教育的感人故事。

　　荣毅仁先生是江苏无锡人,家乡素奉尊师重教、耕读传家之风,荣氏家族也有兴办学堂、助学施教的传统。荣毅仁的父亲荣德生先生早年就热心发展家乡的文化教育事业,创办"大公图书馆"和多所各级各类学校学堂,兴学育才,造福乡梓。家族的传统、父辈的表率给荣毅仁刻下深深的"兴学爱乡"的印记。私立江南大学创办期间,31 岁的荣毅仁就担任学校董事会的董事,后又出任副董事长兼校务委员会主任。在风雨动荡的岁月里他艰难地支撑着学校的运营与发展,也许正是这些经历铸就了荣老对江南大学特有的情愫。

　　1985 年 7 月,无锡筹资创建的无锡大学更名为江南大学。时任全国人大常委会副委员长的荣毅仁应无锡市人民政府之请,担任学校名誉董事长。改革开放之初,百废待兴,学校建设资金不足,教学设施很不完善,荣老对此十分关切。1985 年 10 月,荣毅仁代表荣氏家族向江南大学捐赠 300 万元,用于建造图书馆和设立"公益奖学金"。

　　11 月,图书馆设计图纸初成,程志翔校长去北京向荣老汇报,请荣老审查图书馆设计方案,荣老仔细审视后对图书馆门厅过大过高提出了修改意见,并指出在现有经济条件下要勤俭办事,建馆要经济实用、适当美观,建筑

343

形式、色调要同环境协调。当程志翔校长询问图书馆名称时,荣老说:"就叫江南大学图书馆吧,经济条件有限,家里筹些钱,为地方办点事业,不要搞那么一些名字的东西,你们定一定,不要用人名。"这充分体现了老人家低调、务实、勤俭、一心为公的优秀品德和作风。图书馆后来定名为"公益图书馆",与"公益小学""公益中学""大公图书馆"一脉相承。

图1　荣毅仁为"公益图书馆"题写馆名

1986年夏,新图书馆破土动工,适逢荣氏海内外亲属一行200余人回锡,荣老来校兴致勃勃地冒雨视察新图书馆工地。翌年,荣老欣然为"公益图书馆"题写馆名,并向图书馆赠送了一批珍贵文献。

1988年9月10日,公益图书馆落成开放。同年12月23日,荣老偕夫人杨鉴清、女儿荣智和来校探望师生并参观公益图书馆,在接见学校领导和师生代表时,荣老语重心长地说:"对学生要关心思想,关心学业,关心健康。"他说:"教育学生一定要有爱国思想,二要有社会主义思想。"同时,他强调:"一定要抓好学生的学业,要学懂,要理解,还要能和实际结合。"他希望江南大学师生"要把目光放远些,不仅要看到现在,还要看到将来的发展。要进一步把精神振奋起来,在校内形成研究学术的浓厚气氛,把江南大学办成一个在国内乃至某些学科在国际上有一定影响的大学"。荣老的殷殷深情令人难忘。

1997年10月,私立江南大学创办50周年之际,国家副主席荣毅仁到学校视察,再度来到公益图书馆,荣老当时已经年逾80岁高龄,精神矍铄,他边参观边听取图书馆的工作汇报,了解图书馆的利用情况,鼓励大家为师生做好服务。

2007年10月,江南大学蠡湖校区异地重建的"公益图书馆"大楼落成,10月27日,荣智健先生秉承父志,偕夫人任顺弥、幼子荣明棣参加公益图书馆落成仪式及私立江南大学创办 60 周年纪念大会,捐赠 6 000 万港币继续支持学校及公益图书馆的建设发展。2017 年,荣智健再次捐款 5 000 万人民币,支持学校一流学科建设。

今日的公益图书馆拥有阅览座位近 6 000 个,已由传统的藏书之所变为多元的学习研究空间。图书馆现有馆藏纸本文献资源超过 255 万册,数字图书 615 万册,拥有中外文数据库 100 多个,还集成了现代信息技术和自助管理设备,为师生提供便捷的文献服务。图书馆持续开展各类精品文化育人活动,吸引学生积极参与;还建有教育部科技查新工作站、高校国家知识产权信息服务中心,为师生提供信息咨询、知识产权应用和转化服务。公益图书馆年接待读者达 270 万人次,已成为学校的教学科研、文献信息、文化传承、学习支持的中心和服务育人、管理育人、文化育人的基地,是学生最喜爱的、最温馨的、最值得回忆的地方。

图 2　江南大学公益图书馆内景

在长达半个多世纪的岁月中,荣氏三代贤达对无锡家乡人民和江南大学的厚爱,以及对高等教育的鼎助,为学校的持续发展奠定了良好的基础。荣老对江南大学的深情厚谊及重要贡献,师生永志不忘,并引以为骄傲与自豪。他无私奉献的高尚品德和矢志不渝的奋斗精神,也将作为江南大学人宝贵的精神财富一代代弘扬传承下去。

（供稿：江南大学图书馆与档案馆）

用生命践行初心

——优秀共产党员郝英立

李宇青

打开东南大学档案馆 20122T0002 号档案盒,一本黑色封皮的记录本映入眼帘,这是我国"南极冰穹 A 科考支撑平台"的奠基人、曾任东南大学空间科学与技术研究院副院长郝英立教授的遗物。笔记本里满满记录着一个个模型的设计、一套套方案的筛选、一次次会议的记录,还有一个个和时间赛跑的任务节点……

图 1 郝英立生前的《南极科考工作笔记》

郝英立,1963 年 6 月出生于陕西西安,辽宁沈阳人,中共党员。1981 年考入南京工学院(现东南大学)工程热物理专业学习,1985 年毕业留校任教,1996 年博士研究生毕业。

1998 年,郝英立公费赴美国留学。出国前,他对妻子说:"学成后我是一定要回国的。"他叮咛妻子按时帮他交党费。"英立说,外国的生活条件再好,工作条件再优越,可那是别人的国家,我在那里只是给别人打工,真正的事业在自己的国家。"妻子回忆道。

1998 年至 2003 年,郝英立先在田纳西州立大学机械工程系从事博士后研究,后到佛罗里达国际大学机械工程系做访问学者,兼职教授。他的妻子回忆说,"在美国的五年,英立将所有的时间和精力都投入到学习和项目研究中,没有回国探亲一次"。佛罗里达国际大学的同事陶永心教授说:"在美国五年,郝博士一心想的是如何报效祖国。"美国的一位同事在给东南大学的邮件中说,郝英立身边有不少博士后申请绿卡,他却矢志不移。告别晚餐上,美方院、系领导一再挽留,他一一婉言谢绝。

2003 年 5 月,郝英立在给母校的信中写道:"我已实现出国学习进修的目的……现在我具有回国工作、为我国的建设事业作出贡献的强烈愿望。""我在美国这些年学到很多,增进了自己的科研经验和知识储备,我想是时候回到中国了。"同年 8 月,郝英立满怀凭学报国的豪情,回到母校东南大学。

回到东南大学后,面对相对老旧的实验条件,他不等不靠,用有限的资金建立起适应现代教学需求的"微传热方向实验室",并迅速开展教学、科研工作。2008 年 1 月,学校筹备成立空间科学与技术研究

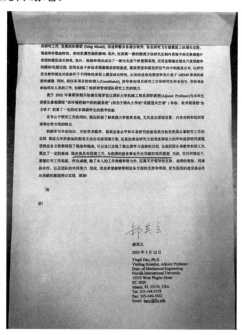

图 2　郝英立写给母校的信

院,他以大局为重,服从组织安排,以强烈的事业心和责任感,认真完成研究

院的各项工作。

2009年4月,东南大学与紫金山天文台签署战略合作协议,共同研制开发拥有我国自主知识产权及提供能源、数据、通信等综合保障的"南极冰穹A科考支撑平台"。它不仅要求项目主持人掌握最新国际前沿技术,而且要求在高海拔的艰苦环境下进行观测分析。郝英立受命担任该项目的负责人。

此后的一年多时间里,郝英立就像一名战场上的将军,带领他的团队没日没夜地战斗在研发现场。以往,我国在南极考察的天文观测数据都是通过租用澳大利亚的平台获得,观测到的重要数据往往拿不到。我国科学家深感被人"卡脖子",也意识到没有"中国芯"的南极科考事业将无法获得成就。

2010年9月26日,郝英立和他的团队第二次来到西藏,为的是将"南极科考冰穹A支撑平台"运回南京进行最终维护和调式,以便11月份搭载"雪龙号"科考船前往南极中国站安装使用。原本他是可以留在南京坐镇指挥的,但出于对科学的严谨,对细节的审慎,出于对"重大任务容不得半点闪失"的事业心,他坚持"关键时刻,我是共产党员,是项目负责人,必须去"!

下了飞机,郝英立和队友辗转近4小时车程直奔海拔4 300米的目的地。他亲自参与拆卸打包,连续工作了5个多小时,终因旅途劳顿和超负荷工作,加之高原反应,突然病倒。9月27日凌晨,47岁鲜活的生命永远地留在了西藏高原,陪伴在他身边的是《南极科考工作笔记》。

郝英立团队仅用1年零2个月的时间就研制完成了澳大利亚花费8年才打造完善的平台。2010年11月初,由郝英立主持设计的"南极冰穹A科考支撑平台"启动仪式在东南大学举行,标志着中国真正掌握了打开南极科考的钥匙。可以告慰郝英立的是:平台使用后整体性能指标远远超过国外已有平台,南极天文科考设备终于有了"中国芯"。

2010年10月,东南大学党委作出决定,追授郝英立同志"优秀共产党员"称号。郝英立,一位普普通通的教授,他无私奉献的信念来自哪里?来自"我是共产党员""学成后我是要回国的"的初心。在他看似平凡的事迹中,不仅集中体现了中国知识分子的精神传统和百年东大的精神特质,也生动地展示了东大教师牢记使命、诲人不倦、朴实无华的精神品格。

(供稿:东南大学档案馆)

白衣战士身后的"王妈妈"
——全国优秀共产党员王永红

陈逸寒　金　迪　张　妍

2020年9月,南京医科大学档案馆、校史馆举办"白衣执甲,南医担当——战'疫'实物图片展",在展厅中央,一件布满密密麻麻签名的防护服静静伫立,引得不少人驻足观看。这件珍贵的实物档案由第七批江苏援湖北医疗队捐赠,现收藏于南京医科大学档案馆、校史馆。白衣如战袍,字字见仁心,防护服上五颜六色的签名,是英雄们无声的誓言,也是团队抗击疫情的见证和纪念。

2020年2月13日,第七批江苏援湖北医疗队200余名医护人员连夜集结,驰援武汉。南京医科大学第一附属医院服务保障中心主任王永红,正是这个团队中的一员。"看到江苏第一批医护人员支援武汉时,我很着急,我也想去。我50多岁了,希望自己在还有精力时,不留遗憾。"汶川地震,她也申请前往救援,但没能如愿,这一次,她在第一时间报了名。

在医疗队中,她负责物资调配工作。在武

图1　江苏援湖北医疗队部分队员签名防护服

汉抗疫一线的 61 天里,作为援武汉重症医疗队临时党支部副书记,她带领大家冲锋在一线,全力保障医务工作人员的安全。"兵马未动,粮草先行",在医疗队出发前,医院物资采购中心、临床设备工程处等科室就将整个 200 余人的大团队的随队物资准备完毕,防护服、口罩、消毒液……为入舱队员一一备齐,紧缺物资通过各种渠道积极采购。

医疗队到达武汉市第一医院重症监护病区后,面对医疗队物资繁杂、周转快、发放时间紧、任务重,没有专门库房和信息管理系统等一系列难题,王永红有敢战的决心,也有善战的本领。经过协调,医疗队把所在酒店的餐厅改成了仓库,王永红和队友迅速梳理流程,制定管理制度,使得管理高效有序。她带领物资保障组的同事手动清点,分拣归类,随后在医疗队志愿者的帮助下,物资接收发放迅速走上了正轨,物资基本整理到位,登记在册。从早晨忙到半夜,衣衫汗湿、声音嘶哑,王永红从不叫苦。"我是站在医务人员背后的人,我的使命就是为他们做好一切保障。"

她是医疗队的"大管家"。身不在舱内,心却时刻惦记舱里的战友。每天一早,她会站在酒店门口目送队员离开,叮嘱中送上一个"平安果";深夜,她又站在同样的地点等候队员"回家"。"看着这些年轻孩子们的背影,就盼着他每天能齐齐整整回来。他们回来后,我又开始担心起明天。"在一线的日子里,王永红总有操不完的心。

她了解队员的需求和困难,用心爱护每位战友。担心年轻队员压力过大,王永红经常和他们聊天,及时地进行心理疏导,鼓励大家坚定抗疫信心,让队员始终保持昂扬饱满的精神状态工作。"他们都是爸妈的乖宝宝,在这里却是病人的依靠。我要让孩子们成建制出发,一个不少平安回家。"队伍里有年轻队员过生日,王永红专门联系厨师准备加了荷包蛋的"生日面",还想方设法准备蛋糕,燃烧的生日蜡烛也点燃了队友抗疫的信心。贴心细致的举动感动了所有队员,在这之后,王永红有了个亲切的称呼——"王妈妈"。听说大家好久没吃到水果时,"王妈妈"经多方联系,为大家准备了苹果、梨子、橙子等;在得知队伍里有两个回族队员时,"王妈妈"第一时间询问两名队员的饮食习惯,饭菜方面有无特殊要求;当有队员的父母在家身体不适时,"王妈妈"得知后常在第一时间关心队员,帮助联系后方解决队员的后顾之忧。两个月的战斗,"王妈妈"的称呼是全体队员的最高奖励,也是她最开心的收获。队员们说："在武汉奋战的这些日子里,我们作为抗疫一线的医护工作者守护着每位患者的生命,而王妈妈一直守护着我们每个队员的身心健康。"

作为临时党支部副书记,王永红也充分发挥"一位党员一面旗帜"的作用。结束武汉一院的战斗,医疗队转战金银潭医院,她和支委们及时组织了一次特别的支部大会。"我知道其他医疗队在撤离,你们也想家,大家压力很大,但我们是党员,是医护人员,党员就应冲在最前锋,医生就应站在最前线,战场上不允许有逃兵!"她心疼孩子们,鼓励大家用行动践行初心和使命,不获全胜决不收兵,让党旗在防控疫情斗争第一线高高飘扬。

转战金银潭医院重症监护病区,队员们更换了战场,王永红的用心服务也未停歇。"我从来没有参加过这种突发的应急事件,我能做的就是拼尽我的全力保障他们,我一定让他们'手中有枪,家中有粮'。"在坚强后盾的支持下,队员们心无旁骛地投入战斗。61天里,南京医科大学第一附属医院援湖北医疗队在武汉一院和金银潭医院共救治了130位新冠肺炎重症患者。让王永红欣慰的是,全队人员无感染、无疑似病例。

英勇出征的战士早已平安回到了亲人身旁,被暂停的城市也早已恢复了往日的繁忙。2021年,恰逢建党百年华诞,王永红被授予"全国优秀共产党员"称号。王永红表示:"我只是医护人员的代表,这份荣誉属于整个江苏援鄂医疗队。"荣誉是认可,也是新的使命、新的征程。王永红用自己的实际行动诠释了新时代共产党员的"螺丝钉"

图2　2021年,王永红被授予
"全国优秀共产党员"称号

精神。"在今后的工作中,我将牢记党的嘱托,以共产党员的标准严格要求自己,继续努力做好工作中的每一件小事。"

（供稿：南京医科大学档案馆、校史馆）

白衣"老"将再出征

——记全国抗疫先进个人鲁翔

陈逸寒　李茜倩　张　妍

　　"禀父老,楼兰破,人平安,白衣战士把家还。"2020 年 3 月 20 日,时任南京医科大学副校长、南京医科大学附属逸夫医院院长的鲁翔在为江苏省援黄石医疗队首批撤离的 240 名队员送行时,豪情万丈地念出这句肺腑之词。当日,黄石万人空巷,十里相送。援黄医疗队的队旗迎风猎猎,承载着每一个队员的医者仁心和满腔热血。

　　2019 年底,新冠肺炎疫情暴发,快速席卷荆楚大地。2020 年除夕,南京医科大学派出第一批医护人员前往湖北抗击新冠肺炎疫情,此后,各附属医院医护整装待发,白衣执甲,前赴后继……2020 年 1 月 25 日到 2 月 9 日,鲁翔送别了 3 批附属逸夫医院赶赴湖北抗疫战场的医护人员。他对每一个人说"平安归来""一个都不能少",是叮嘱,也是命令!

　　鲁翔是一名不折不扣的"沙场老将",从援藏、援疆到抗击"非典",他都冲锋在一线。此次疫情来势汹汹,任务急难险重,他却再一次挺身而出,勇挑重担。2 月 10 日,下令"一个都不能少"的他迎来了征召令,对口支援前方指挥部将统一领导江苏援黄石医疗支援队在黄石地区疫情防控和医疗救治工作,由他担任总指挥。2 月 11 日,鲁翔带领 310 人组成的"精锐之师"抵达黄石,开展对口支援。千里逆行,面对陌生病毒,既要打赢阻击战、保卫战,又要确保队员平安,千钧之重系于一身。他说:"作为总指挥,毫无疑问,压力很大,但是作为一个'老'医生,我又信心很足。"

2月11日抵达黄石当晚,江苏医疗队便兵分三路进入驻地。第二日,鲁翔带领的前方指挥部与黄石市疫情防控指挥部进行工作对接。完成对接后,鲁翔又与专家组连夜赶回驻地,召开了专题分析会,主要研讨家庭聚集型案例的针对性解决方案。经过整整两天的信息交流、现场查看,在充分调研、全面了解黄石疫情防控现状的基础上,鲁翔在黄石疫情防控前方指挥部召开的工作会议上明确了4条防控思路:加强危重病人救治,提高救治成功率;对轻症病人全面排查分析,减少轻症转重症情况发生;进一步加强医护人员自我防护,做到零感染;联系社区,加强防控。

在前方,鲁翔有前指副总指挥、医疗队领队双重身份,既要提供专业建议,也要抓好组织协调管理。他指挥医疗队快速制定了一系列管理规定,创新管理思路,如物资管理、统计报送、工作例会、对外宣传等各项工作制度,纪律严明,管理规范,让来自不同地方、不同医院的队员做到了行动统一、管理有序,保证了医疗支援工作的效率和质量。

"我们到达时,正是黄石最困难、新冠肺炎疫情最严重的时候。当地平均一天确诊约100个患者,累积患者接近900人,其中重症危重症患者100个左右,医院满负荷运转。"鲁翔说。在黄石确诊病例和死亡病例数攀升的危急时刻,他凭借多年管理经验,迅速建立黄石医疗队组织构架,于2月14日成立了由12名成员组成的专家组,创新运用"挂职"模式,精细化排兵布阵,将医疗力量统筹分布,与当地政府以及医疗救治、疫情防控队伍紧密合作,支援8家定点医院、55家发热门诊、15个隔离点、100多个社区,加快了两地来自数十家医院的医疗队伍的深度融合,将362人的庞大队伍在短时间内凝聚成了一支有战斗力的英勇之师,迅速控制疫情发展。鲁翔说:"我们的出发点是在一个良好的运行机制下,跟当地医疗专家密切配合,加上江苏强大的后方支援,一起为黄石的疫情防控作出最大努力,不放弃任何一个病人。"

在黄石战"疫"一线,鲁翔每天工作15个小时以上,带领专家团队与时间赛跑。针对一床难求的情况,在他的部署下,南京医科大学附属逸夫医院重症医学科主任赵炜带领重症医疗团队,连夜奋战,将重症病区改造时间由平时的2个月缩短至战时的48小时,黄石市中心医院的儿科重症监护室成功被改造为标准的传染类疾病 ICU 病房,成立了黄石市中心医院重症医学二病区,开设床位20张,专门收治危重症新冠肺炎患者。"千方百计减少重症和危重症病人的增量。"围绕这一目标,针对危重症患者救治的各项举措逐步到位,包括多学科专家联合会诊、干细胞治疗、新冠肺炎康复者的血浆治疗、用于抗病毒治疗的磷酸氯喹以及抗炎症反应的托珠单抗等。

图1　鲁翔在黄石重症病房一线参与患者救治

患者治愈出院,是对医者最大的褒奖。3月5日上午,黄石市中心医院首次有重症患者治愈后成批次出院,鲁翔一早便到医院为他们送行。面对出院的患者,鲁翔说:"最高兴的事情就是看到你们出院,这样我们来了才有价值。"3月27日,黄石最后一位新冠肺炎患者走出市中医院,至此终于实现了确诊和疑似"双清零"。

援黄期间,鲁翔收到了一封特别的来信。3月18日,是江苏援黄石医疗队临时党总支新党员入党宣誓的日子。这一天,也是黄石市中山小学六年级的12岁小学生苏欣妍在疫情好转以来第一次出门。她和妈妈来到江苏医疗队驻地,请门卫把一封信和一个用自己压岁钱买的蛋糕转交给鲁翔伯伯。

得知这件事后,鲁翔赶紧请人留住母女俩,并以江苏援黄石医疗队临时党总支书记的身份邀请苏欣妍一起参加当晚的入党宣誓仪式,见证预备党员宣誓的神圣时刻。在党员宣誓前,还请苏欣妍朗读了自己写的信。"你们穿着厚重的防护服,在医院病房和时间赛跑,从病魔手上夺回生命!谢谢你们为我家乡拼命!"

与大家一起听完信,鲁翔对新党员和入党积极分子说:"我们为什么入党?为了我们的使命、初心,为了老百姓。群众路线是中国共产党的优良传统,孩子的到来说明,我们来,是值得的!普通孩子记住我们了,老百姓记住我们了,'鱼水之情'通过抗疫得到了充分的体现。"

战"疫"月余,这支队伍出色地完成了党和人民赋予的任务。作为这支队伍的领队,鲁翔经历了马不停蹄的 47 天,除了获得战"疫"的胜利之外,他也终于实现自己的承诺,带着所有队员一起平安回家。

从黄石归来,鲁翔作为"全国抗击新冠肺炎疫情先进个人",参加全国抗击新冠肺炎疫情表彰大会,捧回了一枚沉甸甸的奖章。却顾所来径,苍苍横翠微。抗疫之艰苦卓绝烙印在鲁翔的奖章上,也烙印在每颗跳动的心上。鲁翔说,这枚奖章铭刻着自己做一名医生、做一名

图 2　鲁翔荣膺国家表彰

好医生的"初心",是自己执业生涯中的一次最高褒奖。不仅如此,这枚奖章更包含着抗疫战友们的信任与支持,镌刻着江苏援黄石医疗队 362 名医护人员在护卫人民生命健康时舍生忘死的精神。

耳顺之年,鲁翔依旧忙碌在工作的第一线。他说:"作为一名医生、共产党员、人大代表,治病救人是我的工作、责任、使命、义务。在今后的工作中,我将牢记健康初心使命,履职尽责,以'敬佑生命、救死扶伤、甘于奉献、大爱无疆'的新时代医疗卫生职业精神,助力'健康中国''健康江苏'!"

(供稿:南京医科大学档案馆、校史馆)

抗疫路上的最美逆行者

——全国抗疫先进个人李娟娟

苏　莉

2020 年 1 月，突如其来的新冠肺炎疫情，在荆楚大地肆虐蔓延⋯⋯

武汉金银潭医院的 ICU 病房里，躺满了呼吸衰竭的重症病人。由于患者激增，试剂盒短缺，很多疑似患者无法接受检测⋯⋯面对人类与病毒世界的一场新战争，一个 14 亿人口的国度毫不犹豫，率先打响阻击战。与此同时，来自祖国各地的援鄂医疗队，日夜兼程奔赴湖北、驰援武汉。

李娟娟，"90 后"共产党员，扬州市第一人民医院重症医学科护师。

从得知武汉疫情日益严重的那一刻起，就有一个声音一直在她心中回响：我要去武汉！我要去湖北！我要去战"疫"最前线！因为我是一名共产党员！她十分羡慕第一批支援武汉的两名同科室姐妹，她在给组织的"请战书"中说，"能不能让我先上？在家看了好多武汉视频，好想和她们站在一起"。

图 1　李娟娟

李娟娟是一个土生土长的扬州女孩，2008 年考入扬州环境资源职业技术学院护理专业。

2012 年，扬州环境资源职业技术学院并入扬州市职业大学。她平时谦虚好学，乐于助人，严于律己，积极向上，曾担任班级学习委员，深受同学和老师的好评。由于她品学兼优、表现突出,在校期间就光荣地加入了中国共产党。毕业后,她进入扬州市第一人民医院重症室工作。7 年的 ICU 护理经历,使她成长为一名技能过硬的护师。她所在的护理组曾荣获"江苏省优质护理服务先进病区"和江苏省卫生计生系统"巾帼文明岗"荣誉称号。

2020 年 2 月 2 日,她被确定为江苏省第三批援鄂医疗队队员。疫情就是命令,时间就是生命。在简短的出征仪式后,她来不及和家人当面告别,仅发了一条微信并把银行卡密码告诉了母亲,就与队友们一起踏上了征程。

来到武汉后,李娟娟被分配到武汉同济医院中法新城院重症科,随后的50 多天,这里成了她在武汉的"第一个家"。每天她提前两小时到达医院,穿好工作服,套上防护服,再加一层隔离衣,工作四小时交班休息。厚重的防护服异常闷热,她的衣服总是湿了又干,干了又湿。为了节约防护装备,她常常连续六七个小时不吃、不喝、不上厕所。

"上大学时,学校曾邀请参加过非典、汶川地震救护的医生和护士给我们做讲座,那时觉得这样的英雄很遥远。但真正穿上白色护士服,我开始懂得,我们就是救死扶伤的'天使'。"在武汉抗疫的日子里,李娟娟积极参加自己所在临时党支部组织的"我是党员我先上"等活动,充分发挥党员先锋模范作用,与"战友"们团结协作,全力以赴救治每一名危重患者,让党旗在战"疫"第一线高高飘扬。

春暖花开的时节,不少援鄂医务人员踏上归途,李娟娟又接到组织通知,转战武汉肺科医院,来到了在武汉的"第二个家"。作为重症患者定点收治医院,这里的患者大都处于昏迷状态,需要使用体外膜肺氧合机和血滤机。在随后的培训中,她拼命学、熬夜学,将所有操作知识烂熟于心。每天,她都要为患者做口腔护理、清理排泄物、翻身拍背、输液打针……在高强度的工作下,她时常汗如雨下、气喘吁吁,有时甚至双手颤抖、头晕心慌。护理新冠肺炎重症病人有很大的感染风险,作为全组年龄最小的护师,李娟娟从来没有一丝迟疑和退缩,在她眼里,患者早已是以命相守、以爱相护的亲人。看到经过自己的精心护理和照料患者陆续出院时,李娟娟脸上总会露出灿烂的笑容。

在做好医疗护理工作的同时,李娟娟还特别注重病人的心理抚慰。病区里刘爷爷被抢救回来后,因担心病情反复,心理负担很重,情绪低落,李娟娟经常刘爷爷长、刘爷爷短地逗他说话开心。得知老人的孙女与自己年龄相仿,李娟娟对老人说:"爷爷! 我就是您的孙女,我在这儿陪您,您不用再害怕孤单啦!"话音刚落,老人流下了感动的泪水,"他说,是我在他最需要的时候,给了他家人般的温暖"。从此以后,虽然穿着厚厚的防护服,也分不清谁是谁,但只要一听到李娟娟的声音,刘爷爷就会大声喊"小可爱"。就这样,"江苏队小可爱"的名字传出了病房、上了热搜。

图 2 李娟娟被授予"全国抗击
新冠肺炎疫情先进个人"称号

图 3 李娟娟和同事在
病房与患者合影

李娟娟喜欢画漫画,通过漫画为自己加油,也是给团队打气。她还喜欢养一些植物,窗台上,放着她刚到武汉时水培的几株蒜苗,蒜头是出发前妈妈给她的。每当看到这些清新翠绿的小生命,她的心情就会特别好,相信美好的春天就要来了。她说:"奋战在战'疫'一线,虽然辛苦,而且冒着风险,但这是自己的职责和使命,我一定会竭尽全力和疫情斗争到底,争取早日战胜疫情,早日让阳光重洒江城,早日平安凯旋!"

习近平总书记说:"中华民族能够经历无数灾厄仍不断发展壮大,从来都不是因为有救世主,而是因为在大灾大难前有千千万万个普通人挺身而出、慷慨前行!"在和平岁月里,在没有硝烟的抗疫前线,李娟娟用行动演绎和回答了"什么是最美青春"。她也先后被表彰为江苏省"最美医务工作者""巾帼最美奋斗者",荣获"五一劳动奖章""江苏省十佳抗疫职工""江苏好人""中国好护士""江苏省优秀共产党员"和"全国抗击新冠状肺炎疫情先进个人"等称号。面对接踵而来的荣誉,李娟娟始终认为,自己其实一直都是一个十分平凡的人,只是做了一些应该做的事情;还有千千万万个比自己更优秀的人不被人所知,这份荣誉也应该是所有辛勤付出的医务工作者共同拥有的。

在全国第 36 个教师节来临之际,李娟娟带着从人民大会堂接受表彰的至高荣誉回到母校——扬州市职业大学。她首先向老师代表献上鲜花,感谢一直以来老师的辛勤培育和关心爱护。随后,她与学弟学妹们谈起了抗疫经历。她说,去武汉,不是青春的一时冲动,只是一名"90后"共产党员的心中所想。她勉励学弟学妹们增强自信,努力学习,练就过硬本领,用臂膀扛起责任,展现青春风采。从她质朴的话语中,人们看到了她对护理事业的执着追求,更能感受到她的拳拳爱国之心。

(供稿:扬州市职业大学档案馆)

"五援红医"故事

宋婷婷

2021 年,中国共产党迎来百年华诞。百年征程波澜壮阔,百年初心历久弥坚。

在党的领导下,江苏卫生健康职业学院及其前身的师生校友始终秉承"勤慎诚爱"的校训精神,从抗美援朝到防疫抗疫,从援藏援疆到援外医疗,从送医下乡到援智扶贫……他们用忠诚与仁爱所演绎的"五援红医故事",成为学校最鲜活的红色基因和校史文化遗产。

抗美援朝篇

刘心慈,南京国立中央高级助产职业学校时期的一名老师。

1950 年,抗美援朝战争爆发,战争的残酷程度史无前例。前线大批志愿军伤员亟待护理,急需一批责任心强的护理人员。国难当头,她义无反顾积极报了名,并作为学校第一批 19 人志愿医疗团的领队,奔赴 15 军后方医院手术队。

在零下 20 多摄氏度的恶劣环境中,冻伤战士的身躯承受着常人难以想象的痛苦,严重的不得不截肢治疗……

看着这些伤残的年轻战士,她心里非常沉重。医疗团的队员夜以继日守护在伤员身边,默默不停地给战士们喂药、补液、端水、送饭……空袭时,数架敌机贴着山尖低空俯冲扫射,紧要关头,他们顶着飞机的扫射,奔赴防空洞去转移伤员,甚至用身体掩护着伤员,轰炸震落的泥土盖满了全身。

图1 参加抗美援朝医疗手术团的名单(刘心慈老师为领队)

在前线医疗队员的精心护理下,400多名伤员很快伤愈出院,重新奔赴战场。领队刘心慈"高度热爱伤员的思想和负责的精神"受达到了首长的高度评价,为此被15军后方医院记一等功。

增援抗疫篇

他们是一批"00后",是学校增援秦淮区核酸检测突击队队员。

2021年7月20日,南京禄口机场工作人员定期新冠肺炎疫情核酸检测样品中,有检测结果呈阳性。随即,南京对南京全市常住人口、来南京人员开展了多轮全员核酸检测。根据上级安排,学校迅速集结各学院100名师生紧急赴南京市秦淮区增援!

戴着N95口罩、护目镜、面屏、手套……脸上被勒出一道道深深的压痕,鼻梁上磨出了水泡,耳根处被勒出了两道口子,手也因为长时间套着手套,经汗水浸泡后开始脱皮。他们早晨不敢多食,工作期间禁水,有的还发生了脱水和低血糖的现象,但大家最终战胜了所有的困难,咬牙坚持了下来!

图2 学校增援秦淮区核酸检测百人突击队

在增援过程中,学校党员干部冲锋在前,给老师和学生做出榜样! 同学们用自己所学为南京疫情防控贡献力量,义不容辞!"我爱南京,相信我们一定能够胜利!"这次主动请战增援的大学生大多都是"00"后,也许他们还是孩子,但是只要穿上防护服,便已成为守护这座城市的"白衣战士"!

援藏援疆篇

他们是学校护理学院的老师。

2018年4月,一行五人远赴青海省海南藏族自治州开展护士执业资格考前辅导的对口支援工作。这是江苏省援藏援疆工作的一部分,因为护士执业资格考试通过率本身,也是护理专业人才培养质量评价的重要指标,甚至密切关系着学生们的就业。

为确保培训成效,经过充分调查、摸清学情,他们量身定制了对口支援方案,精心安排了教学设计。在课堂教学辅导时,讲授方式灵活易懂,讲授内容针对性强,受到了当地师生的一致好评。其间,由于辅导工作时间紧、任务重,在为期7天的培训中,他们一直坚持戴供氧设备上课,严重的高原反应,有时让他们走路发飘、嘴唇乌紫,没有课时只能在床上躺着,即使如此,也没有一个老师叫苦叫累。

"同学们抬起的那一张张渴望求知的面庞,为我们送培老师增添了无尽的动力,也更加笃定了作为一名教师要有用一生无私奉献学生的使命担当!"

援外医疗篇

他是一名"90后",是学校选派江苏省第15期援马耳他医疗队的翻译。

援马耳他医疗队,是一支中医特色的援外医疗队,主要由推拿医生和针灸医生组成。在地中海气候的马耳他,饱受海风的颈肩腰腿痛病人非常多,当地居民对援外医疗队的到来非常热情!援外医生们通过中医,使中风5年不能说话的病人,渐渐能说出比较简单的语言;使面瘫的病人恢复健康;让不能走路的病人站了起来……在中医义诊现场,还教会了当地老人居民如何使用拔火罐、艾灸等。

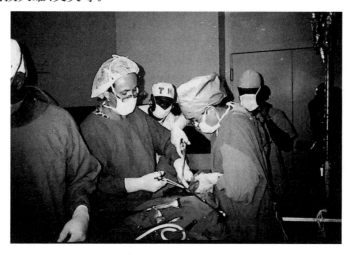

图3 学校部分教师参加援助桑给巴尔、马耳他医疗队的照片

转眼间,他已经在马耳他工作了400多天了。作为医疗队的一员,汗水与泪水交织,压力与动力并存,成长与成绩共生……年轻的他真正体验到了:援外医疗所肩负的不仅是帮助受援国的人民解除病痛的责任,还承担着传播中医文化、让中医文化走向世界的使命!

援智扶贫篇

她是一名食品与营养卫生专业的大二学生,学校"小杏仁"团队的一员。

在她怀揣医学梦想的时候,就希望有一天能用自己的医学技能去帮助别人!但选择了这"非主流"的医学专业,又曾让她非常苦恼:"没学临床没学护理,还能做些什么呢?"

直到 2020 年 1 月,为了依托专业背景,锻造红医品格,学校思政课老师与就业创业社、青年政治学社联合发起并创办了"小杏仁"脱贫攻坚团队。

她和队友们在老师的指导下,多次深入贫困县开展调研,学习网络销售知识,并结合自己的营养卫生专业所学,将健康文化融入特色农产品的销售过程,最终成功拓宽了越西县农特产品的销售渠道,把农户特别是贫困户的农特产品推出,不仅提升了种植养殖基地知名度,使产业搭上互联网快车,帮助农户增收,实现了脱贫的目标,而且还促进了大众健康素养的提升和慢性病的预防控制知识传播。

正如老师们所说,"小杏仁"团队让学生在创新创业中增长了智慧才干,在艰苦奋斗中锤炼了意志品质,不断强化了帮扶之心、帮扶之责、帮扶之志! 在运用医学知识帮助他人的过程中,发挥了青春价值,担起了医学生的使命!

近年来,江苏卫生健康职业学院重视校史档案资源挖掘,加强"五援红医故事"创作,通过讲好人物故事,在人才培养中植入理想信念的种子,激发同学们学习医学专业知识的热情,强化师生医者仁心、大爱无疆的使命,大大提升了学校立德树人的水平! 学校突出红医精神,开展党史校史教育,受到了《新华日报》、学习强国平台的关注和报道。

(供稿:江苏卫生健康职业学院)

用生命守望马克思主义
阵地的"70后"教授王强

陆小妹　卞咸杰

2012年9月,出生于1970年的盐城师范学院教授、经济法政学院原副院长、思想政治理论教研部副主任王强正值事业鼎盛期,在与病魔抗争4年后离世,在社会各界产生强烈反响。这位"70后"教授用三尺讲台诠释了一名共产党人追求真理、忠于党的教育事业、不懈传播马克思主义的坚持。他的事迹激荡人心,并影响着越来越多的人。

信仰的传播者

作为一位饱受病痛折磨的癌症晚期病人,在病榻上的4年里,王强指导了28名学生的毕业论文,因为治疗,王强脱发了。一向注重形象的他,为了不让人看到脱发的头顶,暖天戴顶运动帽,冷天戴顶绒线帽,让爱人开车送他到学校,指导学生论文写作,直到最后实在撑不住了,才中断了指导工作。不仅如此,他还帮同事修改了5部专著和12篇论文……这是王强在生命最后4年迸发的生命能量。

王强从教20年,一直站在高校思政课堂上。他的课,学生爱听。他一直坚持"上好每节课,让每节课都有品位",积极探究上好思政课的有效途径,增强思政课的针对性、感染性和实效性。

在马克思主义理论传播中,王强始终坚持"要感动别人,首先要感动自己;要说服别人,首先要说服自己"。为实现这一目标,他在历史文献和档案中搜寻大量史实。在探究中,党的历史不断感动着他,就更加坚定了他对马克思主义的信仰。王强认为,"大众化"不能只局限于理论和文本,不能只局限于课堂。他指导成立了大学生宣讲团,多次到社区、企业等开展一系列宣讲活动,扩大传播范围。

图 1　王强在社区传播马克思主义理论

2007 年初,王强身体出现严重不适。但当时学院大事不断,既要迎接教育部本科教学工作水平评估,也要做好马克思主义中国化省级重点建设学科申报,作为牵头人的王强,不顾同事再三劝说,一直未抽出时间去医院认真检查。2008 年 11 月,他被确诊为恶性肿瘤。即使在这样的情况下,他仍然说:"重点建设学科刚刚批下来,各项工作任务很重,我走不开。"他选择在本地医院治疗。

病榻上的王强,依然无法放下他挚爱的事业。他的病床上摆了很多书,即使生病期间也在不停地阅读、写作、帮同事修改论文、指导学生。让人很难相信,患病的最后几年,他攀上了事业的巅峰。在病榻上的 4 年里,王强仍坚持指导本科生写毕业论文:2008 年指导了 7 个学生,2009 年指导了 7 个学生,2010 年指导了 7 个学生,2011 年仍然是 7 个学生。

信仰的研究者

"学术研究是他最大的兴趣。"在妻子孙卫芳的记忆中,大学同学王强最初给她留下的深刻印象,源于每次上《中国革命史》的课间,他总跑到讲台边与老师讨论问题;课后时常泡在图书馆看典籍、阅史料。王强的研究方向是中共党史和马克思主义理论,这是一个强手如林的学术研究领域,在长期研究党的领导人思想的基础上,王强还另辟蹊径,把中国共产党的劳资政策确定为自己的长期研究课题,这是同行鲜有涉及的内容。

王强在南京化疗期间,在病床上一边接受治疗,一边看书写作。孙卫芳拗不过他,把电脑搬进了病房,帮他将手稿录入电脑。江苏省肿瘤医院负责治疗王强的主治医生说:"他的病房里几乎所有空间都让电脑、书籍和纸张占据了,像书房一样。"癌症晚期的王强坚持不用杜冷丁、吗啡等缓解疼痛的药物。他说:"常用这些药会影响思维,我要争取把书写完。"有时疼得受不了,他就蹲在地上写,可以"分散注意力,少疼点"。

经过 3 年的研究积累,他于 2006 年申报并成功获批教育部人文社会科学基金项目《中国共产党"劳资两利"政策的历史分析与现实启示》,2008 年申报并成功获批国家社科基金项目《中国共产党保障雇工权益的政策、实践与经验研究(1921—1956)》,实现了盐城师范学院同类项目申报立项零的突破。2010 年 8 月,他的专著《中国共产党"劳资两利"政策研究》由中央文献出版社出版,圆满完成了教育部项目。王强在《后记》中写道:"掩卷沉思,百感交集。回想一年来与病魔抗争的艰辛历程,学术追求和情义力量是我勇跨人生关口的精神支柱。耳听 2010 年钟声敲响,感谢上苍让我在学术探索的道路上继续前行。"王强认为,要传播好马克思主义,就要研究好马克思主义。在身患重症后,他仍钻研不止,以惊人的毅力在《中共党史研究》《党的文献》等权威期刊上发表 17 篇论文,其中 10 篇论文被人大复印资料、中国社会科学网等转载。2012 年 11 月 23 日,江苏省第十二届哲学社会科学优秀成果获奖项目正式公布,《中国共产党"劳资两利"政策研究》荣获一等奖。在王强去世以后,他的同事贾后明和其他几位老师接过了他生前心心念念的国家课题和研究资料,花了一年多时间,终于将 171 页的初稿完成。

信仰的守望者

在与病魔抗争的近 4 年中,王强一直坚持科研。他说:"我年纪轻轻就得了这病,这是不幸的,但也是好事。因为我能安下心来做我喜欢的事,我要把坏事变好事。"2012 年 9 月 8 日晚,王强病逝,年仅 42 岁。临终前两天,他还用手机给同事发信息:"我希望你替我研究下去,我这儿的资料你用吧。""我还想写本书,如果我能活下去,我希望我们能合作,如果活不成,我希望你替我研究下去。"

平时王强最心仪的休闲方式,就是与同事组成小的学术沙龙,到咖啡厅或是自己的家里,探讨学术问题,碰撞观点。在他看来,科研团队的强大和满园的芬芳是最值得期待的事情。曹明深有感触,他的博士论文《列宁国家资本主义研究》就得到了王强的不少帮助,在他和王强探讨这篇论文时,对党史造诣颇深的王强和他一起拉了整个框架,提炼主题。青年教师高汝伟也忘不了王强,2009 年 4 月,他正在对中国共产党民生思想进行研究,王强躺在病床上,一字一句地研读着他的论文草稿。

王强去世后,他的同事接力完成了国家课题《中国共产党保障雇工权益的政策、实践与经验研究(1921—1956)》,以良好的成绩通过结项,由中国社会科学出版社出版发行。王强生前所在的马克思主义教研室已独立建制,盐城师范学院成立了马克思主义学院,2016 年、2018 年、2020 年三次获批江苏省高校示范马克思主义学院。王强离世后,他的事迹和精神感染和影响了越来越多的人。人们为这位年轻高校思政课老师的匆匆离去感到惋惜,也被他的精神深深震撼。2012 年 11 月 6 日,省委宣传部、省委教育工委、省教育厅联合发出《关于在全省高校开展向王强同志学习的通知》。2012 年 11 月 20日,盐城市委发出《关于开展向王强同志学习的决定》。2012 年 12 月 10 日起,省委宣传部、省委教育工委、省教育厅联合举行王强同志先进事迹报告会,先后在全省高校、企事业单位举行了 12 场报告会。2013 年 3 月 7 日,教育部发文追授王强"全国优秀教师"称号。2014 年 4 月 10 日,由教育部、江苏省委联合举办的王强同志先进事迹报告会在北京师范大学英东学术会堂举行。

图2 根据王强事迹编创的歌舞剧《信仰之光》成功首演

盐城师范学院常态化开展向王强学习活动,学校建成王强先进事迹展览室。学校根据王强的先进事迹,编排了纪念王强专场演出——大型纪实情景音诗画《信仰之光》。2016年3月,学校启动"王强班"创建活动,重点强化思想政治教育,帮助大学生树立正确的世界观、价值观、人生观。春蚕到死丝方尽,蜡炬成灰泪始干。王强用他短暂的一生诠释了一名"70后"共产党员知识分子对生命的热爱、对学生的关怀、对真理的追求、对信仰的执着,也诠释了对教育事业的忠诚。

(供稿:盐城师范学院档案馆)

传递大爱的"信物"
——医学教授黄竺如、夏元贞的遗赠

万久富　邱　立

在南通大学医学院内,陈列着两件十分珍贵的标本:一颗心脏和一副完整的人体骨骼。

在时光的长河里,它们是传递大爱的"信物",静静地散发着人性的光辉,感动生命,昭示来者!

"一颗永远跳动的心脏"

1976年,南通医学院原院长、南通医院外科主任黄竺如教授因病去世,遵照他生前的遗嘱,他的心脏被制作成标本,保存在学院供教学研究使用。

黄竺如,浙江平阳人,生于1901年,早年留学日本,就读于东京帝国大学,攻读硕士学位。在日本留学期间,他目睹了种种虐待、歧视中国人的行径,对日本军国主义深恶痛绝。1934年,他毅然回国,受聘担任私立南通学院医科(南通医学院的前身)教授、南通医院外科主任。他医术

图1　黄竺如(1901—1976)

高明,是南通医院最早开展腹部手术的医生之一。

1937年8月17日,日军飞机轰炸南通西门基督医院(现南通市第一人民医院),私立南通学院附属医院立即派出救护队奔赴现场组织抢救。为支

持全国抗战,9月底,黄竺如携夫人和三个年幼的孩子,与著名寄生虫学专家、南通学院医科主任洪式闾教授一道,带领40多名师生携带医疗器械,奔赴内地,开启了辗转大半个中国的救死扶伤之路。

根据国民党军政部命令,抵达扬州天宁寺后,他们迅速组建了"第七重伤医院"。黄竺如带领救护队成员不分昼夜地开展外科手术,救治前线受伤的抗日将士。淞沪战役后,沪宁沿线的城镇相继沦陷,为抗击日本侵略,医院带着能够行动的伤员一起撤离扬州,经安徽转移至湖南衡阳。一路上,他们饥餐露宿,流离转徙,在枪林弹雨中边行进边救治伤员。抵达衡阳后,又着手恢复南通学院医科的建制和教学工作。1938年,南通学院医科与江苏省立医政学院在湖南沅陵合并成立"国立江苏医学院",黄竺如任外科教授兼教务长。抗战胜利后,私立南通学院医科在原址重建。1947年,国立江苏医学院迁至镇江。1957年,学院迁至南京,更名为南京医学院。

新中国建立后,黄竺如教授始终持秉承爱党报国的信念,在医学教育岗位上辛勤耕耘、忘我奋斗,并在1958年至1968年间担任南通医学院院长一职。

黄竺如教授认为,一所医学院的水平,其病理解剖水平是很重要的一个标志。晚年的黄竺如患有风湿性心脏病,临终前,他交代子女:"我的心脏病很典型,临床的观察和治疗都很全面,一份完整的教材就缺心脏标本了。在我死后,把我的心脏献给学校,供科研和教学用。"学校领导怀着无比崇敬的心情,接受了黄竺如教授的赤子之心。如今,每届新生上病理课时,老师们总要把学生带到黄教授的心脏标本前,勉励学生们以医者大爱之心,服务人民,献身祖国医学事业。

"不朽"的遗骨

"我要让大学生摸着我的骨骼,走进医学神圣的殿堂!"1994年,一位医学前辈在弥留之际,留下这样的遗嘱。这位前辈就是预防医学专家、曾任南通学院附属医院(现南通大学附属医院)代院长的夏元贞教授。

夏元贞,江苏泰县人,1936年毕业于私立南通学院医科,后留校从事预防医学教学和研究工作。他是一位爱国和进步的知识分子,早在革命战争年代

图2 夏元贞(1909—1994)

就曾冒着生命危险掩护中共地下党员。新中国成立前夕,夏元贞担任南通学院附属医院代理院长,国民党军队进驻医院时,他团结和带领医护员工勇敢抵制反动军队的破坏,使医院完整地回到人民手中。

新中国成立后,他以极大的热情,投入人民卫生事业中。1950年,他服从组织安排,和爱人一起前往扬州,参与了苏北人民医院的筹建工作。回到南通医学院后,夏元贞先生全身心投身学院医、教和科研事业。他治学严谨,为预防医学的教学披肝沥胆,编撰、出版过《卫生学》《航海卫生学》等多部医学教材,担任过江苏省政协委员。他一生追求光明,1985年以76岁高龄加入了中国共产党。

1994年除夕,在万家团圆的鞭炮声中,老人安详离世。在生命最后的日子里,这位85岁的老人,留下一份感人的遗嘱:把我的遗体制成标本,让大学生摸着我的骨骼,走进医学神圣的殿堂……就这样,老人把自己近60年的医学生涯,连同自己的身体,全部奉献给了医学事业。

对于父亲遗嘱的要求,女儿一时难以接受。她认为父亲去世后还要被"剥皮抽筋",实在太残忍了。夏老的夫人钱秀琼女士十分体谅女儿的感情,但她更理解丈夫所立遗嘱的含义,她忍着丧夫之痛劝说女儿:要尊重父亲的遗嘱,了却他的遗愿,这才是尽孝。最后,母女俩从夏老身上脱下鞋帽衣服火化后埋了起来,算是有了个祭奠场所。

出于对夏老的敬重,同学们不忍心用强酸腐蚀老人遗体,而是在医学院里砌了一个池子,把老人遗体放在里面自然腐化。4年后,医学院专家从池中取出老人的遗骨,消毒、漂白、风干、黏合,最终,206块遗骨组成了一个完整的人体标本。24年来,"他"不仅是一本供学校教学之用的"教材",更是一座无声的丰碑,成为南通大学全体师生心中的医德之魂。

"夫医者,非仁爱之士不可托也;非聪明达理不可任也;非廉洁淳良不可信也。"每年南通大学医学院的"医学人文第一课",学校都会组织新生来到"他们"面前,向"无言的良师"致以最崇高的敬意。

（供稿:南通大学档案馆）

三尺讲台孕育桃李芬芳
军功奖章镌刻家国情怀

陈晓芳　朱　炜

　　家是最小国,国是千万家。"没有国家繁荣发展,就没有家庭幸福美满。同样,没有千千万万家庭幸福美满,就没有国家繁荣发展。"习近平总书记号召在全社会大力弘扬家国情怀,这既是对支撑中华民族生生不息、薪火相传重要精神力量的深刻揭示,也是对中华儿女奋进新时代展现新作为的极大鼓舞。千百年来,中华民族之所以能够历经磨难而不衰,饱尝艰辛而不屈,近代以来,实现民族复兴之所以成为中华民族最伟大的梦想,根植于民族文化血脉深处的家国情怀居功至伟。

　　2021年6月底,在江苏师范大学"光荣在党50年"纪念章颁发仪式上,99岁的离休老教师、老党员隋光饱含深情,语气坚定地说:"我们党成立整整100年了,我想把这些勋章和纪念章献给党,让这些本应属于革命先烈的奖赏回到党的怀抱,让更多的年轻人了解中国共产党的光辉历史,永远听党话、跟党走!"随后,他将个人获得的中华人民共和国三级解放勋章、朝鲜民主主义人民共和国三级国旗勋章、康藏筑路纪念章等10枚勋功章和纪念章捐赠给江苏师范大学。

　　战争年代,他用热血换来和平的钟声;建设时期,他将热爱献给三尺讲台。沉甸甸的军功章记载着不能忘却的历史,诉说着一位老战士、老教师的家国情怀,更彰显永恒不灭的精神与价值。

图1　50年代隋光着军装留影

图2　隋光捐赠的军功章及奖证

峥嵘岁月：甘洒热血写春秋

翻开隋光的生平简历,半生戎马,从纷飞战火中走来的他,春风化雨,育得桃李芬芳,为新中国成立和国家教育事业发展作出了杰出贡献。

隋光,生于1922年,山东乳山人,1941年参加革命,1947年4月加入中国共产党,曾亲历抗日战争、解放战争、抗美援朝、西藏平叛和对印自卫反击战,被授予中华人民共和国三级解放勋章和朝鲜民主主义人民共和国三级国旗勋章。从军期间,隋光曾先后在总政治部政治师范学校、西藏军区干校等单位任教;1966年转业分配至徐州市委党校;1973年调入徐州师范学院(现江苏师范大学的前身),曾任校马列教研室党支部书记、副主任;1983年获徐州市人民政府颁发的"从事人民教育三十年"荣誉证书,同年光荣离休。

1948年11月,时年26岁的隋光接到上级命令,即刻赶赴淮海战场,投入战斗。淮海战役是一场决定中国命运的战略决战,为解放全中国奠定了胜利的基础。枪林弹雨中,隋光所在部队前后与敌方交火数次。有那么两次,子弹穿过硬邦邦的棉裤,棉絮跳脱而出,瞬间被鲜血染成红色。"轻伤不下火线",隋光咬紧牙关,和战友们继续战斗,在血与火的淬炼中,践行着党旗下的铮铮誓言。战斗间隙,作为第九纵队连队指导员的隋光还组织大家进行"为谁当兵、为谁打仗"的主题教育,极大地鼓舞了士气。他坚信"打仗,士气不能倒,精神不能垮。为人民而战,一定会赢得胜利"。1965年11月,淮海战役烈士纪念塔建成开放,作为那场大决战的亲历者,隋光常常驻足在巍峨的淮海战役烈士纪念塔前,沉思哀悼,缅怀战友。

杏坛执教：丹心吐哺育桃李

1966 年 5 月,隋光结束了八年的西藏戍边任务,脱下一身戎装,投入教育一线,转业到徐州市委党校。转业之前,隋光在总政治部下属的政治干校训练部工作时,曾经被送到中央党校的师资班学习。在那里,他曾聆听大师艾思奇讲《大众哲学》,也曾经跟随大师王定国研习《资本论》,这些都激发起了隋光的极大兴趣,也为他后来的教学工作奠定了扎实的基础。

1973 年,隋光调至徐州师范学院,在该校的马列主义教研室工作。在经历了旧社会的黑暗和战争的残酷之后,他更懂得教育兴国的道理。作为一名人民教师,隋光身上既有战士的豪情,又有师者的睿智,立志要为祖国培养更多的优秀人才。江苏师范大学云龙校区的师源楼,是当年隋光教研室的办公地,他为学生长期讲授《政治经济学》,授课内容深入浅出、通俗易懂,深受学生喜爱。几乎每个系都有学生来聆听他的讲座,每次开课,宽敞的教室都被学生挤得满满的。"亲其师,信其道。"如今,隋光曾经的学生们早已成为各行各业的中流砥柱,追随着隋光的脚步,为国家发展和社会进步奉献青春与智慧。

老骥伏枥：壮士常怀家国情

1983 年隋光正式离休。离休后的日子里,隋光依然把学习作为第一要务,每天都要花上数个小时读书阅报,了解时事,《人民日报》是他的案头必备。虽已远离讲台,隋光仍然心系学子,他生活简朴,却将自己的积蓄用来资助贫困学生完成学业。受助学生常常用书信与他交流学习情况,每次信件一到,隋光就赶忙拿出放大镜一字一字地读,满脸笑意,甚是欣慰。

近年,隋光常常受邀到学校、企业作报告,讲述自己亲历的战斗故事。他总是不顾年迈的身体,一讲就是两三个小时。从中国共产党的创立和投身大革命的洪流开始,带领大家一起重温抗日战争、解放战争直到抗美援朝的革命历程,分享他从战火纷飞的峥嵘岁月到三尺讲台从教的人生经历,一个个生动鲜活的革命故事深刻诠释了隋光将自己的一生都献给党和国家的初心使命。隋光真挚热烈的爱国情感,总能深深打动每一位听众。让更多的孩子、更多的后人了解那段历史,继承我们民族血脉中的不屈意志和斗争精神,这是隋光最深切的期望,也是一个老战士、老教师永远不变的家国情怀。

百年征程波澜壮阔,百年初心历久弥坚。如今已是期颐之年的隋光身体依然健朗,他用自己奋斗的人生实现了当年党旗下的誓言与初心。校园里的松林是他散步时最喜欢的去处。"大雪压青松,青松挺且直。要知松高洁,待到雪化时。"这正是隋光传奇人生的写照:生如青松,正直挺拔,风雪无侵,高洁磊落。

（供稿：江苏师范大学档案馆、离退休工作管理处）

顾京:从纺织女工到国家名师

郭华梅　周烁奇

　　无锡职业技术学院档案馆中珍藏着一套数控专业发展建设的档案,厚厚的案卷中有一篇篇数控专业发展规划,一段段数控教学内容修订,一次次校企沟通合作会议纪要。几乎每一份档案的背后,都有一个名字——顾京。这套档案同时记录着曾经做过纺织女工的顾京一步一步成长为国家教学名师的历程。

　　顾京教授1976年刚参加工作时,是无锡丝线厂的一名纺纱女工。她对知识充满渴望,坚持在工作之余学习文化知识。机会总是留给有准备的人,顾京1978年参加高考,考取了当时在机械制造领域前沿的南京工学院机械制造工艺及装备专业,并于1982年入职无锡职业技术学院的前身——无锡机械制造学校任教,从事机制专业教学工作。

　　作为一名职业教育的专业课教师,必须掌握生产一线的实践技能。顾京入职后主动申请进入校办工厂干活一个学期。她说:"我不怕进入工厂工作,我本来就是工人,既然学了机械,这个活我没有干过,我就去。"当时车间的工作条件非常艰苦,但这段经历培养了她在实践动手方面的能力,这种精益求精的工作态度也为她树立了在机械领域研究的信心。有一次为了提高一个套筒的定位精度,她根据所学专业理论和技术实践经验,改良了工艺。但由于未按原来的工艺要求加工而被扣工资,她拿着图纸用技术据理力争,最终依靠更高精度、更高稳定性的产品质量征服了领导,也赢得了老师傅们的赞赏。对于这段经历,顾京非常珍视:"我所取得的成绩离不开那几年在厂里做技术员的经历,大家那种忘我的奉献精神和一丝不苟的工作态度,对我的成长和以后的工作产生了极大的影响,现在我仍与当年的工人师傅保持着联系。"回到教学岗位上的顾京坚持从事机械工艺及加工技术工作,并将实践中的宝贵经验带到课堂,很快成长为学校的骨干教师。

进入 80 年代,随着苏南乡镇企业的发展,她敏锐地发现一些企业在技术改造中引进了国外的数控机床,认识到数控技术有着广阔的发展前景,认识到职业院校需要为企业培养紧缺的数控专业技术人才。于是,她在 1986 年到南京高校学习数控技术理论,并了解从德国引进的数控设备,还前往无锡叶片厂担任技术员来弥补自己实践经验的不足。不懈的努力让顾京拥有了扎实的专业功底,她开始编写《数控编程》,并在学校开设了选修课。风趣幽默的讲解、紧跟企业实际的内容、新颖先进的知识,让这门课受到了学生们的极大欢迎,一个新兴的高职数控技术专业在无锡率先发展起来。

1988 年,学校获得了第一笔从世界银行贷款的资金,顾京立马与校领导争取买了江苏省同类院校中的第一台数控机床,正是这台机床开启了高职院校数控专业的改革。她组织同事们一同对数控机床进行研究、安装、测试、操作,并不断完善调整相关教学内容。凭借深入钻研形成的技术优势,顾京带领的数控教学团队与南通机床厂结成了长期校企合作伙伴,她带领着学生们将一台台机床改装起来,逐步建立起校内的机床加工中心,学生们也在实践中一批批地成长起来。她设计了"基于工作过程系统化"的新课程,以实际工作的每个步骤来安排教学任务,改变了以往数控专业先学理论知识然后动手操作的传统教学模式。她说:"这样培养出来的学生马上就可以胜任企业的工作。"

1994 年,无锡职业技术学院被原国家教委确定为全国首批试办五年制高等职业教育的 10 所学校之一,顾京教授肩负起创办全国第一个高职数控技术应用专业的重担。2003 年,顾京教授主持的数控编程课程入选了首批国家精品课程,后又陆续主编了全国第一本高职数控教材《数控机床加工程序的编制》以及《现代机床设备》等 4 本国家规划教材,着力打造更契合高等职业教育人才培养特点的课程与教材。

图1 顾京在她改装的数控四轴机床前开展实验教学

2008年,顾京被评为国家级教学名师。在她的带领下,数控技术专业教学团队成为全省高职高专院校中第一个国家级教学团队;建设了全国同类院校中第一个校内实践教学基地——数控技术中心;创建了全国高职院校第一个国家级教学资源库,数控技术专业成为高等教育质量工程的大满贯专业。顾京教授为高职数控技术专业的发展作出了突出的贡献,有效带动了全国高职院校数控技术专业在教学内容、教学方法和手段上的改革。

2011年,在时任国务院总理温家宝主持的教育、科技、文化、卫生、体育界代表关于政府工作报告和"十二五"规划纲要草案的座谈会上,顾京教授作为高等教育和职业教育的代表,第一个发言。她向总理阐述了高职教育如何更好地为产业转型服务方面的意见和建议,得到了总理的高度赞扬和肯定。会后,温总理亲自为学校写下了"大力发展高等职业教育"几个字。

这套厚厚的档案,记载了过去的30多年里,顾京教授对数控技术专业发展的付出,记载了她拼搏进取、攻坚克难的精神和与时俱进的创新精神,激励着锡职人,为高等职业教育的发展与改革不断奋斗!

(供稿:无锡职业技术学院档案馆)

点点滴滴总关情

——从山沟里找出的"审计长"

张　媛　吴学军

2000 年 9 月 21 日新生报到结束后，南京审计学院(简称"南审")清点人数时，发现一名叫李叶的山西籍考生没来校报到，也未能联系上。从档案上看，这个毕业于山西左权县中学的女孩以 499 分的高分被南审金融系录取，是该校在山西省招录学生的第二名。

正在学院纳闷李叶为什么不来上学时，一封来自山西左权县的信件寄到了南审，在信中李叶讲述了她的辛酸往事：李叶家住在山西省有名的贫困县——左权县，她所在的堡则乡土门村更是县里出了名的贫困村。她和弟弟每年的学费都是靠卖粮食所得和向亲朋好友四处凑的。接到南审的通知书后，4 年 1 万多元的学习生活费用对她来说简直是天价，全家人都为毫无着落的学费犯起了愁，何况家中还有个小两岁的成绩优异的弟弟明年也面临着同样的情况。作为家中长女，她觉得自己不能这么自私，也不忍心毁掉弟弟的前程。所以她决定不来校报到了，同时也感谢学院老师的关心，也恳请学校原谅她这一迫不得已的做法给学校增添的麻烦。

李叶的来信深深地打动了南审老师们的心。学校决定派老师亲自到山西接她来校上学。

当到达李叶家中时，两位老师顿感十分心酸，家中除了一张床外，几乎看不到任何家具，此时的李叶为了家中生计正准备外出打工。两位老师顾不上舟车劳顿，赶忙紧紧握住李叶的手，激动地告诉她："李叶，老师接你上大学来了。"李叶再也抑制不住感动的泪水,两行热泪夺眶而出。两位老师叮嘱李叶稍作收拾当天就得赶回太原,而李叶家中能带走的也只有一条破毛巾,什么东西都没有。回到太原,国家审计署驻太原特派办工作人员帮她买了三套衣服和学习文具,并捐款 1 000 元让她到南京安心学习。审计署李金华审计长得知这件事后,被南审的爱心感动了,他披衣起床,泪眼迷蒙,连夜给南审全体师生写了一封饱含褒奖和鞭策的信。11 月 29 日,《中国审计报》以"点点滴滴总关情"为标题刊登了李金华审计长的信,并配发专评。

图 1 李金华审计长写给南审师生的信

图 2 李叶入学后接受媒体采访

一走进南审的大门,李叶就忍不住热泪盈眶,一个劲儿地说:"我太幸运了。"入学后,学校决定减免李叶的全部学杂费、住宿费、书本费,学校教务处的老师们还自愿捐助她4年的生活费,食堂送给了她一张4年免费就餐的饭卡,勤工俭学的岗位也为她预留好了。当李叶到达学院早已为她准备好的宿舍时,又忍不住再一次哭了起来:"我的好多同学和我一样考上了大学,却连到学校报到的路费都没有,他们这一辈子或许都无法走出那贫困的山沟沟。我想好了,4年后我毕业一定要回到家乡帮助更多山里的穷孩子圆大学梦。我接收了社会的帮助,我要对社会回报我的全部。"

自从李叶进校就读后,学校领导和老师们一直持续关心李叶的近况,询问她能否吃饱穿暖,能否适应学校的生活。当发现李叶入学第一个月的免费就餐卡才花了几十元,学校领导和老师都非常心疼。易仁萍院长还特地嘱咐分管学生工作的老师一定要转告李叶要吃饱、吃好,确保足够的营养。同时,还发动周围的学生一起关心、爱护李叶。

李叶没有辜负大家的期望,尽管她迟到了一个多月才入学,但在期末考试中,各门功课都取得了优良成绩;从二年级开始成绩更是进入了优秀生行列。李叶还主动将社会各界寄给她个人的捐助款转捐给了学校的"爱心基金会",用以帮助其他的贫困生;同时,李叶倍加珍惜这次难得的学习机会。4年中,她利用各种假期在校充实自我、提高自我,一方面节省了回家的路费,更重要的则是,能够利用好学生时代的宝贵时光,掌握系统的理论,学到更多的知识。天道酬勤,李叶拿到了奖学金,还获得学校针对特困生设立的"审计之光教育奖"。在大学四年级这一年里,尽管她要做的事特别多:参加行政管理硕士辅导班,参加公务员考试,到人才市场找工作……但她始终没有放弃基本功课的学习,仍以优秀的成绩获得了学校的三等奖学金。临近毕业时,李叶在给李金华审计长的信中袒露心扉,她说,在南审,越来越有一种"家"的感觉,"在审计学院上学的这4年是我经历的最幸福的一段时光"。回顾这4年的经历,李叶感慨万千:"我的每一次进步,都凝聚着老师的心血。今天的我同4年前相比,无论是外在还是内涵都改变了很多。这种改变是知识的力量,而这一切都得益于南审的教育。"

毕业后,李叶毅然选择留在培养过她的集体里,她通过了2004年的国家公务员考试,到了审计署驻太原特派办。在离校前,她用浓重的笔墨给李金华审计长写了一封信,信中表达了这样的心声——"没有国家的培养和社会的帮助,就没有今天的我""国家和社会用爱心为我铺平了成才之路,得到过爱心救助的我,一定要将这份爱心传递下去;我要真诚对待身边的人,尽力帮助需要帮助的人""走上新的工作岗位后,我要努力工作,多做工作……"。

如今,李叶已经成长为一名审计处长。

(作者单位:南京审计大学档案馆)

惠寒星火　荧荧不熄

王凝萱　徐云鹏　石明芳

在鲜花与掌声中,已故著名校友谈家桢先生的遗孀——耄耋高龄的邱蕴芳女士接过惠寒小学名誉校长的聘书,并且亲自手书"弘扬家桢精神,接力惠寒行动"的寄语,勉励苏州大学师生。百年前,担任惠寒小学校长的是谈家桢先生,百年后接过惠寒扶贫接力棒的是邱蕴芳女士,她双手捧着的仿佛不仅仅是薄薄一纸聘书,更是不灭的惠寒扶贫星火。

图 1　谈家桢(1909—2008)

苏州大学的前身是创办于 1900 年的东吴大学,学校在 1911 年就成立了专门免费招收附近贫困儿童的惠寒小学。根据学校 1920 年的《东吴年刊》记载,"离东吴大学不百步,有小学焉。校以惠寒名,创办于 1911 年……为东吴青年会所组成,本服务社会之精神,以陶冶贫苦之儿童,实开现在文化运动中义务学校之先河"。即使在战争动乱岁月,惠寒小学也始终坚持办学,前后共 41 年,直到 1952 年东吴大学被拆分重组为止。

惠寒小学虽然暂时停校,但她留下的"嘉惠寒峻"的办校宗旨却深深铭刻在每个东吴人心中,星火不灭、代代相传。迈入新世纪,在 2011 年惠寒小学建校 100 周年之际,苏州大学重以"惠寒"为名,发起苏州大学"惠寒"关爱农民工子女行动,惠寒小学也借此复校,谈家桢先生的夫人邱蕴芳女士和我校杰出校友、全国政协常务委员兼副秘书长、民进中央副主席朱永新教授被"惠寒"精神所深深感染,欣然担任"惠寒"学校名誉校长。

苏州大学以设置在学校本部的"惠寒"总校和学校青年志愿者协会为基本工作队伍,建立"惠寒"基金,建设"惠寒"实体分校和"惠寒"社区学校,为各校建设图书室、提供奖学金、开展义务支教等志愿服务活动,大力传承和传播"惠寒"文化。在每年的社会实践中,苏州大学积极推动大学生组建各类"惠寒"志愿服务团队深入全国各地,发挥综合性大学的优势,以义务支教支医、图书文具捐赠、文艺节目演出等形式,为假期中的"惠寒"学校分校学生和当地留守少年儿童提供服务。

图2 邱蕴芳题字

10年来,"惠寒"文化以其深厚的文化积淀和时代生命力唤起了苏大学子内心的认同感,使活动呈现了广泛参与、快速发展的态势,在实体分校建设、基金募集与使用、社区学校建设等方面均取得了较大进展,开展的活动被人民网、《中国教育报》、《科技日报》、中国青年网、《扬子晚报》、《江苏教育报》等70多家媒体的报道。根据档案记录,现已在河北、湖南、西藏、湖北、江西、河南、广西、贵州、安徽、江苏省等地挂牌成立26所"惠寒"学校分校。苏大学子在苏州的木渎民工子弟友好学校等4所学校支教5年,开办"惠寒"社区学校,为农民工子弟开设趣味英语、自然科学、图书漂流等课程。在"惠寒"精神的影响下,5万余名师生投身"惠寒"行动,自发捐赠300余万元"惠寒"基金,组成300余只团队,行程20多万公里,足迹遍布16个省区市,捐赠价值100万元的图书,建设19家"惠寒"书屋,2 000余名贫困儿童获得"惠寒"奖助学金,5 000多名留守贫困儿童获益。

苏州大学将继续不遗余力地弘扬"惠寒"精神和推广"惠寒"文化,让更多的寒门子弟受益。惠寒星火,曾经穿过凛冽战火,绵延暗夜荒漠,燃了百年。散作漫天星,聚是一团火,苏大师生心怀中的星星之火越聚越多、越燃越盛,必将成为不灭的璀璨炎火,温暖更多寒门学子的心田。

(供稿:苏州大学档案馆)

莫问谁

——全国精神文明典型"莫文隋"之源

万久富　王　梦

图1　汤淳渊化名莫文隋的实物档案

这是一份陈列在南通大学校史馆的珍贵的实物档案,包含信封、信件和存款利息单。这个署名为"莫文隋"的人究竟是谁? 为什么他要在茫茫人海中选中石洪英同学捐助1 000元? 信封上落款地址中的"叶中恭"又是谁?

石洪英的感动

时间回溯到1995年9月。一天,南通工学院学生处收到落款为"南通工农路5号莫文隋"的一封来信,随信附寄1 000元钱。信上说:"寄上1 000元,请在'徐、淮、盐、连'94级在校特困生中选一学生,每月发给100元,作为生活补贴……"学生处根据"莫文隋"的意愿,将这1 000元资助徐州籍服装系1994级鹿梅同学。收到资助的鹿梅很想找到"莫文隋",可就在学校帮她寻找"莫文隋"时,又找到了早在3月就接受"莫文隋"资助的1993级染整专科学生石洪英。鹿梅和石洪英曾按"莫文隋"的地址寻找,均未找到。后来石洪英写信给《江海晚报》,向"莫文隋"表达心声,并在南通广播电台接受采访时哽咽地说:"在我失去了亲人,悲痛无望,拖着沉重的脚步回到学校的时候,意外地收到了您寄来的汇款,我心里顿时涌起了一股暖流。捧着汇款单,我的手在不停地颤抖……好心人,您在哪里呢?我按您来信的地址找过多少次,都找不到您。'莫文隋',您用人间的真情真爱,鼓起了我学习和生活的勇气,千言万语也表达不尽我对您的感激,好心人,您在哪里啊?您听见了吗?"

由于"莫文隋"汇款的地址有时是工农路5号,有时是555号,记者们通过跟踪采访,发现南通工农路5号是纺织科研所,工农路555号根本不存在。人们猜测,这位好心人化名"莫文隋"是取"莫问谁"的谐音,"工农路5号"就是指工农路无此号。

叶中恭——莫文隋

很快,《"莫文隋",您究竟是谁》的新闻报道广泛传播开来,许多人都在热心地寻找"莫文隋"。就在这时,石洪英又收到一封信和一张800元的存折,但寄信人的署名不是"莫文隋"而是"叶中恭",地址是"文峰新村5号楼505室"。信中说:"支助你的方式必须改变,不然我将会暴露……你每月自行提取100元作为生活补助费,直至你毕业。希你努力学习,成为一个对国家有用之人。"石洪英又去寻找,发现文峰新村5号楼505室尚未住人。大家猜测,地址是虚拟的,"叶中恭"就是"一中共"的谐音吧?后来南通人民广播电台记者赶到南通工学院,在纺化系看到了挂号信的复印件,信里的署名果真是"莫文隋"。

"莫文隋"之所以改名换姓,是因为当时《江海晚报》发表了《"莫文隋",您在哪里》的报道,详细记述了易家桥邮局(莫文隋汇款的邮局)营业员周峰讲述的"莫文隋"的外貌特征和汇款情况。为隐瞒身份,才将"莫文隋"换成了"叶中恭"。

"莫文隋"究竟是谁

一个偶然的机会,汤淳渊的老伴无意中看到莫文隋信封上的字迹,一眼看出:"这字,是我家老汤的字,不会错!"由此确认了"莫文隋"就是原南通工学院党委委员、副院长汤淳渊。直到 2008 年奥运火炬传递时,汤淳渊才被推到台前,他却淡淡地说:"我做的只是一件很平常的事情,不值得宣传。"

图 2　汤淳渊参加 2008 年奥运火炬传递

汤淳渊在接受记者采访时说,他 1995 年 3 月 21 日上午知道纺化系1993 级的石洪英突然成为一个孤儿。"我那时就想着这孩子父母双亡,突然失去了生活来源,学业完不成怎么办?"他向记者叙述道:"当面给钱可能会给这位同学带来不必要的压力,便想到寄钱。"他走进易家桥邮局,以"莫文隋"的名义给"石洪英"汇去 100 元。后来,听说徐、淮、盐、连农村来的学生生活困难,他产生再资助一个特困生的想法,于是又给工学院学生处寄去了1 000 元。之所以在信中有意写上"支助",而没用"资助"这个词,是希望通过对她们精神上的支持,能帮助她们渡过难关,圆满完成学业,将来成为对国家有用的人才。

20 余年来,"莫文隋"在南通大学已经由最初的一个人,发展成现有注册会员 30 000 余名的"莫文隋"青年志愿者协会,累计已开展志愿服务 5 000余项,如"及人之老""金色童年""暖冬计划""研支团""伯藜学社支教团""一

米阳光""爱心家教"等活动,全国参与人数近 50 万人,先后有 500 余人(次)获得国家、省市级表彰。详情如下:

1."及人之老"

为弘扬中华民族敬老、爱老、助老的传统美德,营造和谐社会的良好氛围,增强全社会的敬老爱老意识,南通大学莫文隋青年志愿者协会开展了"及人之老"活动。本活动以关爱孤寡老人为主,在走访慰问、物质精神双向帮扶的同时,将孝道文化与健康知识、预防诈骗等相结合,融入老年人喜闻乐见的歌曲、情景剧、舞蹈中。协会志愿者多次进入敬老院开展了不同主题、多种形式的敬老活动,用实际行动去传承中华民族的优秀美德。

2."金色童年"

有这样一些孩子,他们的身心因为某些原因存在着某种缺陷,或者因为父母忙于工作,节假日往往缺少陪伴。为了关爱这类儿童的身心健康,南通大学莫文隋青年志愿者协会本着"奉献、互助、友爱、进步"的志愿精神在南通市多个社区举办"金色童年"主题活动。本活动致力于开展形式多样的趣味课堂以及丰富多彩的科教益智游戏,为当地的留守儿童以及身心有障碍的孩子创造一个缤纷周末,让他们感受到社会的关怀与温暖。

3."暖冬计划"

冬衣募集活动,旨在弘扬"奉献、友爱、互助、进步"的志愿者精神,收集旧的冬衣并捐赠给贫困地区的人们,温暖他们的心灵。该活动经过十余年的耕耘,带动了青年学生、社区居民以及社会各界爱心人士参与其中,辐射公益正能量,在南通本地影响广泛。从 2011 年收集衣物百余件,至 2020 年收集衣物 20 000 多件,衣物数量逐年增加,受到帮助的人也越来越多。江海晚报、南通电视台等多家媒体也持续多年对"暖冬计划"进行了跟踪报道。

4."莫文隋研究生支教团"

2015 年,我校获批研究生支教团项目实施高校并组建莫文隋研究生支教团,将支持西部基础教育事业融入江苏南通对口援建青海贵德、新疆伊宁的重大方略。自成立以来,莫文隋研支团即发起了"通大爱传青海"公益行动,募集 6 万余元善款;合县教育局、团县委在贵德县成立"莫文隋"奖学助教基金;为贵德民族寄宿制学校募集价值 2 万元的体育教具;组织支教地的民族学生赴北京游学,让学生走出大山看中国,共筑民族团结同心圆。研支团工作得到《中国青年报》、中青在线、江苏卫视《江苏新时空》栏目"时空头条"、《南通日报》等媒体的报道。

5."伯藜学社支教团"

南通大学伯藜学社为响应国家在脱贫攻坚后推进实施乡村振兴战略的号召,暑期支教团来到广西知了小学开展为期半个月的暑期支教活动。本活动以"学历史,知党史"为主题,帮助学生培养爱国意识、树立远大理想。本次活动开设了音乐舞蹈、科学实验、武术、绘画、手工等课程,让孩子们体验了"在学中玩,在玩中学"的乐趣。本次支教活动被多家媒体报道,被南通大学设为暑期社会实践活动校级重点立项,伯藜学社支教团被评为2021年度大学生乡村振兴类重点社会实践团队。

知善致善,是为上善,莫文隋的事迹是最好的诠释。南通大学创始人张謇先生早就提出"道德优美、学术纯粹"的育人宗旨,百十年来南通大学正是秉承这样的宗旨,不断创造辉煌的。

"莫文隋"不只是一个人,更是扶危济困、助人为乐、大爱奉献的时代精神的象征。它就像雨露甘霖,滋润着我们;它也像圣训,教导着我们;它更像灯塔,指引着我们前进。

(供稿:南通大学档案馆、校史馆)

"裸捐"助学的"爱心老人"：邵仲义

周 雪

生前克勤克俭，却一次性捐助 50 万元设立"爱生助学金"；去世前，立下遗愿，将遗体捐献给镇江市红十字会，用于祖国医学事业；又把近 60 万元存款捐赠给学校，用于资助贫困大学生——他就是被江苏大学师生亲切地称为"爱心老人""百万善翁"的邵仲义，他以低调朴实的大爱帮助了数百名贫困学子，更以"裸捐"离世的义举感动了无数世人。

邵仲义，1932 年 4 月出生于上海，先后肄业于上海第二医学院、北京第二外语学院俄语专修班。1951 年 8 月参加工作，先后就职于华东工业部、北京一机部、北京农机部、河南省农机局。1981 年 4 月调至镇江农业机械学院（江苏大学前身）工作，1984 年 4 月提任科长级，1992 年 9 月退休。

2007 年，邵仲义收到了海外寄来的一笔 7 万美元的巨款。这是远在加拿大的表哥汇来的报恩款。战乱时期，邵仲义的母亲拿出陪嫁的一枚戒指资助其表哥赴香港谋生。感恩于邵仲义母亲的恩情，表哥汇给了邵仲义兄弟姐妹每人 7 万美元。当时，邵仲义生活并不富裕，原本可以用这笔报恩款很好地改善生活，但他却一分未留，在和学校相关部门联系后，兑换成 50 多万元，全部捐出来设立了"爱生助学金"，专门用于资助贫困大学生。这是江苏大学金额最大的一笔以个人名义设立的助学金，资助了 200 多名贫困大学生。邵仲义一再强调："把报恩款用在学生身上，是我最大的欣慰。我不图学生的任何回报，唯一的期望就是他们学有所成，将来能够回报社会和他人。"

邵仲义老师心中充满了对教育事业的热爱，对贫困学生成长的关切。他生前有两个愿望,一是把遗体捐献给镇江红十字会,二是把所有存款捐给江苏大学贫困学生。由于严重的高血压并发症,邵老师身体每况愈下,腿脚疼痛得无法下楼行走,或许是感觉状态不好,他在离世前一个多星期,委托了学校帮忙办理捐献遗体的手续,退管处处长汤静霞是他的执行人。汤静霞说,给邵老师送协议书的时候,他已经

图 1　邵仲义(右)生前与受资助学生在一起

早早把章准备好放在了桌上,看到协议书他很高兴,说自己年岁大了还能贡献最后一份力量。邵老师虽然没有立下遗嘱,但是他生前曾经多次和家人说过,要把所有的存款留给学校的贫困学生。

2013 年 3 月 28 日,邵仲义老师因病在家中去世,其遗体捐献给镇江市红十字会。3 月 30 日,邵仲义的家人从银行取出了邵仲义的全部存款,加上学校拨给的 4 万多元丧葬费,总计近 60 万元,全部捐给了学校。他的家人表示,"这是邵仲义的决定,我们全家都支持他"。邵仲义资助贫困生的费用累计超过了 110 万,离世时身上仅剩 24.1 元。

邵仲义一生未婚,生活朴素,一直租用单位 58 平方米的公房,其实他完全有能力在学校买套面积大点的福利房,可他总固执地说:"房子够住就行,买房子的钱用在学生身上更值。"在邵仲义家中,橱柜上崭新的被子舍不得拆开来用,空空如也的冰箱里只摆放着腌豇豆,放衣服的箱子还是邵仲义的母亲在抗日战争年代遗留下的,厨房里摆放的热水瓶外壳已经长满锈迹。自己的生活一切从俭,邵仲义对学生却非常大方。他无儿无女,就把学生视为子女。从 20 世纪 80 年代起,邵仲义就开始默默地帮助贫困大学生,他行事低调,对自己的善行从不言说。直至去世后,陆续有人前来吊唁,才更多地了解他一直以来的助学善举。

曾就读于江苏大学艺术学院的 2007 届毕业生李雷家在徐州农村,兄弟两人同时上大学,家庭经济负担很重。大一暑假,李雷在学校后门勤工助学,热心的邵仲义关心地问起了他的情况,两人熟悉后一直保持联系。2007

年6月一次偶然的聊天中,邵仲义得知快要毕业的李雷还欠着5 000元学费时,便一次性帮李雷还清学费、资助他参加工作。工作后李雷提出把钱还给邵仲义,邵仲义每次都善意地回绝:"你马上还要成家,要花钱的地方还很多。"

　　生前,邵仲义老师每两个星期就把学生喊来家里改善伙食,做满满一大桌菜,老人常常提前两三天就开始准备。学生每月300元的资助标准,邵仲义总是悄悄地拔高到400元甚至500元,逢年过节还发给学生一些"节日补贴"。学校安排了大学生志愿者每天到邵仲义家中服务,邵仲义经常自作主张地给志愿者们放假,让他们不要影响学习。为邵仲义做最后一次志愿服务的学生罗新回忆说,元旦前一天的晚上,邵爷爷像往年一样把他们一群"小朋友"喊过去聚餐,准备了一大桌菜,事后他发现聚餐吃剩下的菜邵爷爷就放在冰箱里自己慢慢吃,一个多月了还不舍得扔掉。

图2　江苏大学邵仲义助学基金成立仪式　　图3　邵仲义获"全国道德模范提名奖"

　　2013年4月,江苏大学党委在全校部署开展了学习邵仲义同志先进事迹的系列活动。学校设立"邵仲义助学基金",成立了江苏大学"邵仲义"志愿服务队,召开大学生、教师、离退休同志等多个层面的专题座谈会。2014年12月,首部以邵仲义老师事迹为原型的微电影《背面》在首届"江大之梦"微电影节上映,艺术地再现了邵仲义大爱大善的高尚品质。

　　邵仲义被江苏省委宣传部确立为四个"最美基层干部"先进典型之一,获评"第四届江苏省道德模范",被中宣部、中央文明办、解放军总政治部、全国总工会、共青团中央和全国妇联授予第四届"全国道德模范提名奖"。

（供稿:江苏大学档案馆）

大爱无疆

——耄耋老人毕生积蓄捐助贫困学子

陆小妹　卞咸杰

　　一对从戎从教的革命伉俪,20年军旅生涯,坚定人生方向与信仰;20年教书育人,竭尽所能接济贫困学生;30年离休生活,省吃俭用爱心助学——他们就是盐城师范学院离休教师包斌及其妻子陆一军。多年来,他们多次捐款助学,只为那份"常愿寒门多学士"的家国情怀。

心系贫困学生

　　1949年3月,正读大学的包斌跟随中共地下工作者来到盐城参加革命工作,加入渡江战役工作组,并被编入苏南军区文工团,结识了人生伴侣陆一军。1969年他们转业再次来到盐城,都走上人民教师的工作岗位。在物资贫乏年代,他们对家庭经济困难的学生格外关心,经常给予衣物、书籍等方面的资助。在包斌简朴的书房里,收藏着受资助学生的来信。"敬爱的包爷爷,陆奶奶:本想一放假就去看望你们,但是伯父身体一直不好,现在伯父身体恢复了健康,田里的农活又赶上了,拔秧草,锄山芋地,种菜。开学我就上六年级了,我会记住你们的话,好好学习,刻苦用功,用优异的成绩来报答你们的恩情。"这是1996年8月,阜宁县芦蒲乡中心小学六年级学生杨维玲写给他们的一封信。

　　1987年11月,包斌、陆一军夫妇离休后回到老家新沂市安度晚年,依然保持着简朴的生活方式,陋室简居,旧衣素食。少时读书的贫穷,以及近20年的从教经历,让包斌萌生了一个想法:"尽己所能,资助贫困学生。"有一次,包斌给在老家宿迁农村当老师的堂弟打电话,问他学校有没有贫困生。堂弟说,班上有对双胞胎男孩家境困难,每学期开学时都交不起学费。包斌二话没说,立即决定资助兄弟俩,懂事的兄弟俩也定期汇报学习情况:"您无私的资助让我们俩可以留在美丽的学校,我们的成绩一年比一年好了,争取都能考上重点高中……"就这样,一开始是几百元,后来是数千元,再后来是上万元。他们资助了10多位濒临辍学的贫困学生,累计为"希望工程"捐款10多万元;2008年汶川大地震时,包斌特地乘火车到学校捐了2 000元,还缴纳了2 000元特殊党费。2016年,当他听说盐城阜宁遭遇特大龙卷风时,主动缴纳了1 300元特殊党费。

捐献百万助学

包斌、陆一军有一个幸福的家庭,他们非常重视孩子的教育问题,两个儿子从小成绩优秀,后来考取了政府公派的留学生,如今早已成家立业。离休后,老两口过着简朴的生活。包斌喜欢看看书,写写诗词,撰撰楹联,侍弄小院子里的果蔬花草。陆一军喜欢摄影,没事喜欢拍些照片,和摄友切磋技艺,交流心得。他们喜欢粗茶淡饭的日子,平时生活节俭,衣服只要合身,就一直穿下去。"他平时对自己可抠了,袜子破了,都舍不得扔,自己拿针线补好了再穿。现在谁还补袜子啊?!"陆一军这样"笑话"自己的老伴。老两口省吃俭用,渐渐地有了100万元的积蓄。

"这个钱总感觉还是人民的,还是国家的。"老两口觉得,相对于解放前做教师都难以糊口的日子,离休后党和政府给了优厚的待遇,感到非常的幸福。两个儿子都已成家立业,不再需要他们的帮助,自己用不完的钱,应该回馈社会和人民。商量了很长时间,他们决定将数十年的积蓄捐

图1　包斌、陆一军夫妇百万助学基金捐赠仪式

给学校,设立一个助学基金,让学校替他们寻找那些真正需要帮助的孩子。2018年3月底,包斌、陆一军夫妇与学校相关部门沟通,很快拟定了捐赠协议和资助办法。根据两位老人家的意愿,他们将每年捐助20名贫困生,每

年资助每人5 000元,直至毕业。包斌、陆一军说:"我们设立助学金资助贫困生,就是希望他们能够和其他孩子一样平等地接受教育。我们个人的能力非常微薄,只能尽自己所能,为国家分忧。"2019年9月,包斌、陆一军夫妇当选江苏省"助人为乐"类江苏省道德模范。2019年12月,包斌、陆一军夫妇入选中央文明办"中国好人榜"。

又行大爱善举

"社会主义事业是光荣伟大的事业。作为一个自觉的革命者,必须放弃个人打算,树立全心全意为人民服务的思想……"2020年6月6日,94岁的包斌老人,在自己的入党日重读入党志愿书,重温入党誓词。当天,包斌夫妇继2018年捐赠100万元之后,再次向学校续捐20万元资助更

图2　包斌、陆一军夫妇入选
中央文明办"中国好人榜"

多困难学生。"国家培养了我们的两个孩子,现都已成家立业,有了不错的工作和收入。国家给我们的待遇优厚,我们思考再三,决定将自己这些年的积蓄,不留给自己的孩子,而是留给国家的孩子。"包斌说,能帮一个是一个!

2021年,得知首批受资助的学生即将毕业,二老又捐出4万元,给奔波找工作的学生们贴补路费。

多年来,包斌、陆一军夫妇省吃俭用资助贫困学生,用实际行动诠释了一名共产党员的初心和使命;立德树人,春风化雨,把自己对教育事业和教师职业的热爱融入生命之中,堪称师德模范;大爱无言,温暖人间,用自己的善举点亮受助学子心中的明灯。

(供稿:盐城师范学院档案馆)

王黎明的"诚信助学金"

孔文迪 马洪勋 吴学军

2018年9月,王黎明再次回到母校——南京审计大学,看望"诚信助学金"资助的同学们,并与大家共度中秋。这已是王黎明、屈静芳夫妻为母校家庭经济困难学生捐款的第六个年头。从2013年他在母校设立诚信助学金开始,共资助七批87名金融学院各专业及会计学、市场营销专业在校就读的家庭经济困难生,资助金额为每人每年5 000元,累计捐赠75万元。

缘起"诚信"二字

多年前王黎明在参与同学聚会时,听学校老师说过一句话:"许多同学毕业前有过帮助学弟学妹

图1　王黎明、屈静芳在南审图书馆前合影

的美好心愿,但毕业这么多年,能想到回母校资助贫困学生的毕业生不多。"说者无意,听者有心,王黎明一直把这句话放在心上。2013年,王黎明从积蓄中拿出6万块钱作为诚信助学金,资助了12位同学。诚信助学最开始是

面向金融学专业品学兼优的贫困生进行资助,每人每年5 000元,每个月500元,分十个月发完。如今,诚信助学金在摸索中前进,基金会的评选细则不断完善,助学金的评选变得有章可循,也更加客观、公正,不变的是"诚信"的底线和"助人"的初衷。在王黎明的带动下,他身边的几位校友和朋友们将诚信助学金的资助范围从原来的金融学院扩大到会计学、市场营销专业。从2013年到2018年,受资助的87名同学当中有的考上了公务员、研究生,有的进入了银行、会计师事务所等,有的还是在校生,但无论身在何地,无论在工作中还是在学习中,他们都将"诚信"二字刻在了心里。王黎明说,之所以叫"诚信"助学金,是因为现代经济尤其是金融业就是建立在信用基础上的。当前社会上的许多不诚信行为,极大地阻碍了社会进步。要改变社会很难,但我们可以改变自己——从事金融行业的人首先要讲信用、守诚信。

"一个都不能少"

"一个都不能少"是导演张艺谋一部电影中的经典台词,也是诚信助学金大家庭关于王黎明学长的"独家记忆"。在2015年诚信助学金评选中,14个来自金融学院的同学进入复试个人展示环节,按照要求最终将只有8个人能够取得受助资格。这些学生中,有的学生高中以前没接触过电脑,在大学上计算机课很吃力;有的学生家里重男轻女,出门念书是女孩子避免早早结婚生子外出打工的唯一通道;有位藏族学生要坐一天汽车,再坐两天一夜的火车才能从遥远的拉萨到达南京;有的同学家里有人丧失劳动能力,一亩三分地的粮食收成是主要来源……王黎明听着这些学生的情况,心里五味杂陈,难以取舍,最终决定14个同学全部资助——一个都不能少。2015年,经济形势不好,在银行工作的王黎明薪资锐减,按照当时的收入状况,要缩减好几个赞助名额,但王黎明说"再想想办法"——他不愿意放弃每一个人。"再想想办法"这句话,成了受助同学最温暖感动的记忆。

关注"爱心传承"

"我希望自己做的一切可以让同学们暂时克服自己的困难,从而更好地投入学习中去,将来能够成为对社会有用的人,并有机会可以反哺社会。我不需要他们回馈我什么,"王黎明说,"我唯一的要求是——一年做满50小时的志愿活动。社区义工也好,学校的志愿活动也好,哪怕给宿舍同学打水打扫都算。不要等以后有钱了怎样怎样,帮助别人的精神现在就培养起来。"大家庭里的同学们也不负学长所望,都十分热心公益。他们中的很多人的志愿时长,早就超过了 50 小时。每年的毕业季,大四的学长学姐都会将自己的书籍等整理出来,免费送给需要的同学;考上复旦研究生的朱德春,将自己考研的资料、学习方法、四年大学生活的感悟,统统写出来分享给大家庭的学弟学妹;已经就业的学长们会把自己求职、入职初期的感悟分享给大家;平时,谁有问题了,也总喜欢找大家庭的"家人"帮忙……2013 级的李敏敏因为家庭情况好转,曾主动放弃诚信助学金;2016 级的李瑞同学因为获得了奖学金,也主动放弃了诚信助学金。她们说,更愿意把这笔钱留给更需要的兄弟姐妹。她们让出的不仅仅是受资助名额,更是大爱的传承!

谈及未来,王黎明说:"以前,我参加了无偿献血、造血干细胞和器官捐赠登记,接下来的主要任务是为诚信助学金基金会打工!再过些年,有更多的校友参与到诚信助学基金会这个项目,将形成具有自我造血功能的良性循环机制。将来老了,遗体捐给医学院,财产捐给诚信助学基金会!"2017年,王黎明从中国人民银行江阴市支行离职,从事新能源、银行网上商城和股权投资,同时还保留坚持了十多年的半官方职务——江苏省和江阴市创业指导专家,每年参加上百个企业的创业评审和接受创业咨询。王黎明现在最大的心愿就是,诚信助学金能够持续发展,能帮助到更多的家庭经济困难学生。

(供稿:南京审计大学校友办、档案馆)

十年磨一剑　今朝扬国威

——南航无人机系统亮相国庆阅兵式

鲍芳芳

2019年10月1日,70周年国庆大阅兵在京举行。1.5万人、160余架各型飞机、580套装备在天安门广场接受了全国人民的检阅,南京航空航天大学(简称"南航")研制的某型无人机系统也隆重亮相。

此次接受检阅的某型无人机系统是南航作为总体单位自行设计、研制、生产的高速无人机系统。160余架飞机组成的空中梯队飞驰而过,强大国防实力的背后,有南航校友的汗水与心血。

图1　2019年10月1日,南航研制的无人机参加国庆阅兵

南航是我国最早开展无人机研制的单位之一，1958年至今，成功研制了"长空""翔鸟""鸿雁""飞鹰""锐鹰"等多个系列的无人机系统，形成了从低速到高速、从固定翼到旋翼、从低空到高空、从金属材料到复合材料的系列产品研制能力。六十余年来，南航人以一型又一型开创性的无人机型号为国家装备事业发展添砖加瓦，并逐步成为国内无人机研究的重镇之一。

然而，在不到一分钟的检阅背后，是该型号无人机系统研发团队十余年的心血与汗水。

十年前，拿下任务

故事要从十几年前说起。"当时，我国启动了中程高速无人机系统型号研制招标工作。"无人机研究院时任院长、现任党委书记曹杰介绍，南航从国内数家竞争单位中脱颖而出，一举拿下该项目。

不过，虽然争取到了项目，但在研发初期，团队却遇到了困难。

"最大的困难是人员不足且资历欠缺。"曹杰参与了该型无人机系统的整个研制过程，至今仍然对当初的困难记忆犹新："那时候，老同志们刚退休不久，团队成员都只有三十多岁，没有足够丰富的经验。"而且，当时研发队伍仅有50多人的无人机研究院，还承担了另一项国家重点型号的任务，因此，大家的工作量成倍增加，熬夜工作是司空见惯的事，甚至很多时候还要通宵达旦。抱着"在型号摸索中成长"的信念，这支年轻的队伍毅然挑起了型号研制任务的大梁。

图2　无人机研究院外场试验团队

在型号研制前期,在国内相关领域领军企业的共同努力下,经过上千个日夜废寝忘食地演算数据,反复试验,研制团队终于按照型号研制流程,把众人的智慧结晶装进了这型无人机。

十年间,啃下硬骨头

不过,无人机试制成功之后,研制工作并没有因此而结束,紧随而来的是更为艰难的试飞任务。

"无人机试飞需要足够大的空域,在无人机进入外场试飞与调试阶段后,试飞场地只能选在大西北荒无人烟的沙漠和戈壁滩。"该型号无人机系统总设计师张才文介绍道,所有科研人员每年都有数月时间待在大西北人迹罕至的地方。

团队在西北戈壁进行试飞时,驻地距离试验场有100多公里。每天中午,他们只能站在现场,顶着风沙吃早上带来的快餐。这样的日子,一过就是几个月。有时候为了赶时间,他们常常是手里抓着馒头边吃边干。

在50多摄氏度的高温下,他们担心无人机的材料与发动机受损,就把自己用的遮阳伞让给无人机,并用扇子给无人机降温;遇到严寒天气,矿泉水冻结成冰,他们也只能用自己的身体将冰块焐热化成水再拿来喝。

曾随团队赴高原采访的党委宣传部周天博老师回忆起当时现场采访时的情景,仍然对强烈的高原反应和刺骨的冷风记忆犹新。为了赶在早晨抵达海拔四千多米的试飞点,他们凌晨三点钟就从驻地出发,还遭遇了下雪封路、车辆被困途中长达几个小时等困难。

端着摄像机就已经感到眩晕的周天博,记录下了在零下20多摄氏度,团队人员虽略显迟缓仍操作熟练的场景,"这次采访带给我的不仅是身体上的考验,更多的是心灵的冲击,这种航空报国、艰苦奋斗的精神令人震撼",周天博感慨道。

张才文介绍,有一次,他们在距离公路10公里的戈壁上布设靶标,任务结束时天已经黑了下来,由于手机没有信号,他们分不清方向,也看不清道路,只能一点一点摸索前进,因为戈壁滩并非一马平川。那天,他们到公路边时已经半夜了。

有时,由于空域紧张,他们只能在夜间进行试飞,一整夜也只能演练一个科目,而等待一整夜却没有可演练的空域也是家常便饭。

长时间、远距离地离家进行科研任务,年轻的科研人员难免会有一些情绪,但却从来没有半句怨言。

"国家能将如此艰巨的任务交给南航,是对学校无人机研制实力的认可,我们有能力也有信心。"张才文说,大家最后也终于将这块"硬骨头"啃了下来,为我国军队提供了一型技术性能先进的无人机系统。

十年后,接受检阅

装备工程部部长赵剑峰介绍,此次阅兵集中展示了 70 年来尤其是党的十八大以来,我国国防科技工业的发展水平和军队改革的重要成果,部分全自主研制的先进装备是首次亮相,"南航的中程高速无人机系统正是其中的一个代表"。

从 2019 年初开始,为做好阅兵任务的保障工作,学校专门成立了包括领导小组在内的保障机构,装备工程部、无人机研究院高度重视,即便在团队进行另外一项重要型号任务外场试验的时期,仍然抽调精兵强将,全力保障阅兵任务的执行。

型号总质量师陈喆之前因身体原因在家休养,但为了此次阅兵,仍全程参与相关保障工作。无人机研究院试飞中心的赵帮俊跟随无人机系统前往阅兵训练场,一待就是四个多月,日复一日地进行无人机作战方队的保障工作,一直坚持到阅兵结束,并将部队授予南航的锦旗和奖章带回学校。

"什么也不说,祖国知道我。"这支科研团队十余年如一日,战严寒、斗酷暑、抗雨雪,忘我拼搏,戈壁滩、大漠里、高原上留下他们忙碌的身影。支撑他们的是航空报国的精神和信念,他们以实际行动向祖国献上了一份最好的礼物。

在阅兵观礼台上,还有几位南航人现场见证了载入南航史册的这一刻。"人民科学家"国家荣誉称号奖章获得者、南航航天学院院长叶培建院士,国庆 70 周年"最美奋斗者"称号获得者、南航 1979 级校友李中华,中国政府"友谊奖"获得者、南航外籍教授 Stanislav Horb,南航党委书记郑永安受邀观看国庆 70 周年庆典。此外,天安门广场环境布置项目的总设计师同样也是南航人——2004 级校友王晓军。

在阅兵式的现场,由各型直升机组成的陆航突击梯队集中展现了我国直升机装备的重大成就。其中,直-20、直-10/19、直-8的总设计师都为"南航人"。由南航2001级校友邓景辉担任总设计师的直-20在列装部队后首次公开亮相。直-10/19总设计师为南航1980级校友吴希明,担任空中护旗队的直-8总设计师是南航1983级校友徐朝梁。

在国防科技领域,南航参与了我国几乎所有航空重要型号的预研、技术攻关、试验研究。南航人将把国防建设使命担在肩上,继续开拓前行,源源不断为建造国之重器贡献力量!

(供稿:南京航空航天档案馆)

一腔赤忱育沃土

——中国矿大土地复垦与生态修复专家胡振琪

马廷斌　胥娅妮　陈娅洁

"把学问做在田野间，把论文写在大地上。"中国矿业大学（简称"矿大"）环境与测绘学院胡振琪教授始终在科研道路上躬身笃行，三十多年来聚焦土地复垦与生态修复领域，为我国矿山生态修复事业作出了突出贡献。

无心插柳，报国为怀写春秋

缘起矿大，是青年心中"工业报国"的热血使然，也是志愿填报时的冥冥缘分，面对未曾填报的中国矿业学院和全然陌生的矿山测量专业，年轻的胡振琪选择接受国家的分配调剂。"学一行，爱一行，干一行"，老一辈矿大人的思想指引让胡振琪在矿山测量专业不断探索，一路读到了博士。

读博期间，胡振琪因为出色的表现有幸获得国家"中外联合培养博士生"的机会。然而首先向他抛出橄榄枝的，却是研究"土地复垦"方向的美国南伊利诺伊大学。1988 年，国家土地复垦规定刚刚颁布，胡振琪专程拜访了时任国家土地管理局规划司司长刘广金，得知当时国内土地复垦领域人才急缺，他毅然选择赴美留学，成为中国第一位中美联合培养的土地复垦学博士。目睹过 90 年代的中美差距，优渥的环境与先进的技术却只让胡振琪学成报国的志向弥坚。

然而，全新的领域和交叉学科的挑战让胡振琪一度陷入迷茫。参与科研项目所能学到的复垦知识远远不够，为了深入学习土地复垦，胡振琪整日待在图书馆研究文献;为了拓展土壤学基础知识,矿山测量专业出身的他甚至找到了土壤与植物系教授做导师。

长期的积累让胡振琪在第82届美国农业学术会议上一鸣惊人。他提交的《基于土壤特性评价复垦效果》论文在加拿大《国际露天采矿与复垦》杂志上发表,也让胡振琪的能力得到了美方专家的高度认可。

完成在美学业后,胡振琪唯一的想法就是回到矿大。随他一起回来的还有24箱美国图书馆中关于土地复垦的相关资料。如今,这些资料仍存放在矿大的图书馆,见证着胡振琪在国家土地复垦事业上付出的心血。他笑着说:"我自始至终都是矿大人,无论在南边还是北边。"

学成归来,满腔热血筑良田

胡振琪学成归来时国内土地复垦学仍处于起步阶段。于是,他不断撰写文章介绍国外先进理论技术,并多次邀请国外学者交流学习,还创立了中国煤炭学会土地复垦与生态修复专业委员会和国际矿区土地复垦和生态修复中心,主办多次国际学术会议,不断提升中国矿山生态修复的世界影响力。

围绕国内矿区煤矸石和塌陷地两大治理难题,胡振琪开始不断探索革新。他首先将目光落在潞安矿务局王庄煤矿,仅凭借1.7万元科研经费就实现了整座矸石山的绿化造林。三年后,4公顷土地产出了400万元的直接经济效益。

然而,矸石山硫铁矿氧化造成的自燃问题却屡次让来之不易的绿林毁于一旦。胡振琪决心攻克煤矸石防火、灭火技术。他结合当时先进的测绘技术,对矿山表面温度场进行精确检测,确定排查每个可能发生山火的地点,预测深度着火点位置,同时提出远距离喷浆和近距离灌浆相结合的灭火方式和"抑氧隔氧"的防火办法,提供了一整套新颖的煤矸石山自燃治理与生态修复技术,也因此获得了2019年度国家科技进步二等奖,并受到国家领导人的接见。

我国10.8%的煤炭可采储量与耕地重合,如果全部用于开采,2亿亩耕地将因此消失。可胡振琪偏偏相信"鱼和熊掌可以兼得",还创造性地提出了黄河泥沙充填复垦塌陷地技术。填充后作物产量不理想,他又首创了类似"五花肉"的夹层式土壤剖面结构和充填复垦施工工艺,有效解决了低产问题。

图1 胡振琪教授(中)荣获煤矿采矿
与复垦学会 2009 年度科技贡献奖

图2 胡振琪教授科研档案

当一块块不毛之地在自己的手中变为膏腴之壤,胡振琪心中总是涌起自豪。他本人也先后荣获国家科技进步二等奖 3 项,省部级科技进步一等奖 8 项,以第一发明人授权发明专利 30 余件,被 SCI、EI 收录论文 150 余篇;在全国各地恢复耕地 70 多万亩,治理矸石山 60 多座,引领生态修复技术革新,成为土地复垦行业先进模范。

春风化雨,一片丹心育桃李

胡振琪不仅自己多年坚守在科研岗位,还尤其重视中国土地复垦与生态修复人才的培养。他主讲的《土地整治与复垦》是测绘工程专业的特色课程,深受学生的欢迎。尽管涉及多个学科,课程自身难度不低,胡振琪却能做到在讲清知识点的同时培养学生的学习兴趣,并结合学科前沿动态讲授课程。

胡振琪将三十年的教学生涯凝缩为三个字:"志""严""勤",分别对应着志向、严格和勤奋。他倡导学生将规划落到实处,还教导学生做事先做人。胡振琪传授给学生的不仅仅是知识,更是几十年如一日严谨的科研态度和迎难而上的科学精神。

"做科研绝不是儿戏",胡振琪对学生向来都是严格要求。也正是秉持着这样的态度,迄今为止,胡振琪已为土地复垦与生态修复领域培养出 100 多名硕士生、博士生和博士后,其中也有不少优秀的学生成了土地复垦与生态修复事业的后起之秀。

严厉与耐心在胡振琪这里并不矛盾。在面对跨专业学生基础薄弱的问题时,胡振琪总是耐心引导,也在这些学生身上倾注了很多心血。从推荐相关的重要基础课程,到指导生涯规划,再到每周的研讨会上对大家疑问的耐心解答,胡振琪也得到了学生们由衷的喜爱。

"我希望现在的年轻科研者都能做好'志''严''勤'三方面,树立远大的志向,严格要求自己,保持锲而不舍、勤奋刻苦的钻研精神,尽早确定好明确的目标并为之奋斗",这是胡振琪对年轻科研者的诚挚寄语。

"当我们老了的时候,再回到我们曾经复垦修复过的土地上,可以对我们的孩子们说,我们曾经在这块地方战斗过。"在这项造福后代,泽被人类的伟大事业上,胡振琪从未停下自己前行的脚步。

(供稿:中国矿业大学档案馆)

攻坚克难　自立自强

——无机非金属材料专家唐明述院士

朱　佳　张文元

自 20 世纪 70 年代始，南京工业大学档案馆一直搜集并保存着唐明述院士的珍贵档案资料。2021 年 6 月还对唐院士本人进行了专门的口述采访。翻阅这些纸质、口述的档案，唐院士与国家命运息息相关的人生经历可见一斑：颠沛而勤勉求学的学生时代、艰难仍孜孜以求的解放初期、条件有限仍坚持科研的改革时代……其中，一张黄色的获奖证书承载着国家对唐院士科研贡献的认可，虽历经 35 载，依然难以忽视，而证书背后的艰辛更是令人唏嘘。

唐明述，南京工业大学教授、博士生导师，工程无机非金属材料专家。1929

图 1　唐明述 1987 年国家
自然科学二等奖获奖证书

年 3 月 31 日出生于四川安岳。1953 年毕业于天津大学，1956 年从南京工学院硕士毕业，1995 年当选为中国工程院院士。唐院士数十年潜心研究材料科学的理论和工程应用，特别是混凝土工程寿命和安全性，在理论和方法上都获得创造性成果。创建的砂石碱活性快速鉴定法在国际上被称为"中国法",已被多国试验和使用,现已列为我国及法国标准,其成果获评国家自然科学二等奖。别看这只是个二等奖,含金量可不小呢。1956年1月,中国提出了"向科学进军"的口号,同年第一次颁发国家自然科学一等奖,第一批获此殊荣的科学家是华罗庚、吴文俊和钱学森;1982年,第二次国家自然科学一等奖的获得者有李四光、陈景润等;而第三次就是1987年,当时获得一等奖的是梁思成等人。能和这些著名科学家比肩,唐院士每每回忆起来都是满满的自豪,同时也深感这个奖项得之不易。

深谙落后会挨打,自立先自强的道理,唐院士毕生追求能让混凝土工程如磐石之固、柱石之坚,保证重大基础设施使用期达100年以上的技术,以解国家发展的急迫需求。正如唐院士本人在口述史采访中的举例:1936年中国的钢产量只有1 000吨,日本则超过600万吨,然而80年后的中国钢产量达到了8亿吨,已经是日本钢产量的8倍之多。从这组简单的对比数据上可以看到国家建设的飞速发展以及基础建设对建筑材料的巨大需求。正是时刻心系国家发展,唐院士数十年如一日,带着流动的"勘察队"奔波于大江南北,研究混凝土工程的"癌症"——碱集料反应。

"碱集料反应"被称为混凝土工程的"癌症",是指混凝土原材料中的碱性物质与活性成分发生化学反应,生成膨胀物质(或吸水膨胀物质),从而引起混凝土开裂的现象。这个反应所造成的破坏,其修补和重建费用都相当昂贵,唐院士很早就体会到攻克"碱集料反应"对国民建设的重要意义,从50年代开始就将其确定为自己主攻的研究方向。唐院士认为,科研需面向生产背靠基础,即他的课题研究针对解决社会民生的重大问题,但是不能脱离基础理论。他深知近年来别国在混凝土耐久性方面的惨痛教训,在目睹各国重大工程由于"碱集料反应"所带来的重大损失后,即使70岁高龄了仍笔耕不辍,为延长工程寿命、造福人民献计献策。他多次撰文呼吁和强调,提高我国基建工程寿命是最大的节约,提高混凝土工程的耐久性及其对节约资源、能源、保护环境的重大意义。在我国经济超速发展的时代中,基建工程若耐久性不好,寿命不长,将使资源、能源不丰富的我国损失巨大,难以承受。他建议从科学技术和社会措施两个层面采取有力措施保证我国重大工程寿命达100年以上,节约能源和资源,保护环境,实现可持续发展。

唐院士不忘初心躬耕不辍70年,回忆往昔,科研的道路也不是一帆风顺,20世纪50、60年代,科研条件非常有限,困难重重,缺钱少物。据唐院士的学生回忆,当时的科研条件极端艰苦,很多实验用的压蒸釜都是唐院士在垃圾堆里翻出来的,实验用的 0.03 毫米以下的片子也是唐院士自己"上阵"磨出来的,即使磨到手指出血也不会停止。相对于物质上的匮乏,当时获取研究资料的艰难唐院士至今仍记忆犹新。国家初建,没有外汇也没有经济能力购买研究资料,只能复印,尤其是重要的国际性杂志,一般要一年半以后才能有机会看到。据唐院士回忆,为了能在北京图书馆看一些相关资料,他当时就住在附近的旅馆,早晨到北海旁边的油条店吃一根油条,等北京图书馆一开门,就进去抢资料,抢到之后,拍成显微胶卷,图书馆里有一个显微镜,然后就在头上戴一个阅读的机器进行阅读,夏天满头都是汗,但是根本无暇顾及。

在积极汲取和借鉴别国经验和成果的同时,唐院士还强调要把我们优秀的成果和成功的经验介绍和展示给国外,对此他深有感触。法国按照他的研究制定了国家标准,瑞士一条 57 米长的隧道,其混凝土的用量控制和管理,就使用了这个标准,但是瑞士方面却对中国原创避而不提,宣扬使用的是法国国家标准。而在日本也只是被笼统地标注为"中国法"。就连我们国家自己的三亚大亚湾核电站,也是法国人建的,混凝土的控制标准同样是基于唐院士团队研究成果制定的标准。

回顾唐明述院士近一个世纪丰富而饱满的人生,我们仿佛亲历国家从落后挨打到自立自强的整个过程,而唐院士锲而不舍的钻研劲头不减,科研报国的赤子之心未变。一纸证书是荣誉,是责任,也昭示我们国家的发展和强大。

(供稿:南京工业大学档案馆)

青春在雪域高原上绽放

——记江苏农学院1975级"西藏班"

高愫蕴　周美华

图1　江苏农学院1978届"西藏班"毕业集体照

1975年7月,江苏省委决定从淮阴、扬州、盐城等地挑选75名农村知识青年到江苏农学院(扬州大学前身之一)深造,毕业后赴西藏工作,支援西藏经济建设。消息传开,省内三地青年纷纷响应,踊跃报名。

"到艰苦的地方去! 到祖国最需要的地方去!"已是扬州地委行署公职人员的李顺新,得知江苏农学院举办"西藏班",决意放弃到南京大学深造的机会,报名参加"西藏班",以实现到边疆去奉献青春的夙愿。

　　当年 10 月,75 名西藏班学员报到入学。西藏班设有农学、牧医、植保三个专业。为了适应未来工作环境,掌握更多的服务本领,同学们除了如饥似渴地学习专业知识之外,还主动学习其他实用技能,有的甚至还自学了汽车驾驶、电影放映、针灸⋯⋯

　　1978 年 8 月,全体西藏班学员怀揣着"一心赴藏,扎根边疆,誓做冰山上的主人,不做冰山上的来客,让自己魅力的青春,在雪域高原上永远放射炽热的火花"的誓言,背起行囊,告别家乡,踏上远赴西藏的列车。

　　从南京上火车到甘肃柳园,然后再乘汽车入藏,越过草原、沙漠、隔壁、雪山,一路上走了近半个月。按照分配方案,他们被分别派往西藏自治区农科所、牧科所和拉萨、林芝、山南、日喀则、那曲、昌都等 9 个不同地区和单位。

　　尽管他们大多来自苏北农村,尽管他们对将要面临的考验早就有思想准备,但高原严苛的生存环境,还是超出了他们的想象。因为高寒缺氧,一些体质较差的同学刚到驻地就病倒了,有的甚至不得不含泪返程。

　　度过了短暂的适应期,他们很快投身到教学、科研和管理一线。在生活和工作上,地方党委政府和藏族同胞对他们格外关照,让他们深深感受到了少数民族同胞的淳朴善良和藏汉一家、患难与共的真挚情感。

　　"我曾三次遇险,每次都亏了牧民兄弟相救。"一次,李顺新随车队从双湖无人区到那曲行署,返程途中遇上了暴风雪,气温降到零下 30 多摄氏度,车窗外白茫茫一片,没有天地之分,更无道路可辨,失去方向感的汽车一头扎进了湖中。危急时刻,附近牧民赶来把他们一行人救起并背回了帐篷,牧民们一边为他们烘烤湿透的衣服,用皮袄将他们裹起,一边端来滚烫的酥油茶让他们驱寒,一行人这才慢慢缓过气来。当他们醒来时,眼前看到的一幕令他们终生难忘:素不相识的牧民为把空间有限的帐篷留给他们,一家人裹着羊皮袍蜷缩在帐篷外过夜⋯⋯每当回忆起这些往事,老李的眼中常常泛起泪光。

　　宝剑锋从磨砺出,梅花香自苦寒来。艰苦的环境考验人、锻炼人,同样也造就人。

　　周春来,江苏农学院西藏班毕业生。在校期间,担任农学专业班党支部副书记、班长。进藏后,长期从事农业科研、农技推广和农业管理工作,先后主持完成省部级重点项目 20 余项,荣获国家科技进步三等奖、省部级等奖23 项。1993 年被国务院批准享受政府特殊津贴。曾任拉萨市副市长,西藏自治区农牧厅党组书记、厅长,西藏自治区政府党组成员、秘书长,区政府办公厅党组书记,西藏自治区人大常委会党组副书记、副主任等职。

颜士华,江苏农学院西藏班毕业生。进藏后,她长期从事农作物品种选育、高效栽培和农业科技成果转化推广普及工作,为实现西藏农业战略性结构调整、粮油基本自给和解决贫困群众温饱问题作出了突出贡献。曾当选全国劳动模范、党的十六大代表、全国农业科技推广先进工作者、全国先进工作者、全国中青年突出贡献专家、全国十大女杰候选人,获全国第三届中国优秀青年科技创业奖。

顾茂芝,江苏农学院西藏班毕业生。他是西藏农作物种质资源学科研究的创建人,是西藏作物遗传育种的学科带头人。曾任西藏自治区农牧科学院副院长,兼任中国作物学会理事、中国青藏高原研究会理事、西藏农学会副会长等职。曾获国家科技进步一等奖和二等奖各 1 项、农业部科技进步二等奖 1 项、农业部丰收奖 1 项,多次荣获西藏自治区科技进步奖,被自治区人民政府授予"自治区优秀专家"称号。1992 年被国务院批准享受政府特殊津贴,2005 年被评为全国优秀农业科技工作者。

陈裕祥,江苏农学院西藏班毕业生。在西藏畜牧兽医研究所工作的 30多年间,他查明了西藏不同生态地区主要家畜寄生虫的种类、分布规律和危害情况,为西藏畜禽寄生虫病的防治工作提供了可靠的科学依据。他主持完成了多个国家科技部农业科技成果转化资金项目和自治区重点科技项目,负责和参与了《西藏自治区特色畜牧业产业化发展规划》等 80 余项开发项目报告编制和规划设计,为推动自治区畜牧业经济的跨越式发展作出了重大贡献。

此外,还有乔增楼、王忠元、杨汉元、张道球、王保国、刘广宽、王兰芳……他们胸怀祖国,扎根西藏,恪尽职守,无私奉献,在各自的岗位上一直工作到退休。他们用一生践行着一个青春诺言,为西藏的繁荣、稳定和发展作出了重要贡献,更为母校增添了无上荣光!

（供稿:扬州大学档案馆）

从"打虎"到"用虎"

——记中国矿大瓦斯抽采与利用团队

阳靖文　罗千紫　牛　璨

智斗瓦斯多载,中国矿业大学瓦斯抽采与利用团队群英荟萃。该集体由安全工程学院的翟成、林柏泉、李庆钊、杨威、朱传杰、徐吉钊 6 位骨干成员组成。团队在翟成教授、林柏泉教授的带领下,瞄准国家能源发展战略和"十四五"期间安全科学与工程作为"双一流"学科的建设方向,面向安全科技前沿,承接"老中青传帮带"的优良传统,赓续奋斗、潜心科研,笃志创新、躬身立教,服务社会、甘于奉献。

斗"气老虎",打持久战

我国大部分煤层构造独特、渗透性低,瓦斯抽采非常困难。瓦斯是一种与天然气类似的清洁能源;但在矿工看来,它就是"气老虎"。在煤矿五大自然灾害中,其危害程度居首,被称为"煤矿第一杀手"。

起初,团队从防止煤矿瓦斯事故发生入手,从瓦斯灾害防治的角度开展研究,现如今将研究重点落于"清洁"方向,将其高效抽取、利用。从最初打钻抽取瓦斯的单一手段,到利用水力化措施对煤层进行射流冲孔割缝,提高煤层透气性,为促进瓦斯抽取提供通道,到利用液氮对煤体进行冷冲击,提高渗透率,再到 2020 年启动研究的变革性项目,尝试利用燃爆压裂的方式抽采瓦斯……团队一直在不懈努力。

团队负责人翟成感叹道:"多年来取得了一些建设性、创新性的成果,我们一直以来坚守的就是'坚持''用心'两个词。"

图1 瓦斯抽采与利用团队科研档案　　图2 瓦斯抽采与利用团队科研成果

一路走来,团队立足生产一线做科研创新。他们频下矿井,致力于在实践中找需求、找方向,根据生产现场遇到的难题,组织团队优秀科研力量进行科技攻关。正如朱传杰教授所言:"下矿井,去面对问题、直面危险,才能消除隐患、长足进步。"

无色无味无毒的瓦斯,扩散性却极强,同时易燃易爆,抽采时令人非常头疼。团队成员回忆,在冲孔割缝项目实践观测期间,由于煤层中瓦斯压力高,冲孔时水流易喷出,易导致巷道瓦斯超限,严重威胁生产安全,令他们非常苦恼。发现问题后,团队立刻展开针对性科研技术攻关。他们反复观测试验、集体讨论,最终设计出了一套防喷装置,保证了冲孔割缝抽采时巷道的安全性。

师徒传帮带,一干就是40年

科研实践,人才为急。团队采取人才引进政策吸纳外部人才,同时在内部依靠骨干成员培养专业人才,集聚优秀科研力量建设团队。他们不仅仅是科研工作中的同事,还是学习生活中的师徒。

38年前,林柏泉教授师承周世宁院士攻读硕士学位,而后加入周院士带领的团队,开展对矿井瓦斯防治利用项目的研究。对瓦斯越研究,越了解,林柏泉教授就越坚定瓦斯防治利用的研究方向。"周世宁院士的指导对我的影响很大,他是我科研路上的引路人。"林柏泉教授说。

后来,林柏泉教授带领团队继续开展对矿井瓦斯防治的科学研究。他主动帮助年轻教师找准研究方向,打造了一支氛围亲和的团队,并毫无保留地将自己的学术知识传授给研究团队中的年轻人。而这支团队中,就有林柏泉教授的学生翟成教授。

翟成说:"几代矿大安全人,周世宁、俞启香、王德明、林柏泉、程远平、王恩元、周福宝等一众院士、教授,数十年坚持不懈地奋斗,给予了我很多指导和帮助,我想我只是有幸站在巨人的肩膀上。"

现如今,翟成的学生徐吉钊和余旭也在这个团队中。2018 年,徐吉钊申请国家留学基金落选后,一度放弃了留学念头。"翟成老师得知消息后就鼓励我继续深造,希望我不要有思想压力。当时留学期间所用的生活开销,也是实验室帮助解决的。"徐吉钊感激地说。澳大利亚莫纳什大学的联合培养计划结束后,他便回到中国矿业大学,继续投入研究当中。余旭硕士研究生阶段师从翟成教授,后考取了新南威尔士大学的全额奖学金博士。4 年博士毕业后,他被团队的创新引领意识和融洽的氛围所吸引,而回归团队,继续从事瓦斯防治理论与技术研究。

几十年来,他们传承着"老中青传帮带"的传统,在瓦斯防治领域积极研究,为煤矿安全保驾护航。他们也积极培养着新的骨干力量,"安全领域更广阔的天地需要更多优秀人才"。

奔赴一线,让科研成果落在祖国大地上

先进科技的研发,也在逐渐改变基层煤矿行业工作人员的工作环境。翟成说:"我们想做的,就是将我们的科研成果落实到祖国大地上。让煤矿行业的人员及时了解前沿知识与技术,真正让科研落地、落实、有实效。"

团队成员研发的难抽煤层强化增透及瓦斯高效开发成套技术装备、煤层脉动水力压裂技术、采煤工作面"爆破—注水"一体化技术、超低浓度瓦斯自回热蓄热氧化发电技术等多项研究成果现已在煤炭开采领域得到了应用。

团队成员还积极参与安全科技的传播与普及以及行业人才培训。通过实地调查、开展企业培训等方式,他们及时将新技术的理念、操作方法等传递给现场的工作人员,提升基层人员的安全意识、安全技术。

其中,林柏泉作为国家安全生产专家组专家,多年来长期坚持奔赴现

场一线,探访深入陕西、山西、江苏等 14 个省 48 个高瓦斯矿区的近百处矿井,在需求最迫切的一线提供科研服务,同时还积极参与国家层面安全生产政策法规、行业标准与规划制定、安全生产经验交流、事故救援与调查等工作。

瓦斯抽采与利用团队成员们数年来和瓦斯斗智斗勇,投身于变革性、创新性、前瞻性的科研实践,想法却从来都质朴而踏实,"我们只为促进安全科技的进步,若能在瓦斯防治、抽采利用方面作一点点贡献,心中便已很满足了"。

团队成员一致表示,此次"科研先进集体"称号的评定是对集体成员们多年来潜心研究、勠力创新的肯定,更是一种鼓励和期盼。接下来,团队将在低浓度瓦斯利用和提纯、新型煤层压裂增透技术、智能化瓦斯抽采技术等方面踵事增华、致知力行,在国家倡导的"双碳"背景下,推动相关技术的发展,继续为国家构建清洁高效安全的能源体系贡献力量。

(供稿:中国矿业大学档案馆)

黔行深山　桃李争妍

——南中医学子陈晓明的支教故事

田　雪

　　"我原来在南京读书的时候,只想做一名合格的药剂师,直到实习才改变了自己的想法。在繁华而又急躁的城市,我想去寻找心中的天堂。当学校的同学来我寝室宣传西部计划,我的潜意识里立刻闪过一道光亮,我想,只有到西部,我才能活出自我来。"2005 年,陈晓明成为南京中医药大学西部计划志愿者中的一员,踏上了西部支教的路。

　　巍巍月亮山,绵延"九千里",这里山行万变,林木森森。月亮山,苗语称为 Wuk,史籍称"九千里",为九万大山延脉,地跨黔东南苗族侗族自治州和黔南布依族苗族自治州,位于榕江、从江、荔波三县交界处,由于地处偏僻,交通闭塞,在当地,"月亮山"是贫困的代名词,而陈晓明支教的污讲小学就位于月亮山的最深处。那里不通公路,全都是山路,中途要穿越原始森林。"我翻过五座大山、蹚过两条河,走了 8 个多小时山路,"陈晓明记忆犹新,按他自己的话说,"刚来时只是想到最艰苦的地方看看,并没有打算终身支教。"谁知这一来,便再也离不开。

　　起初,他在榕江县计划乡中心学校,但是他坚持要去最艰苦、最偏僻、最缺老师的地方,志愿服务期满后,陈晓明主动申请延长,并要求调到条件最差的污讲小学,于是在 2006 年 9 月转到了污讲小学。在污讲,他承担了全校最重的教学任务,一周只有一节课的空隙;此外,他还承担了农教工作,教当地青年文盲说汉语、认字,鼓励他们学习种植;他和学生一起吃食堂,菜里没有油星;住在不到十平方米的屋子,屋子里的设备是一张床、一个桌子、两百多本书、一台收音机。那时的他,只是一名编外代课教师,拿着每月300元的代课费。他记得,他发动全村人从山下扛碎石,从16公里的山外扛水泥和篮球架,他自己掏钱购买了几个篮球,建成一个像样的篮球场,让以前那种在布包里塞满纸的原始"篮球"告别了这个古老的寨子。他还建立了一个简易的图书馆,制定了图书管理制度,孩子们每天都按时到图书室看书,热爱写作和阅读的孩子越来越多了。

图 1　陈晓明在给学生上课

陈晓明是全校9名老师中唯一的本科生,校长老旺的一句"月亮山靠你了"陪伴他在那里待了6年。2006年放完寒假,陈晓明独自回到大山,在深山大雾里迷了路的他用手机最后一格电打给了校长。当一群人举着火把找到他时,他已被困12个小时。回到寨里,陈晓明看到的是一排排举着火把站在村口等到深夜的村民和师生。那一夜陈晓明失眠了,从那时起他决定,这一生都要奉献给这座大山。

月亮山人大多是文盲,甚至不会用汉语与人交流,一辈子就锁在深山里,过着贫困乏味的日子。这里的孩子最需要的不是金钱,而是知识;大山里最缺少的不是富足的生活,而是师资和良好的教育环境。于是,他更加努力地工作,并写下"人生在勤,不索何获"以自勉。渐渐地学生们可以听懂普通话了,再后来有学生可以说普通话了,不知不觉间陈晓明有了充实感。

后来，污讲小学被撤并，考虑到陈晓明是大山里难得的人才，县里曾照顾他去条件比较好的县城工作。谁知干了一年，陈晓明就找到教育局，要求到最缺师资的村寨里去任教。月亮山深处的归柳村，便成为他的工作地。"留在大山，是为了更多孩子能走出大山。"

最早被任命为归柳小学校长时，陈晓明很抗拒。"以前我总想着'洁身自好'，其实也是一种自私。当校长后才发现，有些事情不是光靠我一个人，而是需要社会的帮助。"从来到月亮山的那天起，陈晓明就是大山与外界沟通的桥梁，也是山里孩子们未来的希望。"只要我留在大山，将来就可能让更多的孩子走出大山。"走进大山不易，留在大山更难。陈晓明身上的坚守，正是大山最缺少的。

2014 年 10 月，陈晓明的母校南京中医药大学邀请他回校参加 60 周年校庆，陈晓明回答，"如果你们不给我的孩子们捐钱，我就不回去"。学校答应了他的要求，在校庆典礼会场上，他向学弟学妹们讲述他在月亮山上的无悔人生。谈起 10 年来的经历，陈晓明说"就是想做点事儿"，他直言，希望得到母校的支持。"太缺钱了！各方面都需要经费支持。"他说。回母校南京中医药大学参加校庆纪念活动的陈晓明带来了一段视频，他支教的贵州月亮山归柳小学 195 名孩子捧着碗蹲在室外土地上吃饭的一幕触动了所有

图 2　南京中医药大学送去"特殊团费"

人。7月16日,由南京中医药大学校团委牵头组成18人的团队来到月亮山,捐赠了20万元用于支持归柳小学建设食堂,并成立了远志服务团专项援助项目支援月亮山,"是陈晓明牵起这份缘",南京中医药大学团委书记杨羽说。

此后5年,一批批志愿者见证了月亮山进村的路逐渐修建完成,见证了孩子们的食堂从日晒雨淋的土地间换到了"杏林远志堂",见证了教室A4纸拼贴成的山寨投影屏变成了智能高清的电子屏……由陈晓明牵起的这份缘,直至今日仍在继续。

(供稿:南京中医药大学档案馆)

一份扶贫工作手稿背后的故事

黄芮雯　胡以高　邰　静

翻开尘封的记忆，微微泛黄的工作手稿中记录了河海大学扶贫工作组组长方坚在睢宁县扶贫一年时间里的心路历程。这份共 7 页的工作小结看似简单，背后却有着一段河海人带领贫困乡村民脱贫致富的热血故事。

1994 年，由河海大学、七二〇工厂、省人防办三单位六位同志组成的扶贫工作组进驻睢宁县龙集乡。

初到龙集乡，扶贫小组认真听取乡党委和乡政府的情况介绍，同时深

图1　河海大学扶贫工作组组长方坚同志所写的扶贫小结手稿

入村组农户、田间地头、工厂、学校和医院做仔细的调查研究，听取多方意见，搜集了大量的第一手资料。依据调查情况，扶贫小组拟定了工作计划的基本思路，并马上投入开展扶贫工作。

扶贫必扶智

扶贫小组利用河海大学的人才优势和高校的科技优势，开展多方位的文化扶贫和科技扶贫。工作组积极向后方单位河海大学领导汇报该乡的情

图 2 《新华日报》报道
河海大学师生献爱心事迹

况,并发出倡议开展"希望工程"。对此,河海大学校领导给予高度重视,发动各系、部处展开捐款行动,将捐款和物资交给当地政府,用于建造龙西村希望小学。

不仅如此,扶贫小组还组织河海大学青年科技文化服务团对当地的乡办企业有关人员进行科技培训和技术咨询服务。科技服务团在龙集乡先后开设了计算机操作及汉字录入、现代工业企业管理及涉外经济分析和机械制图三个班,受训人员达 175 人次。

经过培训,不仅乡办企业员工初步掌握了计算机这一现代化管理工具,同时企业领导人看到了阻碍企业发展的因素,认清了文化知识水平的高低对企业发展的影响。

此外,扶贫小组还在严重缺水的龙集乡推广"节水高产水稻控制灌溉技术"。该技术是河海大学的重要科研成果,在当时居国内领先地位,在国际上也属首创,被国家科委列入《国家级科研成果重点推广计划》。校领导根据扶贫工作组的建议,派出技术人员赴现场开展技术培训、技术示范、技术指导,并拨款 1 万元予以支持。在组织落实该项工作的过程中,工作组成员冒酷暑深入现场考察,选择示范区和土质取样,请技术人员做专题讲座,开展技术培训和仪器设备的操作培训。该技术具有生产水稻节水、抗倒伏、高产等优点,使亩产增加三成以上,还大大节约了水、电、人工等成本,对龙集乡的水稻种植产生了重要影响。

调整产业结构

为提高龙集乡的农业经济实力,河海大学扶贫小组提出将农经结构由 7∶3 调整为 6∶4,扩大经济作物面积,提高经济效益,并大面积提高农作物的复种指数,短期效益和长期效益结合。在农经结构调整过程中,由于不少农民受温饱即安的小农经济思想的束缚,又因前几年市场行情的波动,产生了较大的抵触情绪。对此,扶贫小组深入到农户家庭宣传党的富民政策,深入浅出地讲清调整农经结构可以致富的道理,帮助农民打消疑虑,使农经结构调整得以顺利进行。由于农经比例调整及时合理,农民在种植业上经济作物面积扩大,尽管在当年遇到大旱,秋季粮食作物减产的情况下,种植业人均收入仍然增加 200 多元。

经过近一年的艰苦工作和共同努力,1994 年龙集乡人均分配水平比上年增长 60%,乡财政收入 122.5 万元,比 1993 年增长 27.1%,村级集体经济收入 1.3 万元,比上年度增长 116.7%。

扶贫小组组长方坚在小结中这样写道:"扶贫工作虽然比较辛苦,然而人生中缺少这段经历又感到非常的遗憾。在为龙集乡脱贫致富而工作的同时,不也正是在不断丰富着自身的阅历吗!"淡淡的话语却道出了像这样一批批扶贫战士的心声,他们正用一步一个脚印,为打赢打好脱贫攻坚战奉献力量。

(供稿:河海大学档案馆)

井架树起的丰碑

——河海大学扶贫干部张勤

刘　顺　　王　玲　　王　文

在河海大学档案馆声像档案里,珍藏着《井架树起的丰碑》《时代先锋》等五部专题纪录片,记录了 2002 年到 2004 年期间江苏邳州市科技副市长、河海大学张勤教授的事迹。

2001 年底,河海大学土木学院教授张勤带着一腔热情前往邳州市委报到,他希望到这里能够充分发挥河海的水利专业特色,为邳州人民解决实际困难。张勤来到邳州的第一个月便会同水务局的主要负责同志,跑遍了全市所有乡镇和行政村,踏勘地形地貌,听取镇情、村情、民情。

在燕子埠镇调研时,有位村民告诉他,过了正月很多农民就要出去讨饭了,村里可能就没几个人了。他焦急地询问原因,原来,燕子埠处于邳州锅底形地势的最北部,方圆 77 公里有 28 座山,70％是裸露基岩,世世代代都为缺水发愁,6 个村的百姓饮用水仅靠一口井。一遇上干旱时节,就滴水难求、水贵于油。这里一直流传着"有女不嫁扒头山,井绳伴着瓦罐担"的民谣。张勤深知缺水的艰难,他横下心要给燕子埠的农民找水。

他在燕子埠崎岖的山间小道里开展调研,带着自己整理的资料和设计方案回到学校,向校领导作了详细汇报,校长当即批示:组织全校力量、攻坚克难,一定要解决邳州老百姓的饮水问题。张勤于是带着五位专家和十几位研究生,冒着被黄蜂、毒蝎咬伤的危险,在气温高达 45℃的山里艰难地勘察地形地貌,运用高密度电法和放射性方法综合探测,寻找储水结构。这里到处都是裸露的岩石,在岩石的缝隙里找水,困难可想而知。他请来打水专家王建平教授坐镇指挥,还亲自跑到常州一个老专家家里购买唯一保存的放射性测试胶片。

2002 年 8 月 16 日,经过几个月的勘探,张勤带着乡亲们热切的盼望在燕子埠镇棠棣埠村开始打第一口井。市委领导对张勤说,"如果你在这里打出水,奖励你一辆奔驰轿车",当地居民也用期盼的目光盯着打井钻机。1 米、5 米、10 米,预计 150 米深度可以打出水,不料打到 75 米时,清澈甘甜的井水就汩汩流出。每小时 40、50 立方米的稳定出水量,完全能够解决当地学校、居民的饮水困难!这一天对于燕子埠的居民来说,比过节还要高兴。他们奔走相告,扶老携幼,争相赶来看一看几代人盼望的井水。村民们万分感动,提出要集资给张勤在井旁立个碑以作纪念,但被张勤像婉拒轿车那样谢绝了。

张勤在邳州一天没停下,爱人生病住院,他坐长途大巴回家只看望了一个多小时,立刻又返回打井现场。两年间张勤在多个村共打了 5 眼井,老百姓叫这些井是"幸福井""救命泉"。张勤还向市委、市政府申请,依托河海大学的优势资源为邳州开展城市防洪排涝规划,使邳州成为江苏省县级市的水利规划典范。

张勤在短短的两年里为邳州人民作出了巨大贡献,祖祖辈辈饮水难问题得到了彻底解决,城市规划步入新的阶段,但他却说:我做这点小事没啥好说的。

（供稿:河海大学档案馆）

用赤诚之心做扶贫书记

——记陕西省"优秀第一书记"、河海大学挂职干部胡克

王　玮　李　凌　卢静静

2015年10月,身为河海大学常州校区资产管理部基建办主任的胡克,被中央选派到陕西省石泉县池河镇任党委副书记。挂职安排对于55岁的胡克来说似乎并不合时机,年初他的父亲才过世,家中还有80多岁的老母亲需要照顾,怀孕的女儿也即将临产,家人也不希望他到那么远的地方挂职。然而,当了解到这是校党委会经过慎重考虑、层层挑选作出的决定时,胡克欣然接受了组织的安排,只对学校提出一个要求:请给我一面党旗、一面国旗。临行前他在心里默默下定决心:"请组织放心,我一定不给河海大学丢脸。"

在学校工作的三十年里,胡克在基建、后勤、采购等许多岗位都表现出色,唯独缺乏的就是农村工作经验,这次到池河镇五爱村任第一书记,对他来说是全新的挑战,内心充满期待与忐忑。在五爱村工作首先遇到的考验就是语言不通和饮食不适。这里的村民都说方言,还夹杂着土话,让南方来的胡克听得云里雾里,更别提自如交流了。江苏饮食喜清淡,而石泉口味则是无辣不欢,似乎只有辣才能体现山里人的血性,食堂的三餐也经常辣得胡克胃疼。因为带着"中央选派"的光环,镇村领导对胡克都特别照顾,也没有给他安排艰苦繁重的工作,对于生活上的困难,也是尽力想办法帮他解决。胡克开始反思自己,虽然自己年龄略大,但也是带着赤诚之心铆足劲来干事的,不是来给大家添麻烦的,不能享受特殊待遇,更不能辜负组织的信任。

于是胡克天天和村干部到户调研，努力听，认真学，不懂就问，慢慢也能不要"翻译"直接和村民交流。仅一年时间，胡克就走访了池河镇全镇十三个村、两个社区，深入田间地头、农户家中实地了解情况，倾听百姓心声，在这一来二去的接触中与村民的距离也逐渐拉近了。

刚到村上开村民议事大会时，有人直接问胡克："中央来的书记，你给我们村带了啥项目，带了好多钱来？"对于村民的直接，胡克也能理解。陕南贫穷落后，除了硬件条件制约外，禁锢发展最主要的还是人的思想，被动"等、靠、要"的旧观念还停留在村民脑子里。

胡克深知，扶贫先扶志，一定要帮助村民转变思想，才能在扶贫工作上打主动仗。借着"两学一做"学习教育活动，胡克在给村民讲党课时，带领大家学习习总书记在中央扶贫开发工作会议上的讲话、五大发展理念等一系列讲话精神，还结合自己老家江苏农村家家发展人人争先的事例，不断鼓励大家转变观念，谋求自身发展。

图1　河海大学免费设计、施工出图的池河镇翻板水坝　　　图2　2018年10月12日，胡克入大棚查看种植情况

胡克此行也肩负着学校交予的重担——教育扶贫，河海大学为国家输送了数不清的水利、水电、桥梁、建筑专家，在中国的水利及工科发展史上书写着光辉灿烂的历史记录。在五爱村挂职期间，胡克依托学校资源优势，协调常州校区组织人事部对贫困学生进行定点帮扶，向五爱村小学贫困学生捐赠学习用品；协调学校在石泉定向招收农村大学生，并设立专项助学金，用以奖励、资助石泉优秀学生完成学业；协调学校对石泉县相关技术人员开展水利业务培训，并进一步建立对口帮扶机制；协调学校物联网学院电商专

家到村开展电商知识培训,帮助村民开设网店,通过网络销售农副产品。他还联系学校建筑设计院,免费为池河镇设计翻板坝方案,发挥了控洪水、解旱情、美环境的作用,促进"五爱美丽乡村"建设。

2016 年底,五爱村通过了省市第三方评估验收,实现整村脱贫,被县委、县政府通报表彰。2017 年 4 月,胡克获评石泉县"脱贫攻坚廉政监督员"。2017 年,河海大学挂职干部胡克以优异的成绩被授予陕西省"优秀第一书记"荣誉称号,这是此次表彰中石泉县唯一的"优秀第一书记"。

(供稿:河海大学档案馆)

后　记

　　2021 年底,江苏省高校档案研究会常务理事会研究决定,将编写和出版"江苏高校档案里的故事"列入 2022 年度工作计划。2022 年 2 月,研究会发出了《关于征集并出版〈档案里的故事〉的通知》(苏高档〔2022〕2 号),随后成立了由研究会常务理事组成的"编写委员会",理事长吴玫、副理事长(秘书长)黄松莺担任编委会主任,吴玫理事长担任主编,研究会其他负责同志分别担任副主编和执行主编。征集工作开始后,各高校在发掘校史档案的基础上,充分利用和借鉴现有的历史文献与研究成果,组织专人精心编写;研究会迅速召开负责人会议,制定了详细的审稿及编纂方案,并采取"按专题分头审核"的方式,对作品提出具体修改意见。其后数月,文章作者与编辑人员经过多次沟通,反复斟酌,数易其稿,最终如期完成了出版前的各项工作。在此,谨向为本书编写和出版工作付出辛勤劳动的各位领导、专家以及研究会秘书处张慧慧老师等致以最诚挚的谢意。

　　由于时间仓促,加之参编人员缺少"故事"体裁作品的写作经验,因此,本书一定存在许多不足乃至错误之处,恳请各位专家不吝赐教。

本书编写委员会

2022 年 10 月 18 日